SRE
原理与实践

构建高可靠性互联网应用

How to Build Highly Reliable Applications with SRE

张观石◎著

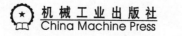

机械工业出版社
China Machine Press

图书在版编目（CIP）数据

SRE 原理与实践：构建高可靠性互联网应用 / 张观石著 . —北京：机械工业出版社，2022.9
（2024.1 重印）
ISBN 978-7-111-71582-5

I. ① S⋯　II. ①张⋯　III. ①网站 - 开发 - 可靠性工程　IV. ① TP393.092.1

中国版本图书馆 CIP 数据核字（2022）第 167900 号

SRE 原理与实践：构建高可靠性互联网应用

出版发行：机械工业出版社（北京市西城区百万庄大街 22 号　邮政编码：100037）	
责任编辑：陈　洁	责任校对：韩佳欣　王　延
印　　刷：固安县铭成印刷有限公司	版　　次：2024 年 1 月第 1 版第 2 次印刷
开　　本：186mm×240mm　1/16	印　　张：17.25
书　　号：ISBN 978-7-111-71582-5	定　　价：99.00 元

客服电话：（010）88361066　68326294

2016 年，我有幸将《SRE：Google 运维解密》一书引进中国并参与了它的翻译。自此以后，SRE 理念在中国科技圈扎根立足，得到了长足发展。伴随着互联网的蓬勃发展，中国的互联网公司在直播、电商等领域开辟了一条新的赛道，逢山开路，遇水架桥，解决了数不清的技术难题，获得了宝贵的技术实践经验。这些技术经验与 SRE 理念相结合，值得我们一起学习和推广。

采用 SRE 理念的最终目的是提高系统的可靠性。这不仅需要方法论，更需要具体的实践指导。我有幸提前阅读了本书的部分内容，受益良多。本书从互联网行业内"可靠性"的定义开始，详细阐述了如何定义可靠性、如何设计可靠的系统，以及如何将业务可靠性的要求应用到具体的系统设计过程等话题，还讲述了提高可观测性、提高故障修复能力、消除系统脆弱性等方面的具体实践，这些都是非常实用的内容。我认为这本书作为中国互联网技术发展历史中的精彩一章，值得每一个 SRE 从业人员阅读、学习和收藏。

——孙宇聪 《SRE：Google 运维解密》译者

推荐序 2 *Foreword*

SRE 理念是近年来运维领域最重要的变革，影响广泛而深远。从 SRE 的核心理念出发，运维都是围绕可靠性展开的。我一直把质量、成本、效率、安全作为运维的 4 要素，其中质量尤为重要，而质量的核心就是可用性，可用性的核心依赖就是可靠性，真所谓殊途同归。

今天的 IT 应用架构复杂度高、迭代速度快，如何让 IT 系统可控地运行，不仅是运维人，更是所有 IT 人面临的重要挑战。本书作者长期在互联网公司从事海量应用的运维工作，SRE 经验非常丰富。本书首先介绍了可靠性的定义、度量以及分析设计等，重点讲解了观测性手段的使用方法，然后从故障管理的角度阐述了如何保障可靠性，接着利用大篇幅讲解了故障应急预案管理以及主动的混沌工程反脆弱，最后回归到可靠性工程，把它变成一个全面的管理命题而非单纯的技术命题对待。

可以说，本书考虑到了不同 IT 角色的需要，对每一种角色都有明确而具体的价值：

- ❑ 对 IT 管理者来说，可靠性是一个非常重要的 IT 命题，基于可靠性可以完善 IT 管理的手段，比如监控、故障管理、IT 治理、IT 架构治理等；
- ❑ 对开发人员来说，可靠性能力建设不再是运维的工作，许多手段是要前置的，可靠性不是保障出来的，而是需要提前设计、开发和管理的；
- ❑ 对测试人员来说，要主动管理故障，特别是混沌工程，需要测试人员的深度参与，借助故障注入手段在测试阶段帮助系统发现脆弱点；
- ❑ 对运维人员来说，最终的可靠性一定要体现到生产系统中，运维是可靠性的代言人，但运维的视角要足够的开阔，管理和控制的手段要丰富全面，方能保障系统可用性，从而保证业务的连续性。

最后，再次感谢作者不吝词语，共享此作！希望本书能够帮助大家打造出高可靠性 IT 平台。

——王津银（运维老王） 优维科技 CEO

Google 最早在 2003 年就提出了 SRE 这个概念，但至今仍有许多人认为 SRE 是一种运维岗位，现有的中文 SRE 著作几乎都是引进的译著，鲜有中国工程师结合自己的最佳实践来指导大家如何构建 SRE 工程。

中国是一个人口大国，不少互联网应用已成为影响全体国民的新基础设施。在数字化转型的浪潮下，不仅是狭义的互联网企业，传统企业、政府等也在进行数字化转型，软件的可靠性对每一个企业和组织来说都至关重要。我们需要一本系统性介绍 SRE 工程的指导书，帮助这个领域的工程师更好地保障整个软件系统的可靠性。

我从事互联网应用研发、运维、系统保障等工作多年，目前正致力于帮助广大企业更方便地构建符合 SRE 基础的可观测性平台，却没有想过把自己的 SRE 经验编撰成书，以帮助中国工程师在 SRE 领域进行提升。

观石用自己构建互联网应用的具体案例和最佳实践清晰明了地介绍了什么是 SRE 以及如何真正落地 SRE。本书从理论基础出发，首先介绍了什么是软件可靠性工程，以及互联网软件（站点）保障可靠性的基本思路；然后讲解了如何有效地对可靠性进行度量，以及如何工程化地设计可靠性；最后讲解了可观测能力的构建、故障修复和保障能力建设，以及可靠性实验和可靠性管理的最佳实践，展示了互联网软件可靠性工程的全貌。可以说，本书既有权威的理论知识，又有大量实践经验和案例，能够让读者清晰地了解为什么、做什么以及怎么做。

与 Google 的 SRE 手册有所不同，本书更强调具体的最佳实践，针对中国互联网企业的实际情况，给予了完整的指导方针，能帮助企业在内部方便地推广 SRE 并快速落地，是真正值得认真阅读的好书。

对架构师、研发工程师、运维工程师来说，这本书可以开阔你的工作思路并提升工作效率；对技术团队负责人来说，这本书可以帮助你更清晰地了解构建可靠性工程的全过程，从而指导自己的团队有条不紊地进行可靠性保障。

感谢观石花费大量时间和精力撰写这本书，它是代表中国互联网工程师群体对软件可靠性工程的一次系统性总结，代表着中国工程师具备不输全球的技术和思考，为中国软件行业的发展贡献了自己的智慧。

——蒋烁淼　观测云创始人

亲爱的读者朋友，你手头正捧着的是张观石老师用 20 年的"功力"、历时近 4 年打磨的一部大作。本人非常荣幸参与了此书后期的审稿和修改工作，因此比大多数读者更早阅读了本书。

我个人也一直在从事运维相关的工作，于我而言，本次审稿工作是一个对运维知识体系迭代和结构化升级的过程，收获颇丰。张老师在书中表现出的开阔的视野、高屋建瓴的行文框架、对可靠性工程的深刻洞察和总结、翔实的数据以及信手拈来的案例，无一不体现了他在稳定性建设方面的丰富经验和深厚功力。

移动互联网、云计算、物联网、5G 等技术蓬勃发展，企业数字化转型浪潮持续推进和深化，互联网服务已经深入人们生活的方方面面。这些服务的稳定性也关乎到人们的生活、生产甚至生命健康，因此我们对服务的稳定性提出了更高的要求。在这样的背景下，Google 提出的 SRE 理念在国内企业中持续落地和演进，但颇为遗憾的是，业界一直缺少一本系统讲解如何将 SRE 落地的图书，本书即将填补这个空白。

本书将软件可靠性工程概括为 6 种能力——可靠性设计能力、观测能力、修复能力、保障能力、反脆弱能力、管理能力，具体的内容也是沿着这 6 种能力依次展开的。全书遵循从原理框架到实践案例，再到规律总结的思路，逻辑连贯、体系自洽、内容丰富、数据翔实。书中的案例可参考性、可操作性、可落地性都非常强，同时还紧贴业界技术的发展趋势，涵盖了诸如可观测性、混沌工程、AIOps 等新兴技术或理念，具有足够的先进性。

概括而言，本书给出了一套完整的用于构建和维护一个稳定可靠的互联网平台的框架体系。无论对刚接触到 SRE 的新手、需要系统梳理 SRE 知识体系的老手，还是对长期从事稳定性建设工作的技术专家而言，本书都是一本不可多得的案头宝典。相信本书也一定会在可靠性工程领域写下浓重的一笔。

我深知本书写作的不易，得知本书即将付梓，亦不胜欣喜，诌一首打油诗聊表庆贺：

四载著一册，功合廿雪冬。

新图终付梓，索骥更从容。

——石鹏　美图高级运维经理

SRE 作为保障信息系统平稳运行的重要措施，已逐步在大型互联网公司落地，众多国民级应用背后都有 SRE 的身影。本书作者拥有丰富的 SRE 实践经验，在该领域造诣颇深，也是中国信通院分布式系统稳定性实验室的高级技术专家。本书体系化地阐述了 SRE 的理念、体系和相关实践，深刻地呈现了 SRE 背后的工程方法论。

——魏凯　中国信通院云计算与大数据研究所副所长

软件可靠性工程是软件工程的重要组成部分，高质量的、可靠稳定的互联网服务离不开研发和运维人员的努力，更离不开完整的工程体系来保证。

观石把虎牙直播多年架构建设和 SRE 稳定性保障经验总结出来，对互联网平台稳定性相关的架构、运维等技术进行了系统分析。更难得的是，他把经验方法、分析的规律以及思考提炼出来，并参考可靠性工程理论形成了一个较为完整的体系。

书中包括许多业界及虎牙直播的案例，分享了 SRE 技术的原理、方法与大量实践，会令关注互联网技术发展的读者获益良多。

——范世青　虎牙科技技术副总裁

面对日渐复杂的各类民生与企业生存的应用软件，保证其业务稳定性的挑战越来越大。作者从可靠性以及可靠性工程能力建设角度入手，形成一个较完善的理论体系，对互联网乃至其他行业的运维体系建设都有较好的参考价值。作者强调可靠性架构与可观测性能力建设，强调修复与综合保障的能力建设，强调版本可靠性试验，指导传统运维向 SRE 转型，除了做好标准化的运维管理，将能力前延到产品设计、开发阶段，用软件工程能力实现从"消防员"向"架构师"的转型，通过运维技术将数字化带来的"不确定性"变成"确定性"。

——林华鼎　华为云 SRE 运维使能中心总监

起源于 Google 的 SRE，今天已经成为业界事实上的稳定性标准，是一门非常强调实践的工程学科。但业界缺少能够非常全面且系统地介绍 SRE 落地实践的图书，不得不说是 SRE 社区的一大遗憾。

观石的这本书弥补了这个遗憾。本书围绕软件的全生命周期，非常详细地介绍了每个阶段稳定性和可靠性的落地实践，还特别增加了与当前稳定性发展的新趋势相结合的内容，如可观测性、反脆弱设计以及 AIOps 等，与时俱进，令人不忍释手，强烈推荐大型软件系统和网站的架构师、SRE、运维工程师以及各级技术管理者阅读。

——赵成　SRE 专栏作家 / "聊聊 SRE 社区"发起人 /

《进化：运维技术变革与实践探索》作者

在"软件正在吞噬世界"的今天，越来越多的组织和企业探索出了新的商业模式，软件成为业务差异化的关键因素，往往可以带来颠覆性的创新和客户体验的改善。这种改变发生在各行各业。但是，每个软件产品是否成功都需要拉到足够长的时间维度来评价，软件的可靠性、客户感受到的持续优化能力，是决定软件生命周期的关键因素。

观石作为互联网软件 SRE 架构设计、开发管理和运营管理的实践者，能把自己的经验归纳总结，并开源出来分享给大家，非常难能可贵，我相信可以帮助到非常多的探索者少走弯路。本书深入浅出地从架构设计、可观测性能力构建、可靠性构建成本与软件运营成本的平衡、面向 SRE 的组织架构管理转型等多个方面给出了实践经验，可以为正在前行的你提前规避已知的风险。期待大家能在本书的基础上进一步实现创新，开发和构建更多优秀的、具有生命力的软件产品。

——陈展凌　亚马逊云科技应用现代化产品总监

Preface 前　　言

为何写作本书

　　互联网已经成为社会运行的基础设施,支撑起人们的衣食住行与日常工作生活。互联网也已深入生产端,如工厂、码头、矿山等都离不开软件管理和自动化控制。互联网平台服务如此重要,一旦发生故障,会造成巨大影响。软件故障轻则影响用户体验和导致生活不便,重则可能造成巨大的经济损失,如证券交易平台故障导致无法进行交易,电商平台故障造成数亿元的经济损失,航空系统故障导致服务关闭,公有云故障造成众多公司的业务无法正常开展等。

　　如何保证互联网平台服务的可靠性和稳定性成为整个行业面临的难题。谷歌提出的 SRE(网站可靠性,本意是软件可靠性工程)方法被业界奉为解决这一难题的经典,其他各种概念也层出不穷,如混沌工程、智能运维、可观测性等。但很多新人,甚至资深工程师、管理者在实际工作中仍很迷茫。我认为一个重要原因是当前互联网软件可靠性没有完整的知识体系、工程体系和理论体系。不完整的知识体系让新人甚至工作多年的工程师缺乏全面认识,以至于在做可靠性工作时摸不着头绪;不完整的工程体系让技术团队很难进行统一规划,只能参考业界热门概念或者最佳实践;不完整的理论体系使得整个行业靠大厂实践摸索,小厂模仿大厂,工程师靠踩坑积累经验,导致行业的整体工程能力提升缓慢,缺少对问题本质和规律的研究。

　　本书尝试系统性地讨论如何建立互联网软件可靠性工程体系。首先,本书参考传统可靠性工程及软件可靠性工程体系,把传统可靠性工程中的"六性"(可靠性、维修性、测试性、保障性、安全性、环境适应性)转化为互联网软件可靠性工程中的六种能力(可靠性设计能力、观测能力、修复能力、保障能力、反脆弱能力、管理能力)。然后,本书通过这六种能力把可靠性相关的工作组织起来,比较清晰地描绘出互联网软件可靠性工程的体系全貌,并将六种能力对应到六个工作方向上。最后，本书深入探讨了各种能力如何建设、如何度量、如何改进等。本书也较为系统地总结了互联网软件可靠性工程的发展过程，参考了可靠性工程方法来讨论当前行业面临的突出问题，初步分析、总结了各种故障的规律，并提出了"可靠性是和故障作斗争"的观点。

本书主要特点

本书具有以下几个特点。

1）整体性。本书较完整地介绍了互联网软件可靠性工程体系，并结合互联网平台软件的技术特点、业务特点，把互联网 SRE 相关工作总结为六种能力，帮助工程师快速理解 SRE 体系全貌。

2）重视度量。书中对各种能力都进行了定性与定量的评估。度量才能真正了解现状，才能推动改进，才能见到改进的效果。

3）从原理出发。本书较为全面地总结了互联网平台软件的故障特点和故障规律。研究规律是我们学习 SRE 相关工作的必经之路。通过研究规律，我们不仅可以积累经验，而且能更深刻地了解故障的本质。

本书在写作时引用了大量虎牙直播的实践案例，这些案例对一些中小型平台建设应该有一定的参考价值。

本书读者对象

本书是一本涉及互联网软件开发、架构设计、运维等全流程可靠性建设的书，适合的读者主要分为下面几类：

- ❑ 互联网行业运维工程师、研发工程师、架构师
- ❑ 关注软件系统可靠性的管理者
- ❑ 关注软件可靠性的研究者、计算机专业师生等

本书主要内容

本书一共 7 章。

第 1 章介绍互联网软件可靠性基础知识，讲述物理设备可靠性工程和传统软件可靠性工程的发展过程、基本理论，引出互联网软件可靠性的概念、问题，希望能让读者了解 SRE 的

由来、发展，从更广阔的视角去学习、研究、认识互联网的软件可靠性工程体系。

第 2 章提出了互联网软件可靠性工程的基本框架，分别介绍了 SRE 的六种能力（对应传统可靠性工程的"六性"），然后重点介绍了互联网软件可靠性的度量方法，以评估当前的能力现状及不足。

第 3 章介绍互联网软件可靠性设计与分析方法，从可靠性角度讨论架构设计的原则，分析可靠性设计的相关因素和故障模式，并详细介绍了互联网软件系统的可靠性架构实践，包括业务架构、应用架构、系统架构、部署架构、基础设施架构等的可靠性设计与实践。

第 4 章介绍了可靠性观测能力建设与实践，较为全面地讨论了互联网软件观测能力的相关话题，总结了监控技术的发展，并结合大量实践场景介绍了互联网软件观测能力。

第 5 章介绍了故障修复能力建设与实践，以及可靠性工作中的综合保障能力建设与实践。

第 6 章介绍了可靠性试验与反脆弱能力建设与实践，这是对互联网"混沌工程"的再思考。

第 7 章介绍了可靠性管理能力，对互联网软件开发团队、运维团队的技术领导者，以及希望转型为可靠性工程师的传统运维人员、开发人员有一定参考价值。

勘误

本书是我学习和工作多年积累的直观经验，由于可靠性工程体系庞大，以及可靠性相关技术、互联网技术的复杂性，想要系统总结并将其提炼成为体系，无疑是非常困难的，其间难免出现错漏甚至谬误。本书的大多数案例来自业界同行分享的资料和本人所服务的公司，可能存在局限性。如果读者对于本书内容有任何意见或建议，欢迎与我联系：25299754@qq.com。

致谢

在本书写作过程中，得到了很多人的大力支持，在此表示感谢。感谢出版社编辑杨福川和李艺的耐心陪伴、鼓励及专业支持。感谢石鹏兄弟熬夜帮我修订书稿。感谢观测云 CEO 蒋烁淼先生的指点。感谢我的领导毛茂德先生的鼓励和支持。感谢同事匡凌轩、陈景雄、黄佳亮帮助审阅书稿。感谢虎牙公司多年的培养，给我提供实践机会，让我跟着公司平台一起成长。特别感谢我的太太鄢红艳，是她的支持和付出让我毫无后顾之忧，从而完成本书的写作。

目 录 *Contents*

第 1 章 *Chapter 1*

互联网软件可靠性概论

很多读者第一次听说可靠性可能是来自 Google 提出的 SRE(网站可靠性工程)。实际上,可靠性工程作为一门学科已经发展了几十年,软件领域对可靠性工程的研究也有很多年了。

本书的目的是希望基于传统物理可靠性和软件可靠性的研究成果,借鉴和应用它们的成熟理论和工程方法,结合互联网软件的实际情况并加以融合和改进,尝试提出一套符合互联网时代要求的软件可靠性工程方法。

本章首先介绍为什么要研究互联网软件的可靠性,然后介绍可靠性工程、软件可靠性工程的产生、发展、工程方法、研究成果以及不足,最后详细讲解互联网软件系统的可靠性及可靠性工程的发展现状、面临的挑战以及工作框架。

1.1 为什么要研究互联网软件可靠性工程

可靠性是现代互联网平台的重要竞争力,出现严重故障会对用户体验、企业营收、企业品牌造成巨大伤害。

1.1.1 大型互联网企业的典型案例回顾

最近几年,大型互联网企业发生了多起影响很大的可靠性故障,给企业或用户造成了巨大的损失和影响。

2018 年 6 月 27 日,国内某知名云计算服务提供商出现严重故障,运维人员的一个操作失误导致 1000 多位客户访问其官网控制台和使用部分产品功能时出现问题,上千家公司业务瘫痪，损失过亿元。

2018 年 7 月 18 日，在年度最大购物促销活动 Prime Day 中，Amazon 网站和应用出现重大技术故障，持续 4 个小时，损失 9900 万美元。

2019 年 12 月 5 日，因 Google 提供的飞行数据软件发生技术故障，美国航空公司、达美航空公司和联合航空公司三大航空公司的网站关闭 90 分钟。

2020 年 1 月 7 日，国内某大型电商购物券异常，被薅 7000 万元。

2020 年 1 月 20 日，国内某大型电商 100 元无门槛券被刷 200 亿元。

2020 年 2 月 24 日，某知名公司数据被内部人员删除，恢复工作耗时 7 天，业务也完全停止了 7 天。

2020 年 3 月 5 日，某证券交易所遇到技术问题，交易系统的故障持续至少一个小时。

2021 年 2 月，某出行公司系统出现技术故障，导致司乘需求无法匹配，乘客打不到车，司机接不到单。

2021 年 10 月 4 日，Meta（原 Facebook）出现史上最严重宕机，旗下社交媒体 Facebook、Instagram 和即时通信软件 WhatsApp 出现大规模宕机，长达近 7 小时，刷新了 Meta 自 2008 年以来的宕机时长纪录。这次宕机导致公司市值一夜蒸发 3000 亿美元，影响了超 30 亿用户。宕机期间，用户涌向了竞争对手 Twitter、Discord、Signal 和 Telegram。

2021 年 10 月 9 日凌晨，国内知名互联网券商 App 出现故障，使得用户无法登录进行交易。事故原因为"运营商机房电力闪断导致多机房网络故障"，2 小时后核心服务才陆续恢复。

2021 年 11 月 19 日，特斯拉 App 发生全球规模的服务中断，故障原因为配置错误导致网络流量过载，最终导致 App 控制功能失效，用户无法打开车门或启动车辆，整个故障时间长达 5 小时。飞行数据、自动驾驶、工业生产的在线服务故障可能损害用户的生命安全，影响用户对相关企业的信任度。

2021 年 12 月 9 日午间，某外卖骑手 App 因技术故障导致骑手无法接单，部分地区用户无法正常登录，骑手无法找到商家和下单者地址。

2021 年 12 月 20 日，某市"一码通"因访问量过大导致系统崩溃。一码通每秒访问量达到以往峰值的 10 倍以上。

2021 年 12 月 29 日上午，国内某证券 App 在开盘 10 分钟后出现交易故障，在上午 10 点 13 分左右才排除故障。

程序 Bug、线上变更、自然灾害、访问量突增等都可能导致网站不可用。上面的例子列举的都是大型厂商，如 Google、Amazon 这样的顶尖技术公司，它们已经在可靠性方面做了巨大投入，但仍然故障频发，更遑论一般的企业，各种异常和故障层出不穷。

1.1.2　研究互联网服务可靠性的迫切性和重要性

互联网服务可靠性关系到企业发展,甚至会关系到民生服务。如果一家平台隔三岔五出现可靠性问题,是不可能长期留住用户的。一个有很高可靠性的平台会成为一个企业在行业内的核心竞争力。比如,视频网站和直播平台不卡顿、不掉线、延迟低是提供优质用户体验、留存用户的关键因素,其中不卡顿、不掉线都在可靠性的要求范围内。

又如,公有云平台已经成为整个社会运转的基础设施,一旦出现严重的可靠性问题,就会影响运行其上的平台服务,进而影响民众的日常生活。例如,一家外卖网站在用户下单后出现故障,可能会让数以万计的人的就餐受到影响;一家出行平台出现故障,可能会让数以万计的人的出行受到影响。当然,这些用户可能会很快转移到竞争对手那里。

到目前为止,大多数互联网企业的可靠性工程还依赖各个方向的工程师自己摸索和实践,或者学习别人分享的较为零散的经验。阿里、腾讯、百度、Amazon、Google、Meta 等世界级的公司,在保障可靠性上投入了巨大的人力、物力、资金,但仍然缺少统一的认知和通用的工程方法。研究互联网软件系统的可靠性问题并提升平台服务的可靠性,是亟待进行的工作。

1.1.3　研究软件可靠性工程是未来更复杂的软件产品发展的需要

计算机系统的可靠性包括计算机硬件的可靠性和上层应用软件的可靠性。网络的可靠性也会影响互联网平台软件的可靠性。随着 5G 和 6G 时代的到来,可靠性相关的问题也日趋严峻。5G 和 6G 的特点是高带宽、低时延、大规模。高带宽会促使整个网络应用变得越来越复杂,低时延则可以提高应用的实时性,促进依赖实时性的应用和场景蓬勃发展,例如自动驾驶、智能交通、远程医疗检查和手术、实时互动的元宇宙、智能制造等。互联网正在向万物互联的方向发展,未来会出现越来越多通过网络互联的分布式软件系统,接入的终端规模也将更大。

工业互联网软件更复杂、规模更高,其可靠性直接影响工业安全生产和效率,对软件可靠性有更高的要求。其在新形式、新场景下的可靠性保障比 PC 互联网、移动互联网更加困难,软件可靠性直接关系人的生命财产安全,不允许通过摸索、踩坑、再完善的方式来达到可靠性目标。可靠性保障工作必须有更加完善的体系,在一开始就需要达到很高的水平。

为了厘清一些基本认识,我们接下来介绍可靠性、可靠性工程、软件可靠性工程的概念、产生和发展过程。

1.2　什么是可靠性工程

本节先初步介绍可靠性和可靠性工程这两个概念,以及可靠性工程的发展过程。

1.2.1 可靠性与可靠性工程概述

什么是**可靠性**？

任何产品都有可靠性问题，都有可能出现故障甚至完全不能工作。可以说可靠性问题从世界上第一个人造产品诞生就有了，从早期人类制造的石头斧子，到现代的军工设备、电子设备，再到飞机、飞船以及满足我们日常生活的互联网服务平台，无不对可靠性有不同程度的要求。可靠性是所有产品的内在属性。按传统可靠性的理论，可靠性是指产品和服务在规定条件下和规定时间内完成规定功能的能力。也就是产品在使用过程中无故障或保持正常工作完成既定目标功能的能力，通常通过不可用时间长度、出问题概率、故障次数来表示可靠性程度。人们在生产、使用各种产品时都希望产品是可靠的。可靠性是个受众多因素影响、过程复杂的问题。

可靠性工程是一门从工程科学的角度研究产品故障发生发展规律，进行故障预防、修复，从而使得故障不发生或尽可能少发生的科学。也可以说可靠性工程是一门与故障做斗争的科学。无论传统物理可靠性、软件可靠性，还是互联网软件可靠性工程，其本质都是与故障做斗争。图 1-1 所示是可靠性工程与故障做斗争的整个过程。

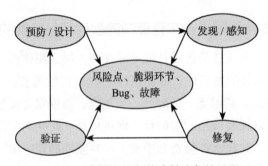

图 1-1   可靠性工程与故障做斗争的过程

接下来我们简述可靠性工程发展的阶段，帮助读者更好地理解软件可靠性工程。

1.2.2　可靠性工程发展的 3 个阶段

可靠性研究从产生到发展可分为 3 个阶段。

1. 萌芽期：可靠性概念的产生及早期研究

可靠性的概念萌芽于 1939 年美国航空委员会提出的"飞机事故率不应超过每小时0.00001"。对可靠性的研究起源于二战中美国军用飞机的电子管可靠性问题。当时电子管问题导致很多飞机经常无法正常起飞，于是生产商更严格地按照设计图纸进行生产，结果生产出来的产品完全符合设计却依旧故障不断。为什么完全按图纸生产的合格电子管在安装后还会出问题呢？分析后发现是作战地区的气候影响了电子管的功能和寿命，于是他们根据环境特点进行了重新设计和生产，最终相关故障率大幅下降。在朝鲜战争中，美军发现不可靠的电子设备不仅影响作战，而且会耗费大量的维修经费，有些维修经费甚至是造价的好几倍。为了解决军用电子设备的可靠性问题，美国开始了系统性的可靠性研究。1950年12月7日美国成立了"电子设备可靠性专门委员会"。该委员会在1952年提出了"可靠性"的定义，并于1957年6月发布了研究报告《军用电子设备可靠性》。这份报告标志着可靠性作为一门独立学科的诞生。

2. 发展期：可靠性工程全面发展

20世纪60年代是可靠性全面发展的十年，美国和苏联的战斗机、坦克、导弹、航天飞机、宇宙飞船等高精尖技术得到了快速发展，这些高风险装备能够可靠地进行作业离不开可靠性学科的日渐成熟。这些设备实战也促进了可靠性研究的迅速发展，可靠性设计、预计、试验、维修等一系列标准得以设立，可靠性的基础理论和工程方法得以进一步发展。

20世纪70年代，美国国防部建立了统一的可靠性管理机构，组织了国家级的可靠性政策、标准、手册和重大研究课题，制定了较完善的方法和程序，加强元器件可靠性控制，强调在设计阶段进行元器件降额设计和热设计，强调环境应力筛选及综合的可靠性试验。可靠性管理水平、标准、政策等在这十年得到进一步发展，在电子、机械等各工业领域被广泛应用。随着设备的现代化，硬件设备中包含软件的产品越来越多，软件成为产品中越来越重要的组成部分。科学家开始研究软件的可靠性，此时的软件可靠性研究方法基本是参照硬件设备的研究方法进行的。

20世纪80年代，可靠性工程向更深、更广、更通用的方向发展，可靠性已经与性能、费用、进度等处于同样重要的地位，从管理上更加统一化、制度化。可靠性技术也开始应用于多方向、多领域，如机械、光电、微电子可靠性等。在1991年的海湾战争中，美军战备完好性达到95%以上，因为可靠性问题导致的损失大幅减少，复杂先进的武器装备的可靠性提升非常明显，让其他国家对现代化战争有了全新的认识。20世纪90年代，软件可靠性工程逐渐成为独立的学科。

3. 成熟期：可靠性工程现代化发展

21世纪进入全球化时代，工业向4.0方向升级发展，可靠性工程进入工业领域并影响着每个工业产品。家电、个人电子产品、汽车等行业竞争激烈，对可靠性的要求越来越高。手机、平板电脑出厂前的高温、低温、跌落、静电、振动试验，汽车的碰撞试验，本质都是可靠性试验。很多行业都形成了行业可靠性标准、规范，企业间的竞争也要求产品不断提高可靠性。这一时期可靠性工程在向综合化、系统化、自动化、智能化方向发展，也在很多领域与多学科进行交叉组合式研究，工程工作更多通过计算机自动完成，通过算法实现智能化。

可靠性在中国的研究起步较晚，20世纪50年代在广州成立亚热带环境适应性试验基地是我国开展可靠性工作的开始。而"中国制造"的崛起靠的就是产品可靠性的极大提升。

可靠性工程是一门学科，目前国内多所大学都开设了可靠性专业。国家职业资格注册考试中也有可靠性工程师资格考试。很多传统企业都有可靠性工程师这个岗位。经过数十年的发展，可靠性工程方向已经形成了很多国际标准、国家标准、行业标准、军用标准等。

1.2.3 传统物理可靠性工程方法

可靠性相关的理论及工程研究是现代工业可靠性的基础。接下来简单介绍可靠性工程的研究方法。本节讲的可靠性是指传统物理可靠性。可靠性工程包括可靠性、维修性、测试性、保障性、安全性、环境适应性以及可靠性管理等，它们组成了完整的可靠性体系。

1. 可靠性工程方法

可靠性工程方法包括可靠性建模、可靠性分配、可靠性设计、可靠性预计等，也包括故障危害及模式分析、可靠性试验、人机可靠性、可靠性管理等。有很多研究方法值得软件系统的可靠性工程师学习参考。

（1）可靠性建模、分配、设计、预计

可靠性建模主要研究结构建模和数学建模。建模过程中会完成产品的结构定义、可靠性指标定义。物理设备常见的结构模型有并联、串联、旁联、表决等，分别对应互联网软件的架构设计、流程设计等技术。数学建模包括基本可靠性和系统可靠性两种量化模型，对应全链路风险分析和故障概率分析技术。

可靠性分配是指产品可靠性定量要求合理分配到子系统、设备、组件、元器件等单元上的分解过程。可靠性工程的分配方法有评分分配法、比例组合分配法、AGREE分配法，每种分配方法都总结了详细的分配过程方法和数学计算方法。

可靠性设计强调设计工作的首要作用，通过设计预防或减少故障，对应到软件工程则指软件系统的高可用、高可靠的架构设计。

可靠性预计是估计在给定工作条件下产品各个单元及由其组成的完整产品是否满足规定的可靠性要求，对产品可靠性的目标和预计的结果进行对比，判断是否达到规定要求。它是由局部到整体，由下到上的综合过程，可用在产品的各个阶段。可靠性预计方法包括评分预计法、元器件预计法、应力预计法、相似产品对比法等。可靠性预计也有相应严格的执行方法和过程。其中应力预计法类似于软件系统中通过模拟演练来预计整个系统可靠性的方法。

（2）故障模式、影响及危害分析

可靠性分析主要是指分析产品的故障模式、影响及危害性（简称为FMECA）。它是分

析产品中所有潜在的故障模式及其对产品所造成的可能影响，并按每个故障模式的严酷程度及发生概率进行分类。FMECA 是一种自下而上进行归纳汇总的分析方法。在物理设备、硬件产品方面，各个产品行业已经有了成熟的 FMECA 标准，对各类组件元件的故障模式、原因、影响等都有详细的规范规定。

可靠性分析中有一种故障树分析（Fault Tree Analysis，FTA）法，它将一个不希望发生的产品故障事件或灾难性事件作为顶级事件，通过自上而下的、按层次的、严格的故障因果逻辑分析，找到故障的必要且充分的直接原因，画出故障树，最终找出导致顶级事件发生的所有可能原因和多种原因的组合。FTA 的技术、方法、理论也有成熟的研究成果。

FMECA 是自下而上进行分析，FTA 是自上而下进行分析，两者都是产品可靠性分析的重要工具。这两种方法在软件行业有少量应用，但方法论尚不够完备。传统物理可靠性的可靠性分析方法值得软件可靠性工程师学习借鉴。

（3）可靠性试验

可靠性试验是为了解、分析、提供、评价产品可靠性而进行的工作的总称，主要目的是发现产品在可靠性设计、元器件、材料、工艺等方面的缺陷。通过试验可以验证研制的产品是否符合可靠性要求，也可以提供有用的信息来帮助评估与改进产品可靠性。可靠性试验是重要且常用的可靠性方法，试验可以分为几类，如环境应力筛选试验、研制试验、可靠性增长试验、验收试验、鉴定试验、寿命试验等。以筛选试验为例，通过对温度、湿度、振动、冲击、加速度、电荷、电磁等指标进行筛选可以排除不良的元器件，也能模拟激活潜在缺陷，从而尽早发现问题，与软件产品的验收测试、压力测试、故障模拟有一点类似。以我们常用的手机为例，需要做热冲击、跌落、振动、湿热、高低温、防尘、防水、盐雾、结构耐久性、电磁干扰、SIM 卡拆装、充放电、太阳辐射等可靠性试验，如果是老式手机，还要做按键、电池 / 电池盖拆装、导线连接强度、附着力等可靠性试验。

（4）人机可靠性

对人机可靠性的研究表明，所有产品都需要人来参与使用，人和产品又是在特定的环境中进行工作和作业的。人、产品、环境形成了"人—机—环"系统。人机可靠性注重研究可靠性中的人为差错。产品设计会影响操作使用，设计时要考虑人的心理（智能、动机、情绪、品行等）、感觉（视觉、触觉、听觉等）、力量等因素。运维人员在进行操作时，特别是在紧急手工执行命令或执行大规模操作时，需要遵循人机可靠性的原则。

（5）可靠性管理

可靠性研究认为可靠性也是管理出来的，工程组织、产品方案、设计、开发、使用、改进等可靠性工作都离不开管理工作。可靠性管理是从系统工程的视角出发，对产品设计、开发、生产、使用等各个阶段进行规划、组织、监督、控制，以实现低投入、高可靠性的目标。可靠性管理涉及各种工作流程、规范，如故障归零管理（技术五归零、管理五归零）、可靠性评审、培训、规范文档总结、落地执行等都是管理工作的一部分。架构设计评审、SLI/SLO/SLA 管理、故障事后回顾、整改实施等工作都离不开可靠性管理。在当前互联网行业的可靠性工作中，小公司管理不完备、大公司管理不统一的问题比较突出，传统可靠性管理技术值得借鉴参照。

2. 维修性工程方法

可靠性较高的产品不容易发生故障，维修性好的产品在发生故障后能实现低成本、高效的维修。产品不可能完全可靠，能迅速且低成本地修复是维修性工程研究的课题，维修性是可靠性的补充。维修性对很多设备，如武器、船舶、舰艇、汽车、手机等来说是非常重要的。维修性工程活动涉及人员、设备、设施、工具、备件、技术资料等，也涉及规定的维修程序和方法。维修性理论也研究了如何定量评价产品的可维修性。与维修时间相关的指标有维修度（规定时间条件下修复的概率）、维修时间密度等。我们常提到的 MTTR（Mean Time To Repair，平均修复时间）也是传统维修性理论提出来的量化指标之一。维修性要求会深度影响产品的设计方案，在产品设计时就需要考虑如何达到产品的维修性要求。维修性同样有分配、预计、分析、试验、评价、管理等方面的研究。互联网软件可靠性工程的故障处理大都是以被动修复为主，从维修性工程的角度来看，更应该在早期主动从故障修复的要求出发，影响架构设计。

3. 测试性工程方法

测试性是指出现故障时能快速发现、准确诊断、正确定位的能力，原属于维修性工程研究范畴，后来成为独立的学科。测试性也是产品的设计特性之一，是通过设计赋予产品的一种固有属性。测试性工程的定性研究提出了测试性与诊断技术，包括固有测试性设计、机内测试设计、测试点设计、故障隔离技术、自动测试设计等；定量研究提出了测试性参数和指标，如故障检测率、故障隔离率、虚警率等，也研究了测试性相关能力的评估方法。测试性与软件拨测监控及故障时诊断比较类似，互联网软件可靠性工程仅强调监控和可观测性是不够的。

4. 保障性工程方法

保障性是指装备的设计特性和计划的保障资源能满足战备和战时使用要求的能力，跟我们平常宽泛的稳定性保障中的"保障"不是一个意思。保障性工程是为了满足维修和使用要求的产品设计、配套资源、人员训练、资料、配套设备、系统工具等的能力。保障性工程方法包括产品需要在设计时考虑故障时的抢修要求，组件要尽可能模块化（便于替换），也包括资源保障系统的设计规划，满足使用和维修的要求。一般用资源满足率、资源利用率、保障平均延误时间、管理延误时间等来度量。

5. 安全性工程方法

安全性是指产品具有不导致人员伤亡、装备损坏、财产损失和不危及人员健康及环境的能力。安全性也是通过设计赋予产品的一种固有特性。安全性工程方法包括对各级别事故的管理、对危险和危险源的管理、对风险的可能性和危害严重程度进行分析度量，涉及识别风险、安全性分析、改进、安全性设计、安全性评价等工作。很多行业对安全性都制定了很具体的规则，并形成了安全生产标准的具体规定。一般用安全生产故障次数、事故概率、死亡人数进行度量。

6. 环境适应性工程方法

环境适应性是指产品在其工作中可能遇到的各种环境的作用下，能实现其预定功能和性能不被破坏的能力，它也是产品的重要质量特性之一。环境包括诱发环境、自然环境、工作固有环境。在环境适应性工程研究中，大多会研究几种常见环境因素，如高温环境、低温环境、加速度环境、振动环境、潮湿环境等。物理设备对这些环境的适应性非常重要，环境对产品的可靠性有很大的影响。在产品研制过程中需要规定产品的预期环境，同时为了实现环境适应能力，产品也必须通过设计和一系列加工制造工艺来实现。在研制产品时会配有相应的模拟环境进行试验。在产品的设计、研制、交付等环节都要进行环境适应性试验。互联网行业中的混沌工程的本质也是强调反脆弱性，在一定程度上也体现了环境适应能力，具体可参考 6.3.3 节。

1.3 软件可靠性工程

随着计算机及软件技术的发展，20 世纪 70 年代军事武器、航空航天和工业设备中软硬件耦合度越来越高，软件规模越来越大，软件复杂性也越来越高，软件在整个产品中的功能比重越来越大。软件可靠性与安全性问题日益突出。同时，软件可靠性比硬件可靠性更难保证，即使是美国宇航局的软件系统，其软件可靠性仍比硬件低一个数量级。本节介绍软件可靠性工程的产生和发展。

1.3.1 软件可靠性工程的概念

软件可靠性（Software Reliability）是指在规定的条件下和规定的时间内软件不引起系统失效的概率。业界有一个更传统的定义：软件可靠性是软件产品在规定的条件下和规定的时间内实现规定功能的能力。规定的条件是指直接与软件运行相关的、使用该软件的计算机系统的状态和软件的输入条件，或统称为软件运行时的外部条件；规定的时间是指软件实际运行的时间；规定功能是指为提供给定的服务，软件产品所必须具备的功能。

举例来说，规定的条件如一个软件部署在宇宙飞船上与部署在本地数据中心是不一样的，网络环境、运行环境、主机环境就是这里规定的条件之一，对软件的可靠性影响很大。规定的时间是用户期望完成任务的时间和提供服务的时间。如希望用户在300ms内完成端到端的语音连麦通信。规定时间也包括持续时间，如在高峰期不能中断服务，在平常保证7×24小时持续提供服务。规定的功能是指完成业务期望的任务结果。

1988年，AT&T贝尔实验室将其内部软件可靠性培训教材命名为"软件可靠性工程"教材，并对软件可靠性工程的工作范围做了规范。在1991年的第十三届国际软件工程大会上，贝尔实验室的J.D.Musa正式提出软件可靠性工程（Software Reliability Engineering, SRE）的概念，自此以后软件可靠性工程的概念被业界广泛接受。在这之前有软件可靠性的理论研究，但它不是软件工程的一部分。

Musa最初提出的定义是："预计、测量、管理以软件为基础的产品可靠性，软件可靠性工程以最大限度减少软件系统在运行中不满足用户要求的可能性为目标。"Musa也是可靠性模型执行时间模型（1975年）的提出者。广义的软件可靠性工程是指以保证、改进、提高软件的可靠性为目标的工程活动和研究活动的总称。

1.3.2 软件可靠性工程发展的两个阶段

软件可靠性面临的挑战引起了业界和科学家对软件可靠性的重视，于是软件可靠性的理论研究和工程研究从传统的物理设备可靠性工程中独立出来，形成了独立的学科。按年代可以将软件可靠性的发展分为两个阶段，以数学模型研究和模型建立为主的1.0阶段和以工程方法为主的2.0阶段。接下来简述这两个阶段的工作。

1. 软件可靠性1.0阶段：以模型研究和模型建立为主

20世纪60年代末软件危机爆发，其影响体现在软件可靠性没有保障、软件维护费用不断上升、进度无法预测、编程人员无限度增加等各个方面，最终导致软件开发和软件质量失控的局面。美国银行信托软件系统、IBM操作系统、360操作系统就是典型的失败案例。软件危机是由软件复杂度和规模大幅增加，缺少工程方法和理论指导导致的。于是人们投入了很多资源对软件工程进行研究，软件可靠性研究是其中的一个重要方向。原来研究物理可靠性的一批科学家转向研究软件，著名的如Musa等人。当时研究的主要对象是硬件为主、软件为辅的产品中的软件部分，如武器装备中的嵌入式软件就是参考了物理设备可靠性的理论和方法。

从20世纪70年代到90年代，业界主要参考物理设备可靠性的研究方法，主张使用统计学和概率方法建立数学模型来分析、度量、评估和预测软件的可靠性。这时属于第一个阶段，本书暂称为软件可靠性1.0阶段，也叫模型论阶段。这段时间产生了大量的软件可靠性模型，据统计有上百个。

（1）主要研究方法和常见的概率模型

刚开始研究软件可靠性时主要参照硬件可靠性的方法，研究软件特征与软件失效风险之间的数学关系，希望通过模型评估可靠性，预测出软件在未来发生故障的概率。主要研究特征有软件复杂度、测试工期、运行时长、Bug 数量等。模型论认为软件可靠性是这些软件特征因素的函数。

举例来说，研究代码行数与可靠性的关系，通过统计大量现有软件的代码行数与故障次数之间的关系得出一个数学模型，下次评估另外一个软件时，用代码行数去拟合模型，评估出这个新软件可能的故障次数和分布概率，评估可靠性现状和预测未来的软件可靠性。常见的概率模型可以分为以下几大类。

1）**统计缺陷数量与可靠性之间的数学关系的模型**。此方法研究软件缺陷与可靠性的关系，统计在设计、代码检查、功能测试、系统测试等过程中发现的缺陷数量，然后分析形成数学模型，以此来度量、评估、预测软件的可靠性。我们以威布尔（Weibull）时间分布模型（下文简称为威布尔模型）为例来看一下基于数学关系的模型，该模型是在物理设备可靠性建模中应用最广的分布模型之一，早期也被套用在软件可靠性上。

威布尔模型假设如下：在软件测试初期有确定数量的错误数，将导致错误 a 发生的事件记作 Ta，然后每隔一段时间记录一次本时间段内的错误数，即将 $[(0, t_1), (t_1, t_2), (t_2, t_3), \cdots, (t_{(n-1)}, t_n)]$ 时间间隔内的错误数分别记录为 $f_1, f_2, f_3, \cdots, f_n$。威布尔模型将这些错误数画为一个分布曲线，假设软件运行方式不变，每个错误出现的机会相等且严重程度相同时，则该模型可以用来度量软件当前的可靠性，预测未来的可靠性。

2）**研究测试工期或运行时长与可靠性的关系的模型**。此研究方法认为可靠性与测试的时间长短存在强相关性。在相同测试团队、类似软件的情况下，测试时间越长，故障越少，即测试时长与可靠性存在相关性。在需求、设计和实现阶段进行技术回顾和测试，记录测试时长与发现的错误数量，根据数据分析二者的相关性并建立数学模型，以此来预测软件运行期的可靠性。

执行时间（basic execution time）模型研究 CPU 执行时间与失效次数的关系。该模型认为执行时间越长，故障越容易发生。如物理设备时间越长，磨损就越严重，最终会导致故障。软件在内存泄露累计、磁盘损坏等场景可能有类似特点。

3）**基于复杂度的模型**。通过研究软件复杂度与可靠性的关系来估计软件可能的故障。此方法考虑了代码行数、代码变量数、模块数、调用链路长度、代码循环数、函数/模块调用的扇入扇出数等多个维度，通过研究软件错误/故障与这些维度的数学关系来构建一个数学模型，后续在碰到类似的软件或软件改版时，可通过选择其中某个模型来评估或预测软件可靠性。如经典的千行代码缺陷数模型，它由每千行源代码中的缺陷数构成，可以预测、评估软件规模扩大后的可靠性。

（2）1.0 阶段研究的效果与问题

1.0 阶段研究的效果主要体现在以下 3 个方面。

1）把软件可靠性从物理设备可靠性研究中分离出来独立研究。软件可靠性工程的产生和发展使军用软件、硬 – 软结合的装备的可靠性获得大幅提升。软件可靠性工程系统地研究了软件可靠性中的很多基本特点，包括软件为什么失效。软件失效的原因与物理设备的磨损、老化等原因不一样，主要着重于软件错误（Bug）、软件失效的复杂性和软件错误传播等特性，因此要把软件可靠性作为独立的研究领域和方向。

2）对软件可靠性相关因素进行了深入研究。在研究模型的过程中，对可能影响软件可靠性的特征做了多方面的研究，也形成了软件操作概图→可靠性要求→测试→收集数据→选择模型→选择工具→度量和预估→做出决定（验收 / 改进 / 上市 / 得出预测数据）等步骤组成的完整的可靠性评估过程。对影响软件可靠性相关的特征因素进行了深入系统的研究，如可靠性测试、代码规模、复杂度等。

3）开发和积累了多种软件可靠性预测、评估模型及建模工具。可以选择合适的模型来预测未来软件的可靠性，预测未来某个时间点、时间段的软件失效概率和失效数目。

选择合适的模型对评估和预测软件的可靠性有帮助，但也存在一些问题。

1）收集数据困难。建立模型依赖大量的类似软件的可靠性失效数据，需要收集正在开发或待评估的软件的失效数据、软件特征数据，还要做大量的前提假设，而这些假设在软件的高度复杂性和随机性的前提下，大部分是不现实的，所以数据本身并不具有很高的准确性。软件交付给客户或部署到了设备上之后，收集数据就更难了。

2）软件复杂度随机性太高，导致模型有效性很难验证。要选择合适的模型，这本身也是个困难的工作，如怎样选择模型以及如何判断模型是否最优。各种模型公式太复杂，都只考虑了部分软件特征。很难说一个模型比另一个模型好或更适用，直到现在也还没有很系统地研究软件特征与可靠性直接因果关系的度量。模型百花齐放，其解决实际工程问题的效果难以评估。

3）实施工作周期长，难以大范围推广。需要投入人员完成收集数据、选择模型、选择评估工具等评估准备工作，需要大量的、专门的可靠性专业人力和时间投入，但可靠性评估的效率仍不能适应大部分软件的实际需求。非常重要且开发周期为几年以上的项目会引入专门的软件可靠性团队，但也只能起到辅助作用，如虽然在航空航天、精密软件等重大项目中应用较多，却没有在一般性软件项目中得到广泛应用。

20 世纪 90 年代，业界逐渐认识到了模型论的局限，开始跳出纯数学模型，更多转向工程方法研究。

2. 软件可靠性 2.0 阶段：以工程方法为主

90 年代以后软件形态及软件可靠性的方法发生了很大变化。以 AT&T 为代表的软件开发商开始围绕软件生命周期的各个阶段开展可靠性工作，更加重视工程过程对可靠性的影响。如在软件设计、开发、测试、交付等阶段都进行可靠性分析、测量、管理等方面的工作，同时结合软件工程，在这些环节中加入适当的工程活动来保证或提升软件的可靠性。这个时期属于工程实践为主的阶段，暂且叫作软件可靠性2.0阶段，也可以称为工程论阶段。

（1）软件可靠性工程大纲

AT&T旗下的贝尔实验室较早开展了可靠性工程工作，认为重要软件项目的开发应该制定软件可靠性工程大纲，规定在软件生命周期各个阶段要开展的工程工作。大纲一般应该包括如下4个方面的内容。

可行性与需求阶段：
- 确定功能剖面
- 失效定义和分类
- 识别并获取软件可靠性需求
- 进行综合权衡分析

设计与实现阶段：
- 可靠性分配
- 确定并采取适应可靠性目标的工程措施
- 基于功能剖面的资源配置
- 对故障引入和传播的管理

测试与验证阶段：
- 确定运行剖面
- 进行可靠性增长测试
- 测试进展跟踪
- 附件测试，如强度测试、回归测试等
- 可靠性目标估计、分析和验证

交付后活动：
- 建立售后服务机构和管理体系
- 监控软件可靠性是否能达到其可靠性目标
- 跟踪用户对可靠性的满意程度
- 确定维护方案
- 确定软件及其开发过程改进指南

可以看出，上述大纲是围绕软件生命周期的各个阶段开展工作的，AT&T公司内部也是用上述大纲对内部工程师进行可靠性方面的培训。软件可靠性工程概念和大纲的提出标志着对软件可靠性的研究重点从纯数学模型转向了工程方向。

（2）研究方法和工程方法

我们以贝尔实验室软件可靠性大纲为例，简单介绍各个阶段的工作。软件可靠性工程2.0阶段主要研究可靠性定量评估评测，包括：跟随软件工程软件生命周期，把可靠性工作纳入软件的各个阶段，在每个阶段开展不同的可靠性工作，且软件可靠性工程与软件工程同步进行。软件可靠性工作主要包括可靠性分析、设计、测评、管理，下面分别简述。

可行性与需求阶段

可靠性工程强调在需求阶段，分析软件的功能模块，分析用户使用剖面，对可靠性失效故障进行定义与分类，了解故障发生的后果和严重程度，提出可靠性需求形成可靠性规格说明。对可靠性需求进行分析，也与软件工程的其他部分综合考虑，如成本、人力、开发和测试时间等，再建立可靠性目标，形成一些新的设计和功能需求。

设计与实现阶段

设计与实现阶段的工作包括指标分解分配、开发过程分析等。在设计过程进行避错、容错、查错、纠错设计。对设计方案进行可靠性分析来发现设计中的缺陷，按目标要求指导改进和测试。比较有名的有失效模式和影响分析、故障树分析等技术。分析后进行故障恢复设计、可靠性增长分析等。指标分配到对应服务 / 模块 / 团队；在开发过程度量预计软件交付后的可靠性。

- ❑ 避错设计。避错设计也叫防错、预防错误设计，是指在软件设计中规避可能的错误，如限制用户输入范围、隐藏易错信息、减少故障传播、增加冗余等。
- ❑ 容错设计。容错设计是指在软件中设计特殊功能，使系统在已经触发错误的情况下仍能运行，如多副本冗余重试、异常捕获等。
- ❑ 查错设计。查错设计也叫检错、检测设计，是指在设计中开发某些特殊功能，方便发现和定位、诊断错误。
- ❑ 纠错设计。纠错设计也叫改错、恢复、修复技术，是指在程序中自我改正错误以减少错误或降低危害程度的设计方法，如故障隔离方法。

可靠性测试阶段

在软件测试阶段加入可靠性相关的测试。通过测试来发现程序中影响可靠性的缺陷，控制和改进软件开发过程，督促软件改进从而保证开发的软件达到可靠性要求，在验收阶段进行可靠性测试来验证软件达到了业务的可靠性要求。通过统计分析发现的问题来量化评估，预计、预测软件的可靠性。

运行维护阶段

传统软件交付给客户后被部署到了客户的系统中，从此进入运行维护阶段，也叫运维阶段。此阶段需要规划发行后的运维需求，监控基础设施、系统、软件运行的状况；在监测到异常时触发告警和通知，维护值守人员进行系统可靠性相关的维护操作。维护操作也包括多种情况下的动作，如改正性维护、适应性维护、预防性维护、完善性维护等。同时跟踪用户满意度，获得可靠性相关反馈及改进。

软件维护包括在线维护和停机维护，传统软件的维护多是计划内离线停机维护，现在越来越需要在线维护，发展出可维护性等定性指标。可维护性也就是软件容易维护的程度，它取决于设计阶段与编码阶段的实现。

（3）软件可靠性工程成果与问题

软件可靠性 2.0 阶段取得了三点成果。

1）明确研究软件失效因素并提出解决办法。

软件可靠性工程论认为可靠性不足是因开发的各个阶段的可靠性不足造成的，于是深入研究软件开发各个阶段的失效因素。

- ❑ 需求错误：如业务提出的需求不完整，理解不准确。
- ❑ 设计错误：如模块结构与算法错误，对特殊情况与错误未处理或处理不当等。
- ❑ 编码错误：如流程错误、语法错误、变量错误、逻辑错误等。
- ❑ 测试错误：如测试用例错误、测试遗漏等。
- ❑ 文档错误：文档描述不准确、遗漏、错误。

还有运维过程错误。

- ❑ 操作错误：维护人员操作错误、配置错误。
- ❑ 环境变化：网络环境变化、抖动、中断等，依赖的软件环境、组件软件错误等。
- ❑ 基础设施故障：风火水电故障，服务器、操作系统等故障。

上述环境和基础设施是属于软件运行的环境（也就是软件可靠性中规定的条件），包括如网络、操作系统、数据库、硬件 CPU/Cache/ 内存 /IO 等具体技术因素。

2）形成了以软件生命阶段为主线的软件可靠性工程框架。

基于上一点在对开发阶段可靠性做了深入研究后，可靠性工作重点放在了如何加强各个阶段的可靠性，形成软件可靠性的工程框架。即在贝尔实验室软件可靠性大纲的基础上发展出更为完善的软件可靠性工程框架，如图 1-2 所示。

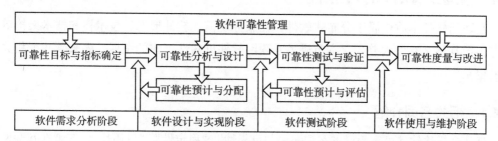

图 1-2　软件可靠性工程框架

软件可靠性被整合到软件工程中，在需求、开发、测试、验收等各阶段加入软件可靠性相关工作，分阶段制定并实施可靠性计划、确认、控制可靠性，形成了软件可靠性的开发方法。结合软件的生命周期阶段，使用先进的程序架构设计、算法、开发技术，在各个阶段提出可靠性保证技术和方法，包括可靠性设计技术、可靠性容错技术、可靠性测试技术等。如软件可靠性设计中加强避错设计、查错设计、纠错设计、容错设计等。

3）对软件可靠性的过程和结果的定性定量度量。

形成了较为全面的可靠性技术和方法，如软件可靠性的分析技术、可靠性数学建模及估计方法等，且都能有定量和定性的评估。常用的软件可靠性度量指标有错误检出率、失效强度、失效率、平均故障前时间（Mean Time To Failure, MTTF）、平均故障间隔时长（Mean Time Between Failure, MTBF）、平均故障修复时长（Mean Time To Repair, MTTR）、故障计数数据（统计次数、分布等）等。

经过多年发展，软件形态和开发方法都发生了重大变化，但相关软件可靠性工程没有跟上软件行业的快速发展的步伐，从而较难用于互联网的软件系统。

1）没有适应敏捷开发模式和微服务的架构模式。按软件开发阶段实施的过程太重。传统软件开发过程是按瀑布模式把每个阶段分得很清楚。最近十几年，软件开发主流使用敏捷开发模式，特别是进入大型分布式＋微服务的软件阶段后，已经属于超敏捷模式。微服务开发模式可以看作一种新型的敏捷开发模式，数以千计的微服务独立进行需求、开发、发布迭代。测试工作方式也不太一样，传统软件迭代较慢，测试可以重度参与，而微服务模式更强调在快速迭代中迅速解决问题，而较少时间去强调严格测试。微服务数量规模也导致难以做到每个微服务的每次修改都有测试人员进行完整测试。所以分软件阶段的方法也难以复用到当前互联网的软件中。

2）可靠性工程作为软件过程的一部分，随意裁剪较多。可靠性工程被打散到软件开发工程中，缺乏全过程对可靠性的持续关注。没有把可靠性作为独立的一条线，而是把可靠性工作作为软件工程各个阶段需要关注的一个小点，重要性被放低甚至被完全忽略。

1.4 互联网软件的可靠性

互联网软件本质也属于分布式软件，在服务规模、软件形态、技术栈和技术架构等方面与传统软件又有巨大差异。本节讲述互联网软件可靠性工作的发展，先来看几个相关名词的定义。

1.4.1 相关名词介绍

有几个描述软件可靠程度的名词——"可靠性""稳定性""可用性"，三者在互联网业界交流中常被混用，它们有什么关系又有什么区别呢？首先三者有很大的相关性，可靠性、可用性、稳定性都是反映软件系统服务质量的指标，区别在于三者是从不同的角度来衡量可靠程度。如图 1-3 所示，A 和 D 表示整个周期可靠、稳定、无故障；B 时间轴有 3 段灰色线段（B1、B2、B3），C 时间轴有一段灰线段（C1），其中 B1+B2+B3 长度等于 C1 长度。B 和 C 时间轴上的故障时长是一样的，则两个案例中可用性是一样的；但 B 的异常出现了 3 次，C 只有 1 次，说明 B 的可靠性比 C 差，如果用平均故障间隔时长来度量，B 的可靠性只有 C 的 1/3；E 指标能代表所对应的周期型指标的稳定性，正常应该呈现周期性的可预期的变化，在 E1 和 E2 点出现的异常点表示不够稳定。

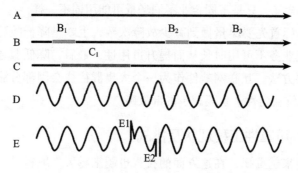

图 1-3 可靠性、可用性、稳定性的区别

1. 可靠性

互联网软件产品是可被在线修复的，常用平均故障间隔时长（Mean Time Between Failure, MTBF）来衡量，故障频次越高，MTBF 越小，则软件越不可靠。硬件可靠性工程里常用故障概率来度量，如 1 个月内 10000 个电子管中的 100 个出现故障，则故障概率 $F(t)$=100/10000=1%，说明这个月的可靠性故障概率是 1%。MTBF 常用来衡量那些不可修复的产品的平均寿命，比如灯泡、电容等。

2. 可用性

可用性（Availability）表示软件系统在使用期间随时可以提供服务的能力，或能实现其指定系统功能的概率。可用性可衡量周期内故障的累积时长。常用统计方式如下。

$$可用性 = 周期内可用时长 / 周期内总时长 \times 100\%$$
$$可用时长 = 周期总时长 - 故障导致不可用的时长$$

举例：如果某月故障累计时长是 60 分钟，则本月可用性 =（30×24×60−60）/（30×24×60）= 99.86%。

3. 稳定性

稳定性是指在一定工作条件下，业务服务成功率（反向对应失败率）、业务量的指标（如订单数、营收、PCU、QPS 等）保持一致可预期的趋势，指标曲线呈现周期性或稳定在同一水平。与稳定性相对应的是异常波动性。系统稳定性代表软件系统能抵御各种异常因素造成系统核心指标抖动的能力。异常波动性度量一般是看实际曲线偏离预期稳定曲线的程度。

可以看出，三者是从不同角度描述业务的质量。可用性是从总的故障时长来看，可靠性是从故障出现的间隔时间和频率 / 次数来看，区别在于，即使在可用性相同的情况下，可靠性度量出来的结果也可能不一样。稳定性描述指标的波动性，在非完全不可用的情况下衡量质量的异常程度。严格来讲它们是不同的指标概念，不过在大多数定性描述的情况下，这几个概念可以互换，不会产生太大的歧义。本书讨论的可靠性、可用性、稳定性在大多数情况下都是相同的含义，只是不同企业不同场景可能用词不一样。

要达到可靠性目标首先要尽量做到减少故障次数，也就是降低故障频率；然后缩短每次故障的时长，降低业务不可用时长从而提升可用性；最后，降低服务不可用的严重程度也是提升质量的重要方法。互联网软件作为一个大集群往往会因部分服务不可用而开始波动，所以为了保证系统稳定性，也要减少局部故障。

1.4.2　互联网软件可靠性工程现状及挑战

业界对可靠性越来越重视，在这方面的投入也越来越大，取得了一些进步但仍面临很多的挑战，严重故障依然是悬在企业和工程师头上的一把剑。

互联网软件可靠性工程现状

互联网软件可靠性不足主要体现在 3 个方面。

（1）规模及复杂性增加与可靠性高要求矛盾突出

服务器集群和软件规模大幅增加与落后的可靠性工作方式的矛盾。 互联网软件集群服务器规模可以从几十台增加到几万台、几十万台，这些基础设施数据中心跨越多地、多城市、多国，甚至多洲。部署其上的软件数以万计，微服务之间进行复杂调用并互相依赖。要管理海量服务器及软件组成的大型平台的可靠性是个很大的难题，而在不少公司，可靠性保证工作仍采用偏传统运维的方式。

运行及使用环境复杂性、研发模式造成的脆弱性与越来越高的要求之间的矛盾。 传统软件更多是运行在企业内部或个人电脑，网络情况相对简单，有需要时一般能在某个时间段停机进行服务。而互联网软件往往是部署在公共 IDC 里面，依赖公共网络的支持，环境更加开放复杂；互联网成为重要的社会基础设施，用户需要随时随地能访问平台的服务。用户的要求也是越来越高，一旦出现问题可能成为社会热搜事件。研发模式与快速迭代也有脆弱性。互联网平台软件背后有大量的开发人员、运维人员，每个人负责软件的一部分。任何一个工程师的应用发布、配置变更、基础设施调整都可能让系统宕机，让系统变得更加脆弱。

用户规模及行为不可控与高可靠性要求的矛盾。 互联网平台是全国乃至全球的任何人都可以使用，要承担数百万至数亿用户同时访问。互联网是流量为王的商业模式，若在流量最大的时候出现不可靠的故障情况，将会带来巨大的经济损失和品牌伤害。海量用户随时可能因为某些预期或非预期的事件进入平台形成业务高峰，用户的规模及其行为模式可能给平台服务引入脆弱性。如每年的电商大促"双11"、每年的春晚红包、直播的大型赛事/活动等。

（2）行业缺乏通用的工程方法指导

缺乏统一的理论指导和方法论，传统软件可靠性方法不适用。 软件可靠性工程过往的理论不能适应互联网软件，软件可靠性的理论知识也几乎没有成为互联网工程师的背景知识。到目前为止还没有形成行业级的理论和体系化工程方法，软件的可靠性很大程度上依靠工程师在架构、开发和运维过程中的经验和技巧。业界可见的与开发和架构相关的文章众多，与可靠性相关的资料却较少。

大型互联网公司在积极探索实践，但难以被普通企业使用。 互联网大厂都会在运维与架构设计中投入大量资源，在工程实践经验中提炼出一些可靠性的工程方法，如 Google SRE 理念、Netflix 的 Spring Cloud 微服务框架就是典型的工程工作和软件可靠性设计。而中小公司投入小、人才转型慢，仅靠有经验的运维工程师负责处理故障和可靠性相关问题会影响中小公司业务的快速发展。很多中小公司愿意招聘有大型互联网企业工作经验的人也是因为他们见过率先摸索出来的工程方法。但是大厂的工程师先摸索总结后通过线下线上分享的方式传播的经验，比较零散不成体系，难以在一般公司快速复用。

（3）传统软件可靠性工程效率不能满足互联网软件要求

有人会问，传统软件做了那么多研究，为什么不能用于互联网软件。互联网软件产品本质也是软件，为什么在软件可靠性已经比较成熟的情况下还要把它独立出来研究呢？首先要分析互联网软件和传统软件的区别，然后分析之前的理论和方法为什么不适用。互联网行业是非常讲究工程实践效果的，讲求效率和投入产出比，对企业没有帮助的理论，投入大产出小的方法是没办法推行的。

1）传统软件与互联网软件的开发过程和方法不一样。 互联网软件开发更加敏捷，周期更短。不再是原来的瀑布方式，而是更加敏捷的微服务开发方式，从开发到上线的时间周期更短，以前可能是以年月计算，现在一般都是按天计算。同时业务需求变化越来越快。在软件开发过程中，用户需求不明确，边开发边思考，在软件开发出来之前，用户自己也不十分清楚软件的具体需求；由于开发周期的原因，产品经理对软件开发需求的描述不精确，也没有经过详细的设计，只能依靠研发和产品经理口头达成一致的理解。

2）技术架构也有很大差异。 过去的软件很多是单体软件，互联网软件大都是基于微服务框架的分布式软件系统。传统软件是开发出来然后销售出去，而互联网软件开发采用的是短周期快速开发、快速迭代的敏捷模式，在上线运营后再持续局部更新，直到业务下线。如前所述，从嵌入式、单体、分布式到微服务等，软件形态发生了重大变化，原有理论和工程工作已经不能适用。

　　3）**可靠性工作的重点阶段也不一样**。可以说互联网平台的软件产品更注重可靠性的改进，而传统软件更注重前期投入，互联网产品的可靠性在前期开发阶段不追求极高可靠性，而是重点关注上线后持续运行的可靠性。互联网可靠性工作包括开发阶段，但更重要的是上线运行阶段的可靠性工作。传统软件的维护者是企业内部运维或外部开发者，互联网软件的维护者是提供服务的平台方。传统软件一般是通过一个大版本修复前一版本发现的缺陷，而互联网软件是一旦出现问题则必须马上修复，可能以分钟级为修复周期，在出现故障时不会像传统软件那样在故障期间进行详细评估。

　　为了更好地理解物理设备、传统软件、互联网软件在可靠性工作方面的异同，把产品开发、安装部署、运行维护、使用模式、故障模式等几个重点方面的特点列于表1-1。

表1-1　物理设备、传统软件与互联网软件在可靠性工作方面的对比

分类	物理设备（机械/电子等）	传统软件	互联网软件
产品开发	工厂制造 极少变更 环境适应性测试充分	单体居多 变更较少、迭代周期长 测试充分	微服务、开发人员多 迭代快、测试不完全 模块调用复杂
安装部署	用户自己使用 产权属于客户 厂家无法主动维护	部署在客户IDC机器 部署在客户办公区机器 软件产权属于客户	部署在平台方IDC 微服务、自动化 软件产权属于平台
运行维护	可停用后维护 返厂、4S店、维修点 无法监控	驻场运维 客户自行运维 由运维人员维护 监控依赖本地日志 可停机维护	在线运维、随时变更 平台掌控力强 开发和运维人员共同维护 可远程监控
使用模式	少量用户操作 使用现场复杂 物理操作	个人/少量用户 使用场景较为固定 有不使用时段	海量用户、终端差异大 用户随时使用 使用方式差异大
故障模式	老化、损耗、 损坏、磨损	输入错误 软件Bug 软件崩溃 硬件错误	灾难事件 大量用户并发 变更引发新错误 人为误操作
典型产品	手机、发动机、宇宙飞船、家用电器、机械设备等	传统金融 移动通信软件 铁路调度 航空调度	Google、天猫、微信、微博、虎牙

　　互联网软件和可靠性工作也是在不断发展变化的，为了帮助大家加深理解，接下来回顾互联网软件可靠性工程方法的发展。

1.4.3 互联网软件可靠性工程方法发展的 3 个阶段

互联网软件从诞生到当前阶段，其软件形态和规模在不断变化，从可靠性工程方法角度可以简单分为 3 个阶段，分别对应小型网站 / 企业网站时期的系统管理员运维模式、中大型分布式网站时期的技术运营模式（业务运维 / 技术运营）、超大型平台时期的 SRE 模式 3 种模式。3 个阶段的可靠性工程工作方法是不一样的，接下来进行详细讲解。

1. 系统管理员运维模式

在小型网站时期，大多数公司使用系统管理员运维模式来实现网站运维和应对故障。网站经历了从静态页面、简单交互到企业门户网站、论坛网站，再到后来 Web 2.0 时代的博客类网站、资讯站、视频站等服务的过程。这一阶段的网站软件架构一般由多个开源软件组成，典型的如以 LAMP/LNMP 架构（Linux+Nginx/Apache+Java/PHP/Python+MySQL）为主的网站。

（1）发展过程与特点

在此阶段，中小型网站和企业网站的架构相对简单，Web 服务器、应用服务程序、数据库都部署在一台或几台服务器上，规模稍大点可以切分形成集群架构，如对应用服务和数据库进行独立部署来降低单台服务器负载。在网站发展壮大的过程中，企业逐渐会对文件服务、缓存服务器、反向代理服务器进行独立部署，甚至对数据库也进行横向 / 纵向的切分，以降低负载。此阶段的网站可靠性有几个特点。

❑ 系统管理员负责 IDC、服务器、操作系统和基础组件的可靠性，手工操作为主，服务器规模较少，一般由单台至十几台服务器组成。

❑ 故障比较常见，企业对可靠性有一定容忍度。早期网站打不开、打开速度慢、网站报 502/503 等错误比较常见，大多是因为服务器突然宕机、系统负载突然变高或卡死导致的。处理故障的方法多以企业网站半夜停机进行升级为主。

❑ 网站逐渐发展为承载较大规模用户访问的分布式系统，这时的可靠性目标是设计和维护高可用、高性能的网站。

（2）可靠性工作方法

小型网站时期的可靠性工作主要的研究对象是集群的高可用和高性能，即用较少的服务器资源、带宽资源来满足业务高可用。对于这个阶段的大多数互联网企业，其软件由系统运维人员手工部署到生产环境，软件上线后的持续运行阶段由运维团队负责处理服务器、操作系统、开源组件的故障，由研发工程师上服务器排查业务逻辑。这一时期的工程方法是高可用、高性能的架构方案，也依赖运维架构师对相关组件的熟悉程度、技术广度和深度。具体分析如下。

❑ 熟练掌握 Linux 相关操作，并能进行操作系统性能优化，做好各组件的参数优化，如对 Java、PHP 性能调优，对 MySQL 进行性能优化。

❑ 前期做好开源软件选型，做好部署架构，通过分层分离部署，多点部署实现简单容灾，使用 Memcached、Redis 等 NoSQL 组件提升性能。

❑ 监控服务器和软件各项指标，在故障时能登录服务器快速找到故障原因并修复故障。

运维变成专职岗位，运维内部逐步细化分工，按技术方向分为系统运维、网络运维、业务运维、DBA 等。分工加快了技术迭代与分化，提升了各块技术的专业性，使得网站故障能比较快速地得到处理。

在大型互联网产品中业务规模、流量规模、集群规模会大很多，当服务器变多、复杂度变高时工程师往往难以掌控、无法及时在大规模集群中及时修复故障，公司需要招募更多的运维人员来加快解决问题，于是出现了专注于业务的运维角色。

2. 技术运营模式

系统管理员模式不能满足业务高可靠性的需求。为了满足业务性能、容量需要，对业务服务进行更多的拆分，把原本较大的服务拆为多个小服务。拆分后虽然解决了性能和容量的问题，也产生了一系列问题，如服务数量与工程师的人员规模的大幅增加，使得沟通变得复杂、低效，可靠性的风险点变得更多。以电商业务举例来说，拆分应用层会将购物、订单、搜索、支付等拆分为独立的应用，由不同的团队负责；可以在一个应用内进一步拆分，如将商品按不同品类继续拆分，如 3C、服饰、快消等。这时候网站已经可以称为中大型网站了，服务器数量可能达到数十台至数千台。为用户提供高可用、高性能、高质量的网站服务的实质是在做互联网大型分布式软件可靠性。

（1）发展过程与特点

运维与研发分离、研发与研发之间细致分工，提升了专业性但也导致每个人的关注点变小，沟通协作效率变低。个体的业务研发工程师仅关注自己开发的功能，对上下游和其他关系不大的服务了解不多。技术团队扩大后运维和业务研发部之间也容易产生部门墙，运研只管自己分内的事情，而没有人对整体的业务服务的可靠性负责。做可靠性也需要有人从基础设施、软件组件、应用方面抽离出来，转变为从业务视角去关注整体服务的可靠性/可用性，所以逐渐产生了业务运维/PE/技术运营/应用运维岗位。

随着网站业务功能越来越丰富，产品研发团队越来越大，必然对软件进行高频变更，这些变更越来越成为故障的主要原因。基础设施及运维的软件应用的数量规模越来越大，一台台进行手工部署和脚本操作难以满足业务迭代效率的要求。于是开始实施 CI/CD、DevOps 和运维自动化，进而产生了运维研发岗位，推动了运维自动化的平台化发展。

（2）可靠性工作方法

为了解决上述发展过程中的问题和业务可靠性/稳定性，工程师重点总结了几个方面的工作方法。

1）通过软件子系统 / 组件的专业化来提升整体可靠性。为了提升海量大并发网站的可用性，在技术架构上进行横向或纵向的拆分。分层拆出负载均衡、Web 应用、缓存、队列、数据库存储、分布式文件等众多组件和中间件，由不同的专业团队负责，深入研究性能优化，研究子系统集群的高可用。这种方法在应对高并发请求的业务场景发挥了重要作用。

2）强调利用 DevOps 和自动化运维来提升可靠性。运维操作自动化程度变高，效率明显提升。DevOps 的推行使得流程被打通，软件发布效率也得到提升，各个环节由不同的人进行手工操作的复杂性和随意性带来的可靠性故障也大幅减少。自动化提升了大规模变更效率，降低了误操作的可能性。自动化平台解决了部分协作和一致性造成的可靠性问题。

可靠性的根本问题有时不是靠提高效率所能解决的，同时，随着互联网软件的激烈竞争，人们对可靠性的要求也越来越高，必须通过专业的 SRE 模式加以解决。

3. SRE 模式

Google 作为大型互联网平台的代表，较早地提出了用软件工程的方式解决可靠性问题。《SRE：Google 运维解密》一书的出版使得 SRE 理念在互联网行业中深入人心，可靠性重新进入行业的视野，可靠性工程师也成为一个热门的岗位，促进互联网公司产生了更加专业的软件可靠性工程模式。

当前国内有些互联网公司把软件可靠性职责独立出来，成立可靠性工程师团队，叫作安全生产或技术风险团队。另外有部分公司因为系统自动化而运维类工作减少，团队工作内容更加侧重可靠性工作，所以直接叫作 SRE 团队。要区分是运维团队还是 SRE 团队，就看它们的工作是以运维（满足业务的变更 / 迭代需求、被动处理应急情况）动作为主，还是以实现可靠性目标（打造更加可靠稳定健壮的服务）为主。

（1）发展过程与特点

互联网平台可靠性挑战越来越大。进入超大型互联网平台时代，互联网业务规模越来越大，实时性要求越来越高，对可靠性、稳定性的要求也变得越来越严苛。业务服务越来越重要，很多互联网服务已经成为民生级服务，如微信即时通信、支付、打车、地图等，这些服务一旦出现问题会对用户生活会造成较大影响，所以可能要求每个订单甚至每个关键请求都不能出错。简单的自动化运维及粗放地关注故障已不能满足这种高要求，更何况可靠性不仅是运维问题，而是整个产品的问题。

SRE 模式以提升软件可靠性为主要目标，业务产品为主要运维对象，改变了过往以服务器、网络基础设施、单个软件为主，关注集群运维的方式，而是更关注系统整体可靠性和用户质量。常规的运维操作由谁来做已经不是关键问题，有些操作可以让研发人员通过平台完成，或是由 SRE 来操作。

（2）SRE 的工程方法和研究方法

SRE 是 Google 提出的互联网服务可靠性方法论，它使用工程的方法和手段来解决运维的难题，其主要指导思想和工作方法可归为以下几点。

1）Google SRE 的思想和方法论。

Google SRE 方法总结起来就是著名的 Mikey 金字塔，如图 1-4 所示。从塔底到塔顶共 7 层，每一层都建立在下一层的基础之上，层与层之间都离不开沟通与协作。本节仅作简单介绍，更多内容可参考相关图书。

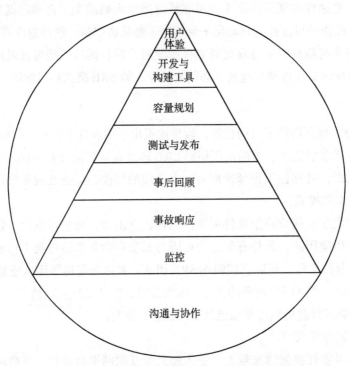

图 1-4　SRE 工作层次结构——Mikey 金字塔

- □ 监控：确保 SRE 能洞察系统的健康状态和可用性，及内部发生的事情。
- □ 事故响应：从事故发生、接收告警、发现问题到定位修复完成，涉及众多团队，充满了挑战。
- □ 事后回顾：故障发生后，如何在不甩锅、理性客观而又深入透明的前提下找到根因，从而改进系统、监控与协作等。
- □ 测试与发布：发布变更是故障的主要来源之一，做好测试与发布，能预防很多故障。
- □ 容量规划：突发流量也是故障的重要来源之一，做好容量规划、可实现容量弹性扩缩的系统能预防很多的故障。

❏ 开发与构建工具：新的工具可以提升效率、改进架构与性能。

❏ 用户体验：包括业务系统的用户体验，性能、交互、安全性要足够好，SRE 的管控
系统也要提供良好的体验，在处理问题过程中能可靠地工作。

2）实践摸索的工程化项目。

SRE 在日常稳定性工作中也会努力探索、实践各种工程项目。例如，从风险治理、应
急协同、软件运维过程等方面去提出一些项目，从预防、发现、定位、应急处理故障的过
程中不断补齐薄弱环节，从架构治理、分布式追踪、容量管理、限流降级、变更管控等方
面针对特定问题提出解决方案等，还会借鉴引入业界解决特定场景的最佳实践，如混沌工
程、全链路压测、红蓝对抗等稳定性保障方法等。这些工程方法符合 SRE 的工程化解决问
题的思想，又不完全与 Mikey 对应，更加符合一般公司的工程实践，国内很多互联网公司
采用了这种方式。

（3）问题

SRE 在业界已经深入人心，也有很多工程师开始关注互联网产品可靠性的研究，但还
是存在许多问题。

1）首先是不够通用，落地困难。学习 Google SRE 的大多数人发现其实操性并不强，
看了很多却没办法落地到自己的公司。可能原因是《 SRE：Google 运维解密》一书中所讲
的是 Google 场景下实践方法的合集，而不是一套通用的拿来即用的工程框架。Mikey 金字
塔指出了保障可靠性的几个重点方面和层次，但没有提供具体的工程方法。

2）行业不同，公司水平参差不齐。互联网分布式软件系统在架构、开发、运维等方面
快速发展变化，可靠性的工作方法也在随之变化，有些公司改进很快，而有些还是承袭过
去的方法。在国内阿里、美团、腾讯、百度等头部企业有大量新方法、新实践可以很好地
解决了某一方面问题，各种流行的可靠性方法也让人眼花缭乱、应接不暇，每年都有一两
个流行主题被热议吹捧，然后很快冷淡下来。但是，"大厂"实践与流行的方法不太容易被
众多的中小公司拿来复用，大厂内部不同的部门也可能在用不同的方法。这些实践方法需
要被体系化、工程化，被小厂复用、被不同的部门间复用。

研究大型互联网平台的可靠性问题和解决之道，从工程实践中总结方法论，从理论方
面进行系统化研究是必然趋势，它将促进整个互联网平台乃至未来互联网／物联网等新平台
的可靠性的发展。

本书主要讲述软件可靠性工程在互联网平台服务中的应用与实践。接下来讲解互联网
软件系统可靠性工程的工作思路。

1.5 互联网软件可靠性工程的工作思路

软件可靠性工程的目标是研究软件可靠性的规律，在设计、开发、运维等各阶段保障软件稳定运行，给用户、客户、企业管理者呈现可靠的结果。本节将在理解传统可靠性的基础上，研究如何开展互联网软件的可靠性工作，探索度量、预测、评估软件可靠性的方法体系。为了构建互联网软件系统的可靠性工程体系，首先要厘清 3 个问题：软件为什么会失效？如何打造可靠的软件并保证其可靠性？如何检验软件的可靠性？

1.5.1 理解软件可靠性的 3 个核心问题

参照传统可靠性方法，互联网产品可靠性的基本问题也可归结为 3 个方面。

1. 软件为什么会失效：影响软件可靠性的因素分析

研究软件为什么会失效就是研究造成软件不可靠的因素并总结其影响规律，如研究有哪些因素会造成失效 / 故障，以及它们导致失效 / 故障的机理是什么样的。经过总结，可以将导致互联网软件故障的主要因素归为五类，分别是软件 Bug、基础设施故障、软件性能下降或系统容量不足、运维变更引入故障、修复能力不足等，接下来进行简单分析。

（1）软件 Bug

软件故障的首要原因是软件 Bug，如软件代码越多越容易存在 Bug，软件结构越复杂越容易产生 Bug，软件模块设计不够好也会引发故障。现实的困难是：不同软件模块的逻辑完全不一样，逻辑失效很难找到因果关系，不容易提前分析，很难通过历史 Bug 分析新软件的 Bug 规律。互联网软件产品 Bug 还具有以下特点：

- ❑ 软件迭代更快，软件发布新版本解决了旧 Bug，同时也会引入新 Bug（包括软件版本带来的新 Bug、配置规则变化引发的逻辑问题）；
- ❑ 软件测试不够完备，导致很多 Bug 被带到生产环境；
- ❑ 海量外部用户输入或集体操作行为造成结果不符合预期触发 Bug；
- ❑ 软件运行环境是动态变化的，运行过程中可能出现某些因素触发 Bug；
- ❑ 隐藏 Bug 被触发，如 Bug 可能一直存在，在运行一段时间后被触发等；
- ❑ 依赖组件 Bug，互联网产品会使用大量开源、第三方组件或其他团队的组件，这些组件 Bug 也会触发软件 Bug；
- ❑ 软件错误可以传播，有的简单易于发现，有的影响复杂难以详尽描述和分析。

（2）基础设施故障

支撑软件运行的基础设施发生灾难性事件是造成故障的重要原因。举例如下。

- ❑ 网络中断或严重拥塞：网络光纤、网络设备、路由配置、流量突发等因素会造成网络的中断、丢包或拥塞，导致通过网络通信的软件出现异常。

❑ 机房级故障：机房断电、空调损坏会引发机房内的大规模灾难事件。

❑ 服务器级故障：也包括操作系统 Bug、计算机硬件随机失效等引发服务器挂起甚至宕机，长时间运行也可能导致软硬件性能退化如磁盘、内存损坏，内存持续泄露等。

❑ 软件基础设施：如负载均衡、DNS、公有云等产品故障引发大规模的灾难。

（3）软件性能下降或系统容量不足

软件性能下降或系统容量不足会导致软件无法在规定时间内处理用户请求，对外表现为响应时延增加、单位时间处理请求数量下降、处理同样的并发请求但系统资源消耗增加，超过某个并发数上限后系统性能急剧下降等，可导致部分请求超时甚至软件系统整体崩溃。原因有以下几个方面：

❑ 长时间运行导致资源消耗累积或数据积累，到达一定程度后引发故障；

❑ 软件新版本处理能力下降导致总体处理能力不足，进而造成容量不足；

❑ 网络抖动、延时增加等因素引发应用软件传输性能下降；

❑ 大规模并发访问导致系统无法及时处理或引发崩溃，突发蜂拥的访问也可导致无法正常服务；

❑ 部分节点/实例出现灾难性事件造成服务于业务的节点数减少。

（4）运维变更引入故障

变更是持续运行阶段发生故障的主要原因，据统计有 70% 左右的故障是由于变更引发的。变更动作包括运维变更、软件升级变更，以及第三方、基础设施的变更等。软件运维变更的正常操作可能触发未预知错误，误操作可直接引发故障。其根本原因可以细分为如下几点：

❑ 所变更的软件引入了新 Bug；

❑ 工程师使用的工具和运维系统不完善导致不符合预期的操作；

❑ 人为因素导致预料之外的操作；

❑ 流程因素，变更未遵守标准流程，导致错误。

（5）修复能力不足

软件故障有不同的严重程度，如果修复及时可以让影响降低，而修复慢了则可能会造成巨大影响。所以故障处理过程也是影响可靠性的重要因素，修复能力体现在：

❑ 尽快发现故障、定位故障的能力；

❑ 组织应急响应过程的能力；

❑ 预案的能力、快速修复故障的能力；

❑ 整改故障等综合管理能力。

2. 如何打造可靠的软件：设计、开发、运行高可靠软件方法

要打造可靠的软件，我们需要研究如何设计高可靠的软件架构，开发高质量的应用软件，设计工程方法来应对故障，设计配套的管理机制来提升组织协作能力。为了保证系统

的可靠性，必须在软件生命周期的各个阶段加入可靠性工作，针对影响软件可靠性的因素进行设计和改进。如图1-5所示，可靠性工程可包括7个阶段的工程技术和管理过程。

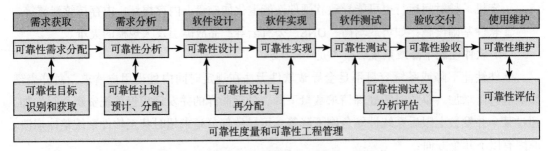

图1-5　在软件生命周期加入可靠性工程工作

（1）在软件生命周期的各个阶段加入可靠性工作

提升软件可靠性的基本方法是：用先进的软件工程方法在早期阶段加入可靠性工作，从管理上明确可靠性的目标和需求，把目标分解分配到模块、技术团队，做好开发、运行、维护阶段的可靠性分析评估、改进，对影响可靠性的各种因素进行适应性、健壮性设计等。

（2）用先进的软件开发、测试方法

为了应对软件Bug，用最先进的软件开发方法，如从瀑布式到敏捷开发，用最新的架构方式如微服务架构、Serverless、Service Mesh等，在较大程度上实现避错、容错。为了减少错误，要有充分的上线前单元测试、回归测试，加强软件质量管理；上线后进行模拟验证等。利用最先进的灰度测试、压力测试、全链路测试、混沌工程、蓝军攻防等技术帮助相关负责人员提前发现错误。

（3）可靠的软件设计方法

为了应对可用性不足的问题，在软件开发过程中应重视避错、容灾容错设计，将单点串联单点设计改进为并联高可用系统，增加冗余容灾。为了防止复杂模块之间的故障传播，要按重要性分清主次，对非核心服务、核心服务的非关键环节进行可降级设计，或容忍一定程度的带病运行等。软件设计要充分考虑软件的运行环境的残酷程度，加强软件自身的环境适应性，如防止网络抖动，在系统负载较好的情况能够较为健壮地运行，或有一定的自我纠错能力。重视硬件基础设施的可靠性，应用云原生的理念来应对基础设施的不可靠，在部署架构中实现多副本容灾切换的能力。

查错和纠错的设计。互联网软件故障与传统软件故障的一个重要差异是前者可以实时在线修复，这点倒是与物理产品可以被维修类似。产品的在线运行阶段很长，出现故障后修复得越快则故障时间越短，这是互联网软件可靠性工作的重点。

（4）加强软件可靠性工程能力

传统可靠性工程中对物理设备的维修、保障、环境适应性有很多研究，其工程能力如

图 1-6 所示，可靠性方方面面的工程工作都被纳入这几种能力当中。经过研究，互联网平台软件可靠性工程与传统物理可靠性工程有诸多类似的地方。

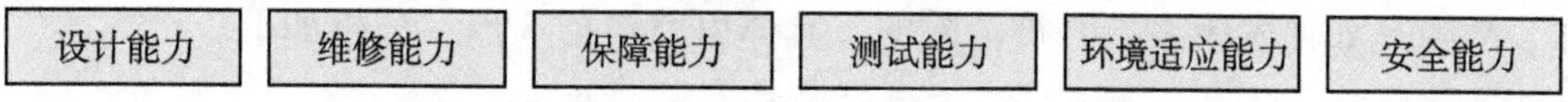

| 设计能力 | 维修能力 | 保障能力 | 测试能力 | 环境适应能力 | 安全能力 |

图 1-6　传统可靠性工程（物理产品）能力

传统可靠性工程能力框架可被借鉴到互联网平台的分布式软件系统的可靠性工程中。如修复故障涉及发现、定位、修复，也涉及过程中人的因素，包括人的响应、多团队协同、修复工具的有效性等。应该设计灾难恢复的工程能力，如果不幸发生灾难性事件，也要尽可能快地进行灾难恢复。注意，软件可靠性是设计出来的，分析、诊断和修复问题的能力也是软件可靠性设计的重要部分。

3. 如何检验软件的可靠性

检验软件的可靠性是指研究如何检验 / 验证软件是可靠的，确信达成了可靠性 SLA 和期望目标。当开发、购买、发布了一款软件后，如何确定软件达到了预期或合同要求的可靠性目标？改进了软件后如何验证其是否达到新的要求？这就需要找到检验、预测、评估、度量软件可靠性的办法。可靠性工程要求通过工程方式加以验证，且要把结果量化呈现出来。

传统软件销售出去后企业就失去了大部分的掌控力，主要依赖销售前的软件测试发现错误。传统软件可靠性主要研究用 Bug 数、代码行数来预测软件的可靠性的方法，在互联网企业中效果并不理想。互联网产品有个好处是平台方有完全的掌控力，可对部署、运行状况完全掌握，还能进行在线修复。所以互联网软件检验可靠性的方法多了很多。

（1）在软件交付阶段充分测试验证

在上线过程通过单元测试、回归测试、灰度测试、蓝绿测试、压力测试、上线后的全链路压测、混沌工程等方法提前验证软件的可靠性是否满足要求。在现实中这些工作大都会被"裁剪"，要求越高的软件应该越严谨地执行测试验证和验收。

（2）持续运行阶段要持续量化度量

在业务持续运行过程中实时收集用户请求的失败数据，技术组件的监控数据，并对这些数据加以分析、统计，以此来度量、评估平台服务的可靠性，这是最真实的检验方法。只有在度量体系完整且度量指标保持稳定的情况下，我们才能确信此时此刻平台是能正常服务于用户的、软件系统是可靠的。

（3）定期进行故障统计分析

软件在线持续正常服务的时间、故障平均修复时长、故障次数、不可用时长、核心服务的 SLI/SLO 等数据都可用来度量和检验软件可靠性。

接下来讲述结合传统可靠性理论与互联网现实情况，简要阐述笔者建立互联网可靠性工程体系框架的思路。

1.5.2 建立可靠性工程体系框架的思路

建立可靠性工程体系框架的重点是研究复杂系统是如何被可靠地构建起来、系统是如何工作、故障是如何发生发展并被消除的。具体思路包括3点，分析如下。

1. 理解可靠性和互联网 SRE 的关系

认识到互联网服务的可靠性/稳定性的工作本质就是软件可靠性工程，而不是单项的开发技术和运维技能。

传统软件可靠性深入研究了软件可靠性的诸多根本问题，只是限于软件形态、发展阶段、关注重点不一样，无法适应互联网软件产品的新情况，但其核心的思路是可以借鉴的。20世纪90年代以来的软件可靠性工程研究和实践已经基本跳出纯模型论，更加注重工程实践，在软件可靠性设计、分析、测试、工程管理等方面进行了较为系统的研究，在某些软件中取得了显著成效。虽然其方法不能完全适用于互联网，但其系统性的分析方法和研究成果值得我们学习借鉴，例如如何对影响软件可靠性的因素进行研究、如何开发可靠的软件、如何验证软件的可靠性方法等。

2. 借鉴传统可靠性工程的关键方法

在学习传统可靠性和互联网可靠性工作的基础上，参考、借鉴并整合为新的可靠性工程框架来指导互联网可靠性工作。

（1）结合软件生命全周期进行可靠性工作

可靠性工程是为了达到系统可靠性要求而进行的有关设计、管理、试验、开发和生产等一系列工作的总和，它与系统整个生命周期内的全部可靠性活动有关。软件有自己的生命周期，运维是其中一个阶段。可靠性要跨越运维和开发阶段，研究从软件的需求、设计、开发、测试、交付部署/发布、持续运行到下线等各个阶段的可靠性工作。

预防故障是最重要的第一步，在设计阶段就把故障消灭掉是成本最低的，也是最能体现公司架构和技术能力的，好的设计可以实现"一次把事情做正确"的目的。很多公司都有架构师，要对网站服务进行高可用、高可靠的设计。在预防阶段有很多已知的技术和方法，如可靠性设计方法、单元测试、代码审查、设计评审、可靠性估计、故障模式及影响分析等，充分测试是为了预防和减少把故障带到线上。这些技术方法是为了尽可能在早期把存在的 Bug、故障隐患暴露并消除。

（2）对可靠性过程和结果进行定性与定量的分析评估

现代互联网软件可靠性目前还是以工程实践为主，缺少通过定性定量分析、度量和管理的方法，也有人借鉴传统的定量指标 MTBF、MTTR 等，不过在互联网行业的使用范围和认可程度并不高。传统可靠性的学科式研究中大量使用了定量分析，虽然这些定量分析方法和指标不太适用于互联网软件，但我们可以参照其方法研究适用于互联网时代的定性、定量分析方法和指标，改变当前行业只讨论工作方法而缺少量化评估效果的现状。

传统可靠性分析也有一套系统的分析方法，本书将加以参考。如分析业务架构中的风险，形成分析量化结果，并通过工程方法进行治理。没有度量就不能改进，没有度量就无法说清楚我们所负责的业务的可靠性、稳定性到底是怎么样的。后文也会重点讲述可靠性的度量方法。

3. 将物理可靠性的 6 种能力作为通用的可靠性工程框架

物理可靠性工程中的部分方法与互联网软件可靠性方法非常类似，如可靠性设计能力、分析能力、可测试能力、保障能力、修复能力、环境适应能力、人机可靠性等。结合互联网的实践特点，我们抽象出互联网软件可靠性最重要的 6 种能力，包括可靠性的设计能力、观测能力、修复能力、保障能力、可靠性试验与反脆弱能力、可靠性管理能力等，具体会在后面几章进行逐一探讨，希望能形成较为完整的可靠性工程框架。这套框架能把当前所流行的绝大部分稳定性方面的实践方法纳入进来，也充分参照了传统物理可靠性的工程体系，具有一定的完备性，同时整合了传统软件可靠性工程研究的影响软件可靠性的因素及应对方法。

1.6 本章小结

本章首先提出了研究互联网平台软件系统可靠性的重要性；接着从可靠性的源头讲起，介绍了传统物理可靠性工程的概念、产生和发展过程，也较为完整地描述了其工程方法；然后介绍了传统软件可靠性的概念及其发展，讲述了从数学模型阶段到软件工程阶段的发展过程和工程方法，分析了这两个阶段的效果和存在的问题；接着回顾了互联网业界在高可用稳定性方面的工作，分析了当前方法存在的矛盾问题，并提出要重新认识互联网软件系统的 3 个核心问题；最后参照传统物理可靠性和传统软件可靠性工程的方法，结合互联网行业现状，提出软件产品可靠性工程的工作思路，并借鉴传统可靠性成果提出一个通用的工程框架。

在第 2 章，我们将围绕上述工程框架讲述在软件生命周期的各个阶段如何开展可靠性工作，然后展开介绍可靠性工程的 6 种能力，并提出如何评价与度量互联网软件系统的可靠性。在后面的第 3 ~ 7 章，我们将详细讨论 6 种能力的工作方法和实践。

互联网软件可靠性工程及可靠性度量

可靠性工程的目标是保持或提升软件的可靠性和稳定性。为了达成目标，所有相关工作都要落实到软件的设计、编码、架构及运维等软件生命周期各个阶段的工程工作中。可靠性的提升或变差应该能够通过定量的指标加以度量，这样才能看到可靠性工程工作的效果，认清可靠性不足的现状。

本章首先介绍软件从开发到上线的几个阶段的可靠性工作内容，及发生故障后在故障生命周期要做的可靠性相关工作；然后抽象出可靠性的 6 种能力，对它们分别进行介绍；最后介绍如何进行互联网可靠性度量与评价，讨论可靠性定性与定量度量的方法，通过度量让所有人了解、洞察服务软件可靠性的目标与现状，分析并发现短板及问题。简单来说，本章主要介绍如何开展并度量可靠性工程工作。

2.1 软件生命周期的可靠性工作

软件系统不是开发出来部署到线上就能可靠运行，也不是在上线之后努力做好运维就能保证其高可靠性，而是必须在软件生命周期的各个阶段做大量相应工程工作才能获得足够的可靠性。互联网的软件系统可靠性不是一次达成的，而是在多个迭代周期不断改进而实现的。有个比喻，互联网平台就像养孩子，生的过程很痛苦、很困难，但是在孩子的各个成长阶段，不断地教育、改正其学习、做人做事的方方面面才是花费更多精力的地方。如在需求分析阶段，我们需要进行可靠性的需求分析；在设计阶段，我们需要考虑从设计上做到容灾容错、预防故障，设计排查故障的机制；在开发阶段，我们需要避免软件错误；

在测试阶段，我们需要尽早发现 Bug；在交付阶段，我们需要尽量采用灰度发布，即分阶段交付的方式；在运行阶段，我们需要做好观测度量工作；在故障阶段，我们需要早发现、早修复；在改进阶段，我们需要彻底修复故障等。

2.1.1　互联网软件生命周期的可靠性工作及原则

软件系统的生命周期一般包括几个阶段：产品需求→软件设计→开发→测试→上线→持续运行→故障阶段→改进→继续运行→下线。互联网软件开发大多采取的是敏捷方式，除了产品立项、大的技术选型、部署设计和系统设计是在初始阶段一次性完成外，从需求到上线运行一般都会循环迭代很多次，一般以一周或数周为一个迭代周期，有些紧急 Bug甚至是当天修改上线。

1. 在软件生命周期各个阶段的可靠性工程活动

接下来介绍软件各个阶段的可靠性相关工作。在一个项目的软件生命周期各个阶段的可靠性工程活动大体如表 2-1 所示。

表 2-1　软件生命周期各个阶段的可靠性工程活动

生命周期阶段	可靠性工程活动
需求阶段 / 改进阶段	明确用户可靠性要求、重要程度 选定可靠性指标、设定目标
产品设计阶段	围绕总目标在组 / 模块 / 服务间分配可靠性指标 明确工作对象：确定用户操作流程和关键路径 业务架构 / 部署架构 / 应用架构 / 系统架构设计中考虑避错、查错、容错、改错设计 分析可能的软件异常 / 故障 感知 / 发现 / 修复等支持能力设计
开发阶段	模块 / 代码级别可靠性设计 从可靠性角度关注代码设计
软件测试	单元测试、压力测试、全链路测试、灰度测试等 通过 Bug 回归验证可靠性
交付部署上线	可靠发布：灰度发布、蓝绿发布、变更管控 基础设施架构、部署架构等可靠性设计 / 实施
持续运行	监控可靠性指标的变化、新功能可靠性分析 评估度量可靠性趋势与目标 可靠性增强改进分析 在线演练模拟异常 可靠性配套能力建设：发现、定界定位诊断、快恢等
故障阶段	快速发现、响应协同 快速定界、快速定位分析、诊断 执行恢复预案或止损预案 故障复盘：挖掘根因、故障定级、提出可靠性改进需求
改进 / 提升阶段	事后整改和提升措施进入后续迭代周期 定期度量、回顾、分析可靠性

2. 可靠性工程是持续迭代和改进的过程

对于可靠性，前期做好完善的设计是最好的，但实际情况是在业务快速发展阶段公司一般都是重功能轻可靠性，只有等到产品运行一段时间后暴露严重可靠性问题后才被重视，甚至是等到出现大故障后再进行重构。可以说互联网公司的系统架构设计和重构是随着平台发展进行的。可靠性工作不是一蹴而就的，需要在业务小周期迭代中持续改进，在适当时机进行可靠性专项架构升级。在一个重视可靠性的团队中，在产品的大周期和小周期中都应该加入可靠性工程工作，如表2-1所示，即使在持续运行阶段，业务功能没有任何变化时也可进行可靠性相关的改进和提升工作。

3. 应尽早加入可靠性相关工作

一般，软件会由研发架构师进行设计，由研发工程师编码开发，在软件开发完成、测试通过，准备部署上线的阶段才会交付给运维人员进行接管。这种合作方式是基于传统的软件开发模式，在这种合作方式下运维人员是被动参与维护的。

在可靠性工程能力较强的团队，SRE（可靠性工程师）在早期参与进来会有很大裨益。SRE关注的重点仍以可靠性为主，他们可以在早期把基础设施、系统架构等以较低的成本设计好，而非等到上线后再进行艰难的改造、迁移，从而可以降低未来多种类型的可靠性风险，也可以减少在后期进行重新设计或改进架构的成本。

接下来具体介绍各个阶段的可靠性工作。

2.1.2 需求阶段的可靠性工作

在软件需求阶段，主要的可靠性工作任务是明确产品对象的可靠性需求和总体目标，使得产品人员、开发人员、SRE都能理解并达成一致。目标应是面向用户的，而不是面向过程或内部的。常用的可靠性要求包括识别出核心服务，通过定性的文字描述或数字指标体现它们的可靠性要求。常用的可靠性指标有是否核心服务、失败后影响如何、该如何补救等；也有具体的量化指标，如请求成功率、故障次数、故障时长、故障间隔时间等。在需求阶段，我们需要确定可靠性工作需求，具体包括以下几个方面。

1. 新业务 / 新服务的可靠性需求

明确如新功能、新模块、新业务的可靠性需求，明确重点服务、重点模块、重点指标的可靠性要求，重点进行需求分析和细化。依据这个服务的重要程度来划分服务等级，比如划分首页、登录、订单、开播、互动等与用户核心体验相关的功能为核心服务，划分普通的内页展示信息的功能为重要而非核心服务。

在首次创建的项目或存在较大变化的迭代中，我们还需要对接基础设施、运维支撑和管控系统。SRE在接入时负责确认应用的基本信息，如应用基本情况、负责人、技术架构及可靠性建设的基本情况等，以便后续对其进行运维和支撑。对于新项目，要建立项目的可靠性工作计划、整套保障方案，评估分析基础设施和应用的可靠性情况等。明确对象的工作不限于新项目，实践中这类工作往往更多是等应用到了一定规模、对稳定性有了更高要求或出现一些重大故障之后才得以重视。

实践案例：在接手某业务时，SRE会去体验产品，与业务研发工程师团队沟通，从用户角度识别关键功能、关键流程，讨论核心服务及其核心指标，最后跟各个主要服务团队、公司研发管理、各级技术领导等相关人员正式确认，然后安排采集、上报、分析度量这些服务的可靠性，自动化度量并双周回顾，分析异常、对照目标看差距。

2. 已发生故障的可靠性改进需求、已知风险的可靠性改进需求

回顾分析之前故障遗留下来的问题、暴露的风险，把问题转化为可靠性需求。要在大周期中进行可靠性工作的大幅调整改进，比如架构设计的改进，在小周期的迭代中也应该加入可靠性工作，如增加监控、加强高可用、增加预案的功能，或是修复已经发生的故障的软件错误、提升性能等工作。

实践经验：每个故障复盘后都会形成一个整改措施列表，每一项都会写明负责人、开始时间、完成时间。改进负责人在某个迭代中把整改项加入需求池，在整改项上线后确认整改完成。

3. 长期可靠性建设需求

如果可靠性出现重大问题/风险时，要回顾分析故障发生时的架构以及处理故障时的技术能力，重新审视技术组件选型、技术框架选型、部署架构是否满足可靠性要求等。在功能性、项目进度、可靠性几个因素中，帮助产品研发人员、架构师了解可靠性的方面，做出权衡取舍。可靠性相关的管理流程等也要长期建设、不断完善，例如工程师团队在制定周期工作目标，如年度、半年、季度、月度的OKR或KPI时，应当加入可靠性的改进提升目标，如将这个周期的某个指标从99.9%提升至99.95%。

实践案例：我们在年初制定OKR的时候必提一个稳定性的关键目标，即核心指标成功率国内为99.95%，国外为99.9%。业务研发负责人要对照自己负责的服务的可靠性水平来安排关键工作，然后组内和横向的业务研发、基础架构、业务运维SRE等各工程师团队会根据要达成的稳定性目标分析自身需要做的工程工作，并转化为阶段性的技术需求。

2.1.3　设计与实现阶段的可靠性工作

可靠性设计包括新功能的可靠性设计和现有功能的可靠性改进设计。对需求规划阶段确定的可靠性目标和要求进行分解，在设计阶段分模块、分功能地进行应用架构设计、系统架构设计、部署架构设计。

设计错误比代码 Bug 带来的危害更高。这个阶段应当考虑设计的合理性，评估引入故障风险的可能性，在对风险有充分认识的基础上对单元模块的复杂性、健壮性进行设计。从不同的层次看架构会包括很多设计，从宏观视角来看包括部署架构、应用架构、系统架构、业务架构等，这里我们重点关注的是这些架构中的可靠性的设计工作。

架构设计阶段的可靠性工作要考虑容错、避错、改错的设计，也要充分考虑可扩展性、可维护性、可伸缩性的设计，以及如何应对突发大流量的设计。在核心模块应用逻辑中还要考虑如何进行降级、限流，如何隔离局部故障，如何做到异常时还能最大限度服务用户等设计。

以上设计过程会在第 3 章进行详细讨论，这里简单介绍一下。

1. 业务架构设计

业务架构设计是把业务需求拆解为软件功能模块的需求。业务架构设计包括大模块的设计，也包括用户使用业务服务的交互流程。如业务架构可拆分为用户系统、交易 / 支付系统、订单系统、商品系统、库存系统、活动系统、推荐系统等，商品系统也可以按品类、行业进行拆分。业务架构会决定技术团队如何进行组织分工，业务架构的拆分方式也会影响可靠性工作的开展。

2. 系统架构设计

系统架构设计是指整个软件系统的总体设计，这个过程把应用逻辑看作一个架构单元，把周边支撑模块、基础设施服务、中间件组件、数据库、数据存储等也作为独立的架构单元。系统架构主要考虑组件选型以及组件之间的调用关系。这些架构单元自身也是一个复杂的分布式软件系统，也有可靠性工作的问题。在调研开源组件、开源框架时需要深入熟悉其中的设计原理才能充分用好它们，即使用了成熟的开源框架，也要考虑与公司现有技术栈、基础设施服务等的融合。

实践经验：很多公司有架构委员会，当对架构进行重大改进、建设新的中间件、引入新组件时会引入评审过程。架构师会提出设计中的可靠性风险，洞察未能关注到的点，提供更优的设计建议。

3. 应用架构设计

应用架构设计是指根据业务需求设计应用的层次结构，制定应用规范、定义接口和数据交互协议等。包括应用进程与应用进程的通信机制、应用与数据进行通信的架构，选用同步通信或异步通信方式，采用 RPC、RESTful、JSON、XML 等进程间通信协议。也包括应用内的逻辑设计、代码结构设计，如何设计分布式的事务，如何设计缓存服务和策略，如何设计高可用的数据库等。

实践经验：与很多公司一样，虎牙有基础架构和微服务框架团队，会不定期分析生产环境微服务运行过程，特别是异常后的处理过程，进行改进。如增加监控（如队列监控、内部状态）、增加配置项参数、增加可靠性相关能力（如拨测能力）等。

实践案例：在某个阶段发现有状态的服务很多，在异常时无法迁走、无法调度切换，此时 SRE 发起无状态化改造项目，进行微服务自身、硬编码 IP、DB 资源、缓存资源、外部依赖的无状态化改造。

4. 部署架构设计

部署架构设计是为了在不够可靠的基础设施上建立可容灾的高可用系统，在设计时选用合适的云厂商、IDC 机房、服务器、网络，如同城双活、异地多活等。有时也叫运维架构或基础设施架构。

实践经验：基础架构和 SRE 团队在适当的时候发起部署架构的改进项目，如遇到单交换机挂掉后影响一片服务的情况，发起交换机隔离的治理项目；又如发现物理机挂了导致整个微服务挂掉，所以在容器平台增加宿主机反亲和的功能等；再如在某个阶段发现某些核心服务有单机房故障风险，于是发起同城双活架构改造的项目。

2.1.4 测试与验证阶段的可靠性工作

测试与验证阶段的可靠性工作是在开发完成后测试和验证新软件的可靠性指标是否达到预定目标，软件改版是否完成 Bug 修复，架构改进是否达到改进目标等。在测试和验证阶段发现的问题要记录、反馈，进行改进或在下一个迭代改进。

除了进行传统功能测试之外，也进行可靠性的相关测试。广义地说，主动检查、检测、发现问题的工作都属于可靠性测试验证工作，如把新版本手机 App 软件在各种型号手机上进行测试，观察崩溃、性能、耗电等情况；后端服务在研测环境进行模拟测试；用生产流量进行回归测试等。

下面介绍互联网技术团队常用的几种可靠性测试方法。

1. 单元测试、集成测试和验收测试

单元测试是测试微服务的较小的单元模块，如单个微服务程序或单个类、方法、接口。集成测试是指将服务部署到服务器，验证服务与相关组件、基础设施服务或其他应用程序是否能正常进行交互。单元测试、集成测试是比较传统的测试，在新功能开发完成或问题改进后进行回归测试，发布到灰度环境或生产环境后需要观察对比上线前后指标是否变化，确认已发现的 Bug 和隐患风险已经得到修复，才算完全验收通过。

实践经验：如果服务变更非常频繁，工程师改了一个小点都要投入大量精力来做回归测试，显然是非常浪费时间的。于是我们建设了研测环境和平台，通过生产流量录制和回放的功能实现快速的回归测试，由此大幅提升覆盖率，减少引入新的错误。

2. 全链路测试和压力测试

全链路测试是指端到端的应用程序验收测试，比单元测试、单组件或较短链路的测试更加全面，能发现更多脆弱环节的问题；压力测试是指模拟较大规模的请求。全链路压测可以发现一些隐藏的薄弱环节在线上压力下的性能是否达到要求，以及是否存在容量问题。压力测试和全链路测试可帮助我们在上线前进行验收测试。

2.1.5 部署与发布阶段的可靠性工作

在发布阶段做好变更管控。变更是容易引发故障的首要因素，数据显示 70% 左右的故障都是由变更引起的，如图 2-1 所示。变更包括首次上线交付、迭代更新，也包括基础设施硬件、基础设施服务、第三方等的变更。在这一阶段，在保证前期开发测试已经比较充分的基础上还要注意与生产环境的兼容、发布中可用性的平滑、线上数据的一致性等。

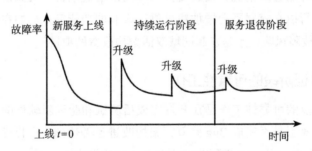

图 2-1 软件可靠性与发布升级的故障率曲线关系

1. 推行灰度发布策略

尽可能先小范围上线验证，如果符合预期则加大灰度范围，继续验证，其间如果任何一个阶段有问题则进行回滚，到线下修复后再继续进行灰度验证。做好变更管控，在变更前后感知指标变化，一旦异常，做好变更事件通知，能回滚则先回滚，而不是在线上找问题。监控发布前后可靠性相关指标，评估度量可靠性指标是否符合预期；逐级放量验证质量，在指标不符合预期的情况下迅速平滑回滚并通知。

实践经验：我们用无人值守的自动化变更功能进行自动化滚动发布，在上一批发布后检测指标无异常后才能自动发布下一批。

2. 推行自动化部署和加强变更管控

标准化上线流程。结合应用 CMDB，在业务上线时创建应用服务树，把域名、DB、缓存、主机、配置、权限等资源自动纳入管控体系。服务器资源（物理机、虚拟机和容器资源）的申请需要流程自动化，并标准化资源规格和数量。对于软件构建、打包、测试、部署、发布，要形成统一的发布流程规范并形成自动化的流水线。不少公司的部署交付过程还是需要一些手工操作，这也比较容易引入故障。自动化部署交付有利于把众多复杂的操作转变为一致的过程，可以减少人为操作疏忽、不一致、效率低下的问题。变更是最大的故障原因，在异常出现后能快速定位到该异常是与某次变更、某人的发布，甚至是某个阶段某个服务器节点的发布操作相关的能力，可以大大加快处理故障的速度，甚至自动回滚。

实践经验：虎牙后台每日有上千次变更，SRE 团队建设变更管控的系统，把多个变更系统的变更事件与相关信息集中到一起，通过规则能发现高危的变更（如大批量的变更、高峰期的变更、下班前后时间的变更、核心服务的变更等）。出现问题时能根据时间相关性、服务相关性等定位到相关的变更操作，即使在发布人没有主动报告变更动作的情况下也能发现其相关性。

2.1.6　持续运行阶段的可靠性工作

应用发布上线后进入用户服务的生命周期，涵盖从用户发起连接请求到完成业务服务的整个流程。进入持续运行阶段即表示进入了用户服务阶段，此阶段的主要工作包括三点。

1. 进行持续监控，实时发现可靠性问题

首先要有实时质量监控和定期反馈软件可靠性状态的能力，可以发现异常或故障。由于业务变化、时间变化会带来可靠性的变化，因此我们需要持续监控感知系统的各项指标，持续度量评估可靠性的趋势。可靠性退化时要能尽快发现并定位修正，持续改进可靠性问题。然后要能尽量主动分析各种可能的风险，用于评估产品可靠性和指导下一个周期的工作改进，提出应对措施；用可靠性数据指导产品和工程过程改进，还要主动加强各种可靠性工程能力的提升，主动改进优化。

2. 关注产品处于稳态运行时的状态变化、指标变化

稳定阶段也有些重点工作，在本阶段还是会进行各种变更，需迁移、变更配置项等，持续运行阶段服务会在几个状态间进行转换：稳态运行阶段、业务变更阶段、业务增长阶段、质量退化阶段、异常 / 故障阶段，如图 2-2 所示。

业务自身也在变化，随着业务量、用户量的增长，会渐进式带来一些问题，如业务容量不足。进程长时间运行也可能带来磁盘空间、读写 I/O、内存堆栈等方面的问题，在一定条件下引发故障。软件在部署、发布、变更时也可能引发错误从而进入故障阶段。

经常回顾分析可靠性指标能发现版本变更、网络、CDN 服务等任何因素带来的指标异常或趋势性的变化，也能验证上一个周期可靠性改进的效果。

实践经验：虎牙会双周进行稳定性、可靠性的回顾，把核心服务的可靠性指标拿出来，分析趋势、对照目标，有异常的需要让相关 SRE、业务人员、研发人员进行分析、调查、

解释。如图 2-3 所示，可知可靠性大部分时间达到了 A 线，离 S 级目标还有距离，少量在 A 线以下 B 线以上，需要对异常点深入分析，也会把本周期发现的可靠性事件拿出来分享，对本周期可靠性关键工作的进展进行讲解。

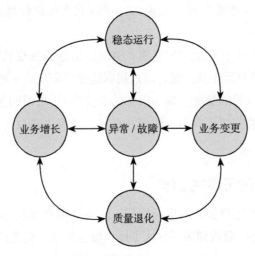

图 2-2　持续运行阶段产品可靠性状态转换

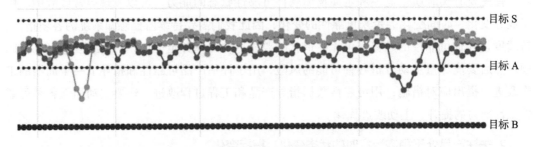

图 2-3　某核心服务可靠性趋势图

3. 在稳态时主动制造异常模拟故障

在运行阶段，指标没有异常或没有生产故障不代表没有风险，并不能让人完全放心。在平常稳态运行时能把可能出问题的脆弱因素主动制造出来，再进行针对性的架构改进和配套能力的提升，从而能在出现任何真正脆弱因素的时候有效应对。这种方式叫作"混沌工程"。混沌工程是一种广义的测试，通过主动制造、模拟故障，测试系统在各种脆弱因素、极端场景的表现，从而发现复杂技术架构中隐藏很深的脆弱根源问题，并在故障发生之前解决这些问题。

混沌工程还适用于知道哪一块是脆弱环节，但不清楚脆弱出现后会发生什么状况，以及如何应对的场景。红蓝攻防全面模拟测试是指通过"系统之外的人"去主动挖掘脆弱因素，通过专职的团队去挖掘可靠性方面的隐藏问题，由此发现更多在其他测试中不容易暴露的风险，进而确保较高水平的可靠性。

实践经验：最简单的场景是模拟一台应用服务器、一台数据库主库服务器、一台缓存服务器、一台交换机突然挂掉，模拟的粒度可以从某一个核心服务开始，按服务的粒度逐步进行。

以上所说的各个阶段都是理想的情况，在互联网软件开发工作中，需求、设计、测试、发布等工作也是被敏捷化了的，不同的服务、不同的人可能同时在做这些阶段的工作。所以分阶段不是一种明确的时间概念，在实际工作中，每个"工作分片"都要考虑加入可靠性的相关工作。

接下来重点讲述在故障生命周期中的可靠性工程工作。

2.2 故障生命周期的可靠性工作

处理故障可以简单总结为三段：发现故障、定位故障、修复故障。故障是软件产品生命过程中的一个个异常"线段"，是持续运行过程中出现的一些突发事件。故障自身也有其生命周期，具体可分为 14 个阶段，如图 2-4 所示。

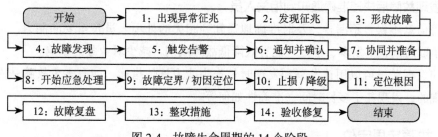

图 2-4　故障生命周期的 14 个阶段

我们围绕故障的生命周期来开展可靠性工程（稳定性保障）的工作。一个正常的故障流程是：出现异常征兆、发现征兆、形成故障、故障发现、触发告警、通知并确认、协同并准备、开始应急处理、故障定界/初因定位、止损/降级、定位根因、记录报告、故障复盘、整改措施、验收修复等，每个阶段都有大量的可靠性工程工作需要去做。

实践经验：阿里内部有 1-5-10 的要求，要求 1 分钟发现故障、5 分钟定位故障、10 分钟修复故障。虎牙也提出了 2-3-5 的要求，要求 2 分钟发现故障、3 分钟定位故障、5 分钟修复故障。这个目标很有挑战，很难要求所有故障都做到，但围绕这个目标去建设可靠性、稳定性的能力是非常好的指引。通过实践证明，在核心服务的大部分常见故障中是能做到的，某些故障的某些阶段也能达到该目标。

2.2.1 监控故障

在故障发生前一般都有部分指标超过正常值而又没有达到故障阈值，如何快速发现并预警可能发生的故障，或是通过监控实时数据预测是否是故障，快速发送告警到相关人，从数据异常中定位到故障点和故障原因？尽可能在故障发生前采取措施，把故障扼杀在萌芽状态，这是观测能力的重要体现。在这个阶段也有一些通用的方法可供参考。

1. 监控的覆盖面

监控的覆盖面包括业务层、基础设施层、应用层、各种组件层的指标，要尽可能深入监控，核心业务指标必须有监控，一旦出现问题能从用户视角发现问题。这里有个矛盾是监控覆盖面越广，监控数据越多，采集和分析的难度就越大，需要投入的人力成本也越高。

2. 在海量的监控数据中有效识别出异常

通过数据阈值对比、同环比、异常检测算法等方法，将异常分析出来是当下智能运维中的热门课题。可视化支持灵活的视图，可以帮助我们更好地分析和利用数据，洞察到数据内部的因素。它利用大数据的分析技术和时序数据的多维分析，可以更深入挖掘数据中的异常因素。此外，对核心的技术指标也要重点监控、配置告警、在监控系统配置监控大盘，以便在出现问题后可以进行分析、定界、定位。

3. 发现故障后快速准确通知到相关人员

告警信息不误告不漏告，及时准确地通知到相关的处理人员是重要的能力，可以为异常处理争取时间，早发现、早处理能有效降低故障级别，减少对业务的影响。

感知发现阶段可以用首发率和发现时长作为能力评估指标，如有多少故障是由监控系统先发现的，发现花了多长时间，准确性如何等。

2.2.2 故障定界定位

进入应急协同后，大家的首要目标是恢复业务。定界定位包括根因定位，也包括确定故障点和影响业务的范围，为快速恢复故障提供决策依据。此阶段最高效的方法是在告警时已经带出了准确的定界定位信息，引导到预案系统执行快恢，如果不能准确定界和匹配预案，则需引导到监控大盘或诊断系统，通过专家的分析判断找出故障点。有些技术可以帮助我们快速定位问题，比如调用链 Tracing、大盘下钻分析、APM、日志分析、事件等。

定界定位需要强大的工程综合能力：

❑ 深入理解各层次架构和业务逻辑，快速诊断异常的能力；

❑ 大数据能力，有助于实现对数据和数据分析工具的充分利用、灵活应用；

❑ 检测算法能力，包括单指标、单个实体多指标、多个实体 × 多个指标；

❑ APM、Tracing、全链路监控；

❑ 监控分析 / 诊断系统；

❑ 日志系统。

此工程阶段的能力评价指标是故障定界定位的时效性、准确率，具体会在第 5 章详细展开。

2.2.3 修复故障

异常或故障发生后，自动化执行预案进行自愈是最快的手段。如若需要人工介入，则在定位后进行人工执行预案以快速止损 / 恢复，如果没有预案则需要考验可靠性工程师的个人经验和应急能力。如果没有预案，则需要快速判断影响、修复故障，比如通过隔离、降级、限流、调度等多种临时组合方法进行修复，有时不得不在业务持续受损的压力下做出重大决策。如图 2-5 所示，故障修复能力可以分为 4 个层级。

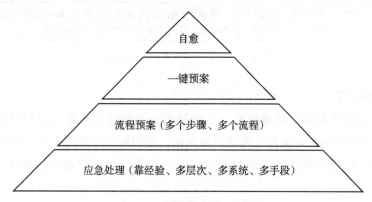

图 2-5　故障修复能力金字塔

修复故障阶段的可靠性工作需要依赖以下能力：

❑ 应急响应协同的能力；

❑ 定界定位诊断分析的能力；

❑ 预案及平台的能力；

❑ 工程师的经验与综合能力。

要建立快速恢复预案平台，首先需要识别风险场景并进行分析，需要深入理解基础设施、部署架构、系统架构、业务架构等各层次架构，从过往的故障中分析薄弱环节或依靠过往经验分析出可能性较高的故障，并结合架构中的修复能力设计及运维管控平台的能力，整合形成预案。预案大都是基于设计阶段的限流、降级、容灾切换、扩缩容、隔离等方法的组合。在这个阶段，评价的标准是快速恢复故障的时间，有多少故障是快速恢复的，有多少是有预案的。

2.3 可靠性工程 6 种能力综述

结合软件生命周期的可靠性工作、故障生命周期的可靠性工作，我们可以把运维稳定性/可靠性的保障方法总结为 6 种能力，如图 2-6 所示。这 6 种能力也对应着传统可靠性工程中的可靠性分析与设计、测试性工程、维修性工程、保障性工程、环境适应性、可靠性管理等 6 种能力。本节又是概要性地进行讲述，接下来的几章会详细讲解这 6 种能力。

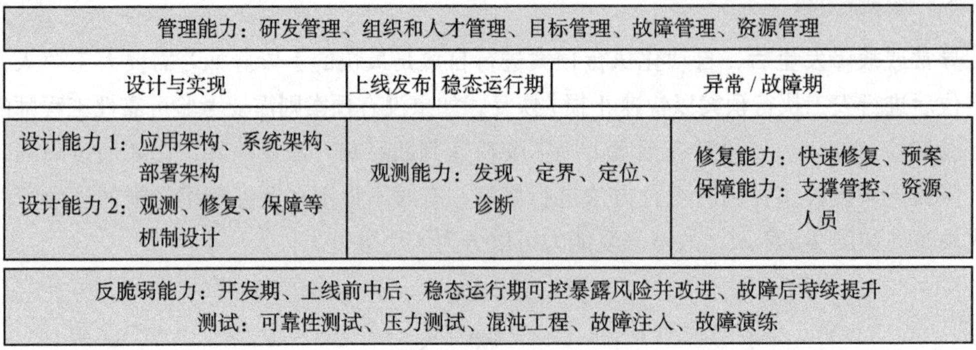

管理能力：研发管理、组织和人才管理、目标管理、故障管理、资源管理			
设计与实现	上线发布	稳态运行期	异常/故障期
设计能力 1：应用架构、系统架构、部署架构 设计能力 2：观测、修复、保障等机制设计	观测能力：发现、定界、定位、诊断		修复能力：快速修复、预案 保障能力：支撑管控、资源、人员
反脆弱能力：开发期、上线前中后、稳态运行期可控暴露风险并改进、故障后持续提升 测试：可靠性测试、压力测试、混沌工程、故障注入、故障演练			

图 2-6 软件可靠性工程 6 种能力

1. 可靠性设计能力

上面提到的应用架构、部署架构、系统架构、业务架构是保证可靠性的最重要的因素。设计能力是指如何设计出高可靠的各种架构，在架构中充分考虑预防错误、容灾容错、改错自愈能力。传统运维最缺少的可能就是进行架构设计和影响架构设计的能力。详见第 3 章。

2. 可靠性观测能力

广义的可靠性观测能力是指在复杂而庞大规模的业务产生的海量数据中及时发现任何异常的能力，为可靠性相关的工作做出准确的判断决策。传统运维会讲很多与监控相关的内容，但观测能力不等于监控，监控是观测能力的基础，只是观测的一部分。详见第 4 章。

3. 故障修复能力

故障修复能力是指故障发生时快速修复故障的能力，是设计开发预案、打造修复工具和管控平台的能力，也包括故障处理应急能力、快速准确判断并决策的能力，是工程师能力的综合体现。详见第 5 章。

4. 可靠性保障能力

可靠性保障能力包括人力、运维资源、管控平台、平常训练等综合保障能力，类似战略支援的能力。详见第 5 章。

5. 可靠性试验与反脆弱能力

影响可靠性的因素在第 1 章有讲到，分别是软件错误 /Bug（业务逻辑新引入 Bug、隐藏 Bug 被触发、依赖服务 / 第三方 Bug 等）、基础设施灾难（机器、机房、网络灾难事件、硬件随机故障等）、工作负载与容量（软件性能退化、系统设计容量）、变更操作、被恶意攻击等。反脆弱是指软件系统如何适应脆弱的内外部环境，拥抱脆弱性，在异常和故障中促进可靠性的提升，提前发现错误，主动可控地暴露问题，并从中找到脆弱点进行改进优化，重新设计以适应内外部环境，从而打造更加可靠、稳定的软件产品。详见第 6 章。

6. 可靠性管理能力

可靠性管理能力是指从业务可靠性的管理到工程师团队的能力升级等层面的管理能力。前述的每个阶段都离不开管理工作进行推进。详见第 7 章。

如果将上述 6 种能力与军队建设及战时过程做类比，可靠性观测能力就像是情报工作，包括通过卫星、侦察机、雷达，甚至间谍来挖掘真相，通过嵌入 SDK、APM、日志服务等技术对系统进行诊断、监测，目的是尽快发现和定位。可靠性设计和分析能力的职责是"摆阵"，类似战略部、参谋部的角色，对武器、人员做全局部署。故障修复能力是快速打击能力，火力协同、精准打击、精准修复。可靠性保障能力是传统运维的职能，管理各类保障资源交付、通信保障、后勤保障、装备资源保障、人员训练保障，甚至是手册图纸，提供基础的自动化的保障支撑。反脆弱能力是故障模拟与健康管理，搞拉练、搞军演，通过混沌工程红蓝对抗等技术，发现体系中的脆弱点，促进改进提升从而使系统更加健壮，提升环境适应性、抗抖动能力、弹性能力。可靠性管理能力类似司令部，制定作战体系，提升人员素质，建设兵种 / 军种 / 战区，在战时紧密协同、各兵种明确战略战术、协同作战等。

2.4　互联网软件可靠性度量与评价

可靠性度量是指通过质量指标和故障报告等可靠性数据对可靠性进行定性定量的分析评价，通过度量了解软件可靠性的实际状况，验证是否达到预期目标；通过对当前问题的分析和改进措施的规划，也能预计软件未来发生故障的概率，提升大家对系统可靠性的信心；度量分析还能帮助我们制定科学合理的可靠性目标，为提升可靠性提供明确依据。

2.4.1　可靠性度量介绍

对可靠性进行量化研究是互联网业界当前比较欠缺的环节，也是讨论比较少的话题。对于什么样的异常才算故障、故障的严重程度如何确定、用什么指标什么方法来定义故障，甚至如何确定可靠性目标是否达标等，业界仍没有明确一致的共识。目前互联网业界大多是以公司自己进行故障定级的方式来实行，各个公司有自己的故障定级规范，这些规范大多还较为主观或需要技术权威来拍板确定。

可靠性度量是提升可靠性的前提，所谓"无度量不改进"。传统可靠性工程研究中提炼了可靠性度量的执行框架，总结了度量的工作方法，值得互联网业界学习。本章会参考传统软件可靠性的度量方法，提炼出一套适用于互联网软件的可靠性度量框架，包括如何确定可靠性指标、核心服务、可靠性目标，可靠性数据收集，对可靠性异常后的故障量化定级，以及可靠性证明等环节。

相对于嵌入式软件和销售出去的桌面软件、企业软件，互联网软件的特点是可以实时收集运行数据，不断补充数据采集，同时结合大数据技术、时序数据处理技术，帮助工程师在海量的数据中进行实时或离线统计分析。过去的大多数产品都是以卖出去为主，数据采集困难、更新困难、处理能力不足、没法实时度量，只能依靠交付前的特征进行概率计算，通过测试用例的测试结果作为可靠性预计的依据。而互联网产品的特点是平台方拥有软件和数据控制权，拥有天然的采集能力、大数据的处理能力，在需要调整时可以通过变更迭代、修改采集能力实现。

可靠性度量的作用主要体现在：可帮助评估互联网平台对用户提供服务的水平，洞察业务服务的可靠性变化，帮助发现问题，洞察质量的短板；可作为新版软件是否上线或扩大灰度范围的决策依据；还可验证最近正在做的重点工作对可靠性的影响。可靠性定量的度量是传统运维较为薄弱的环节，加强量化度量，深入分析研究是新型 SRE 的重点工作方法。

❑ **可靠性度量能帮助验证平台服务对用户的服务水平。** 只有通过了定性定量的度量，才能知道目前业务可靠性的现状，没有度量，就无法说清楚我们所负责的业务的可靠性到底是怎么样、对用户的服务水平是怎么样。确定改进后将达到的可靠性水平，预测和制定可靠性目标。软件可靠性度量也包括软件可靠性预计，即预测未来将达到的可靠性水平，比如根据现有可靠性数据获得可靠性增长的趋势，利用该趋势可预测再经过一定的可靠性改进工作后软件的可靠性能达到的水平。

❑ **可靠性评价与分析能帮助改进可靠性和制定合理的可靠性提升目标。** "没有度量就不能改进"，通过可靠性分析、评价，找到多维度原因，是哪些环节的什么因素影响了可靠性，通过对过去一段时间的可靠性度量及原因分析，可以帮助工程师找到改进重点。通过分析原因把可靠性指标分配到各个技术团队、各个服务团队，再由各团队分拆可靠性指标，逐级向下分析问题点和风险点，提出可靠性工作改进方法和计划，通过技术方法消灭故障隐患。在新版灰度过程中可以对比度量分析，可靠性和质量度量结果可以成为是否继续扩大灰度的决策依据。举个例子，我们的海外业务会精细度量各家 CDN 在全球各个国家的稳定性水平，通过度量结果推动某云厂商在北非突尼斯完成秒开（直播秒级开播）指标的优化。

❏ **度量过程本身就能改进可靠性**。在研究与实践的过程中我有一个发现，大部分的软件项目工作中都没有可靠性度量的指标，工程师团队也没有完整的可靠性概念，大多数是走一步看一步，哪里出问题修哪里。我还发现度量的实施过程（包括识别需要度量的对象、设定可靠性的目标、识别并采集需要的数据等）本身就很有意义；可以让参与的人重新认识软件系统架构、端到端的关系、相互间依赖关系等，清晰了解当前稳定性、可靠性的情况，也能理解软件在整个业务、整个平台中的位置。

实践案例：在某业务要开展可靠性度量的时候，某研发组长有些抵触，认为这是形式主义，没什么用，只要提升研发能力、减少 Bug，SRE 把运维做好就行了。在艰难推进落地一段时间后情况大为改观。大部分研发人员在每天上班时都会看相关指标，自发完善上报、分析数据异常的原因，主动补充上报和排除一些额外因素；主动学习分析技术，找 SRE 帮忙分析基础设施、服务等各个维度的数据，对上下游的影响等，并推动优化解决。现在已经形成了业务研发人员、SRE、研发管理人员共同关注的指标体系，形成了良性的互动协作模式。

2.4.2　可靠性度量和分析方法

度量分析依赖收集到的可靠性数据和故障报告。本节讨论通过可靠性数据对故障进行多种维度的定性定量分析、分级分类，其结果可以帮助我们了解可靠性的基本特点，也可以帮助我们自上而下地分析可靠性问题，并把改进要求和可靠性指标分拆到具体团队或模块，与相关团队制定可靠性目标。常见的度量方法或者说可靠性的表示方法主要有以下几种。

1. 可靠性数据来源

可靠性数据来源包括两类：可以通过软件主动上报（事件、指标、Trace、日志等）等技术方法自动完成数据采集和分析；也可以通过接收或汇总来自用户的报告（包括软件提供的反馈渠道、客服渠道报告、弹幕报告、App 市场评论、微博微信等社交媒体反馈），在后台通过一定机制形成故障报告单，供后续分析。

2. 通过故障进行度量

故障复盘后形成故障结论报告，在周期（如季度、月度）结束后进行统计分析。可用如下几种分析方法实现。

（1）按故障分级度量

最常见的度量方法是对故障进行分级，根据故障的影响程度、影响面给故障定级。级别越高代表故障越严重，常见的用 P1 ~ P4 分级，部分公司也会增加 P0、P5、P6 级别。特别严重的故障会被定为 P0 级别，影响较小的故障被定为 P5 以下故障，如 P5 ~ P6 故障级别。对故障进行周期性的统计分析，从几个常见维度分析故障的分布情况。

（a）故障定级方法

故障定级本身就是一个度量的过程。故障的严重程度与受影响业务的重要性、影响时长、影响程度三者相关，业务服务越重要、影响时间越长、影响面越大、程度越高，表示整个故障的严重等级越高。这是可以通过一些量化指标进行度量的。除了量化指标之外，也有用户报障、投诉、资金损失等业务关联性明显的指标作为兜底，以避免有些故障没有指标度量或指标无法明确代表故障影响程度的情况。

❑ 简单定级法

本质是确定故障标准。常见的故障标准在业界有一些比较笼统的定义，如某公司的线上业务故障 / 事故的级别定义如下。

P0：核心业务重要功能不可用且大面积影响用户，造成重大负面舆情影响。

P1：核心业务重要功能不可用，但影响用户有限，如仅影响小部分用户。

P2：核心业务周边功能不可用，持续故障将大面积影响用户体验。

P3：周边业务功能不可用，轻微影响用户体验。

P4：周边业务功能不可用，但基本不影响用户正常使用。

❑ 影响值定级法

我们以时长、影响程度为主要维度定义了一个故障标准，选取出业务核心服务，每个核心服务对应一个"黄金指标"。为每个核心服务制定一个影响矩阵，对服务进行分类分级，如核心服务、重要服务，定义一个对应表，如图 2-7 所示。比如某核心服务故障时长为 15 分钟，故障期间指标平均下跌到 80% 左右，找到定级表属于 P3 级别故障。影响率一般取故障期间的总失败率，相当于平均值，可量化黄金指标强烈抖动的情况，常见的故障指标不会是一条直线，而是一会儿 50%，过 2 分钟到了 90%，然后缓慢上升。

通过影响值去影响矩阵中找，按影响值确定故障级别。可以为不同的服务定义不一样的影响值区间，如核心服务可以更加严格，而重要服务、辅助服务可以宽松一些。有了量化标准，在故障恢复后基本可以实现自动定级。

❑ 用户报障 / 反馈 / 投诉

通过各种途径统计用户对产品的报障、反馈、投诉等数据，根据统计数据进行定级。用户的投诉是故障产生的最直接的影响，当投诉量大的时候，代表一定是有较严重影响的故障出现。通过统计投诉的数量进行定级，这个依赖经验值，不是所有受影响用户都会主动报障。报障可以作为兜底手段，在某些指标未能规划完善或缺少指标体系的情况下，可以通过报障数据来覆盖。

❑ 资金损失

造成直接资金损失的故障是严重的故障。可根据一定的金额范围来确定故障等级。与资金损失相关的服务是软件可靠性中非常重要的保障对象。

时间/分钟

影响率	10	15	20	25	30	35	40	45	50	55	60	65	70	75	80	85	90	95	100	105	110	115	120	125	130	135	140	145	150
100%	10	15	20	25	30	35	40	45	50	55	60	65	70	75	80	85	90	95	100	105	110	115	120	125	130	135	140	145	150
95%	9.5	14.3	19	23.8	28.5	33.3	38	42.8	47.5	52.3	57	61.8	66.5	71.3	76	80.8	85.5	90.3	95	99.8	105	109	114	119	124	128	133	138	143
90%	9	13.5	18	22.5	27	31.5	36	40.5	45	49.5	54	58.5	63	67.5	72	76.5	81	85.5	90	94.5	99	104	108	113	117	122	126	131	135
85%	8.5	12.8	17	21.3	25.5	29.8	34	38.3	42.5	46.8	51	55.3	59.5	63.8	68	72.3	76.5	80.8	85	89.3	93.5	97.8	102	106	111	115	119	123	128
80%	8	12	16	20	24	28	32	36	40	44	48	52	56	60	64	68	72	76	80	84	88	92	96	100	104	108	112	116	120
75%	7.5	11.3	15	18.8	22.5	26.3	30	33.8	37.5	41.3	45	48.8	52.5	56.3	60	63.8	67.5	71.3	75	78.8	82.5	86.3	90	93.8	97.5	101	105	109	113
70%	7	10.5	14	17.5	21	24.5	28	31.5	35	38.5	42	45.5	49	52.5	56	59.5	63	66.5	70	73.5	77	80.5	84	87.5	91	94.5	98	102	105
65%	6.5	9.75	13	16.3	19.5	22.8	26	29.3	32.5	35.8	39	42.3	45.5	48.8	52	55.3	58.5	61.8	65	68.3	71.5	74.8	78	81.3	84.5	87.8	91	94.3	97.5
60%	6	9	12	15	18	21	24	27	30	33	36	39	42	45	48	51	54	57	60	63	66	69	72	75	78	81	84	87	90
55%	5.5	8.25	11	13.8	16.5	19.3	22	24.8	27.5	30.3	33	35.8	38.5	41.3	44	46.8	49.5	52.3	55	57.8	60.5	63.3	66	68.8	71.5	74.3	77	79.8	82.5
50%	5	7.5	10	12.5	15	17.5	20	22.5	25	27.5	30	32.5	35	37.5	40	42.5	45	47.5	50	52.5	55	57.5	60	62.5	65	67.5	70	72.5	75
45%	4.5	6.75	9	11.3	13.5	15.8	18	20.3	22.5	24.8	27	29.3	31.5	33.8	36	38.3	40.5	42.8	45	47.3	49.5	51.8	54	56.3	58.5	60.8	63	65.3	67.5
40%	4	6	8	10	12	14	16	18	20	22	24	26	28	30	32	34	36	38	40	42	44	46	48	50	52	54	56	58	60
35%	3.5	5.25	7	8.75	10.5	12.3	14	15.8	17.5	19.3	21	22.8	24.5	26.3	28	29.8	31.5	33.3	35	36.8	38.5	40.3	42	43.8	45.5	47.3	49	50.8	52.5
30%	3	4.5	6	7.5	9	10.5	12	13.5	15	16.5	18	19.5	21	22.5	24	25.5	27	28.5	30	31.5	33	34.5	36	37.5	39	40.5	42	43.5	45
25%	2.5	3.75	5	6.25	7.5	8.75	10	11.3	12.5	13.8	15	16.3	17.5	18.8	20	21.3	22.5	23.8	25	26.3	27.5	28.8	30	31.3	32.5	33.8	35	36.3	37.5
20%	2	3	4	5	6	7	8	9	10	11	12	13	14	15	16	17	18	19	20	21	22	23	24	25	26	27	28	29	30
15%	1.5	2.25	3	3.75	4.5	5.25	6	6.75	7.5	8.25	9	9.75	10.5	11.3	12	12.8	13.5	14.3	15	15.8	16.5	17.3	18	18.8	19.5	20.3	21	21.8	22.5
10%	1	1.5	2	2.5	3	3.5	4	4.5	5	5.5	6	6.5	7	7.5	8	8.5	9	9.5	10	10.5	11	11.5	12	12.5	13	13.5	14	14.5	15
5%	0.5	0.75	1	1.25	1.5	1.75	2	2.25	2.5	2.75	3	3.25	3.5	3.75	4	4.25	4.5	4.75	5	5.25	5.5	5.75	6	6.25	6.5	6.75	7	7.25	7.5

图 2-7　某核心服务的影响矩阵

实践经验：把核心服务的质量指标数据转化为故障定级标准的度量过程，让工程师对自己负责的业务如何被定为公司故障有更深的认识，理解故障定级的逻辑，对故障对业务的影响（包括时长、程度、资损、用户数、舆情等）也有更清楚的理解。

（b）通过故障评估可靠性方法

确定了故障的严重程度/级别，就可以周期性地分析故障来评估可靠性的水平。

❑ 按次数分布。统计各个级别故障的次数，如P1～P4故障次数，跟前一个周期进行对比。

❑ 按团队分布。故障复盘时要做故障责任归属，把故障按责任归属部门/团队进行分布，故障次数较多的团队要在技术和管理方面找问题；技术组件或服务也基本是按团队来划分责任归属的，因此也可按组件/服务进行分别统计。

❑ 按原因分布。包括导致产品功能故障或潜在脆弱的设计缺陷、代码Bug等直接原因；也包括外部因素（如网络、主机）引发的产品故障的间接原因。故障是复杂的，我们必须分析每个故障发生背后的更深层次的原因，对原因进行分类。一个故障可能由多个原因引发。常见故障原因如表2-2所示。

表2-2 常见故障原因

分类	故障根因	分类	故障根因
部署变更	违规变更 变更错误 评估不足	中间件	消息队列 缓存 数据库 Web负载均衡
架构设计	架构规划问题 高可用问题 容量问题 框架问题	管控系统	发布系统 监控系统 预案系统 其他运维工具
基础设施	服务器 专线问题 交换机 网络问题 DNS	安全	DDoS攻击 物理入侵 SQL注入 信息泄露 数据泄露
代码逻辑	代码Bug 设计问题 性能问题	第三方	云厂商 CDN 用户问题 其他

❑ 按业务/产品/模块分布。从业务层面、产品层面进行分布分析，分析故障影响的业务或产品，度量各个业务/产品的可靠性。当然，还可以按其他维度来进一步统计分析，根据公司具体的需要来进行即可。

（2）按故障时长度量

❑ 平均故障间隔时长（Mean Time Between Failure，MTBF）

MTBF：周期内总时长 / 故障次数，代表平均故障间隔时长，用于考核周期内的故障的频繁程度。故障出现了总要修复，修复后可能再次出现，这个指标对经常重复出现的故障也很有参考意义。

$$MTBF = （周期总时长 - 故障总时长）/ 故障次数 ×100\%$$

可理解为这个产品平均每隔一个 MTBF 就会发生一次故障。

❑ 平均故障修复时长（Mean Time To Repair，MTTR）

每个故障会有一定的不可用时长，MTTR 是统计各级故障的平均不可用时长。假设汇总过去一年的故障报告，得到各个等级故障的 MTTR 记录，其中 P4 故障时长（单位：分钟）为 180、710、439、277、405、522，于是 P4 故障的 MTTR 分别是：

$$MTTR（P4）= （180+710+439+277+405+522）/6 = 422.17（分钟）$$

其他级别与此类似，也可以不分级，如计算本周期 P1 ～ P4 故障的不可用累计时长。

从实际经验看，平均故障修复时间容易被个别情况所干扰，如少数几个故障时间特别长，拉高了 MTTR，这种情况下可以采取分位值或剔除某些极端情况。度量 MTTR 的目的是了解修复故障的能力。

❑ P 级故障不可用时长预算消耗

每次故障都会有一定的不可用时长，这个时长累计起来就是本周期的不可用时长，与本周期不可用时长预算进行对比就可以得到不可用时长的预算消耗。如本月的可靠性目标是 99.9%，则本月不可用时长预算为 43.2 分钟，某次故障导致的不可用时长是 20 分钟，则消耗了 20/43.2 × 100%=46.3% 的预算。不可用时长也可按故障等级进行分别度量，如 P1 ～ P4 严重故障累计不可用时长，忽略 P5 以下小故障的不可用时长。

（3）按故障处理过程度量

故障处理的速度会影响可用时长，它不能代表业务视角的可靠性，而是代表故障处理的能力。如前面故障生命周期所讲，故障修复时长可以拆分为几个阶段的时长分别度量。

互联网运维非常看重从故障发现到恢复正常水平的时长指标，这个指标能反映出运维人员发现问题、定位问题、修复问题的效率和能力。这些可靠性过程的度量，也是对 SRE 团队的能力的度量。发现时长、响应时长、定界时长、定位时长会在第 4 章进行讲述。恢复时长会在第 5 章进行讲述。

❑ 发现时长、定界时长、定位时长、恢复时长

发现时长：从故障发生到发现（监控指标开始异常、发出告警时间）的时长。

定界时长：从开始响应到确定问题边界、业务影响范围的时长。

定位时长：从发现故障到定位出根因的时长。

恢复时长：从定位出原因、修复，到业务恢复正常水平的时长。

对所有故障进行统计分析，用平均值有时会掩盖某些重要信息，此时可以用分位值来分析，如分析 90 分位的故障发现时长表示对所有故障的发现时长进行正序排序，取故障样本中第 90 个故障的发现时长，此种方法可排除尾部的边角情况，更有代表性。其他定位时长、恢复时长也可用类似方法进行度量。

❑ 首发率

由监控告警系统首先发现的故障次数比例。如 100 个故障中有 60 个是通过告警发现的，则认为首发率是 60%。首发率可以度量监控的覆盖面和监控告警系统的完善程度及时效性。

❑ 快速恢复或预案覆盖率

统计所有故障中通过快速恢复手段，通过执行预案恢复的次数占比。在故障复盘及编写故障报告时确定此次故障是否有快恢手段或预案。

（4）按故障模式或特点分类度量

做故障分类是为了对故障发生的规律进行分析，从而在修复阶段采取不同的方法，建设不同的能力进行应对。如单点故障是最容易处理的情况，对单点故障进行快速隔离即可。仔细分析故障可以发现，故障按其发生特点可以分为以下几类。

❑ 按故障发生的范围分类

单点故障：分布式系统中、单个节点的故障，也就是在前面可靠性设计的冗余设计中，某个冗余节点出现软硬件故障。单点范围也有单实例、单应用集群、单机房、单地域等。

局部故障：某些服务、部分集群、部分地区发生故障，只影响了部分用户。

全局故障：整个业务发生了故障，影响了全部用户。

❑ 按故障发生时间分类

间歇性故障：在时间上不是持续的故障。有可能是有规律的间歇发生故障，如在每天某个时间点或时间段出现；也可能是系统出现故障紧急处理后又再次出现的；还可能是到了某个业务高峰期触发的。

渐变故障：随着系统压力、用户规模、数据规模、时间推移的变化，系统逐渐产生变化进而出现的故障。

突发故障：很突然的由意外因素造成的故障。

❑ 独立故障与从属故障

独立故障：服务自身故障，且对其他服务没有影响，原因和影响都在服务内部。

从属故障：被其他故障引发的相关故障，根因可能是内部其他服务，也可能是外部第三方服务，还可能是公共基础设施等引发的。

❑ 系统性故障与偶然性的故障

系统性故障：系统性发生的故障，是因为系统架构设计、流程管理、运维体系等造成的，在一定条件下必然发生的故障。

偶发故障：没有特定规律，可能是多种小概率事件偶然组合到一起造成的故障。

❑ 新型故障与复发故障

新型故障：第一次发现的新的故障类型，可能是新软件 Bug 引入或是第一次触发某些因素。

复发故障：相同的原因或相同的软件环节出现的故障；复发故障值得警惕，因为这表示上一次故障发生后没有彻底解决，可能存在管理不到位、故障原因分析不深入或者解决不彻底等问题。

❑ 责任故障与非责任故障

责任故障：由人为因素、主动操作、设计不足、处理不到位造成的故障。

非责任故障：由自然的、外部的或不可抗力造成的故障，如由自然环境、政治政策导致。

3. 通过质量指标来度量

通过质量指标度量可靠性的优势在于不会由于故障报告、故障定级等人为因素导致遗漏、失真的情况，可以比较客观地从质量角度来度量可靠性，也能度量一些未达到严重程度的可靠性问题。

（1）按周期内失败率统计

按重要业务服务的失败率统计平台服务的可靠性。在移动互联网的应用中，由于手机端软件、用户使用错误、用户侧网络环境、传输环节的网络环境等原因，一般会存在小部分的常态失败率。这种方法统计度量周期（每天、周、月）的失败率，正常情况下相关指标应该保持持平，如每天的开播成功率、登录成功率、支付成功率等。如果失败率波动明显则表示可能出现了问题，需要重点关注。如一天内有 100 万次请求，其中有 100 次失败了，那么当日的失败率就是 0.01%。端上（用户端侧）统计一般要根据用户 /IP 去重后再进行判断，以便得到更准确的数据，避免单个用户上报大量的错误信息造成指标强烈的波动。

$$周期失败率 = （周期内失败请求次数 / 周期内总请求次数）\times 100\%$$

（2）按达标时长或不可用时长统计

对成功率类的指标设定一个统计周期和基准值，在基准值以下则认为是不可用的。比如统计周期可为 1 分钟，每个周期统计一个成功率，则每天总共会有 1440 个点，度量周期（每天）内的 1440 个点中有多少个点的成功率在基准值以下，在基准值以下的时长累计为不可用时长。

$$达标率 = （达标时长 / 周期总时长）\times 100\%$$

达标时长还可以结合不可用时长预算来度量，如可靠性目标 SLO 是 99.9%，则每月

（按 30 天计算）的不可用时长预算有 43.2 分钟，用预算扣除消耗则为本月的不可用时长预算余额。

$$不可用时长预算余额 = 不可用时长预算 - 统计到的不达标时长$$

这种统计方式比用故障时长更加精确，因为故障时长需要被定级才扣减，定级过程涉及太多因素，而不可用时长则是可以准确统计出来的。

2.4.3 软件可靠性度量过程

软件可靠性度量过程一般包括确定对象、故障定义、数据收集、统计分析、输出度量结果等。首先，要确定度量的对象，明确要度量哪些服务的可靠性；然后，要对服务是否可靠做出定义，明确什么样的状态是符合预期的；接着，确定数据采集上报的方式，安排开发，确定指标统计口径，然后在软件运行（压力测试、全链路测试、灰度、全量）一段时间后收集数据，包括质量数据和故障数据；最后，对数据进行统计分析，输出评估结果和度量结果。这个度量过程通常由开发负责人、产品负责人、SRE、质量负责人等共同确定并达成一致，且在业务生命周期内保持一致。下面对主要步骤展开详细介绍。

1. 明确可靠性的度量对象

度量平台可靠性首先要确定可靠性的度量对象。互联网平台是由大量的应用、基础组件、外部依赖和基础设施组合起来形成的一个大型"软件"。那可靠性度量的对象到底是什么呢？单个软件的故障不一定会导致整个服务出现问题，可能只是在局部影响业务的可靠性，这就要求我们要能从不同的粒度、视野分别进行分析评估。既要从业务角度、用户角度进行度量，也要从技术角度进行度量和改进。

（1）从用户视角进行度量

我们认为应该从业务角度，从用户使用业务服务的角度来度量，用户感知到的不可用才是真正的不可用。互联网产品，从用户视角看到的大多是手机 App 和网站网页，是由一个个具体的功能服务组成的。从用户视角度量就是要度量这一个个具体服务的可靠性，因此需要度量的服务会有很多，而且变化很快，应该按重要性、用户使用频次等对服务进行分级度量。

1）确定核心服务。要分析业务情况，哪些服务是用户高频使用的，哪些是平台的核心功能。从用户角度分析用户最关注、使用最多的功能，将其作为可靠性工程工作的重点对象。互联网平台由众多的业务服务组成，需要在复杂系统中识别出核心的服务。以直播平台为例，主播开播、用户观看直播、在直播间主播与观众互动、观众打赏是最核心的业务服务；用户登录、进入直播间、发送弹幕等也是很重要的服务。所以我们需要先对业务服务进行分级，确定核心、重要的业务服务，然后重点去度量这些核心服务的可靠性。例如直播平台的主播开播、观众进入直播间观看直播、与主播互动是属于几个不同的服务。

　　2）确定黄金指标。把影响用户的核心指标作为质量黄金指标，与业务研发人员、业务老板达成一致。通过黄金指标建立起度量业务稳定性和质量的指标体系；常用指标如主播开播成功率，观众进直播间成功率，送礼、支付、订阅、登录、注册的成功率等。

（2）从技术视角分层分段度量

　　识别出最核心的服务，然后梳理其业务架构及关键链路。对用户请求的响应可能是很多个后台服务同时执行业务逻辑计算后返回的结果，这些业务逻辑计算的过程就是这个服务的关键路径。互联网的业务大都是分布式的，通常不是全挂或全部正常的状态，而是部分服务挂了，因此我们需要对服务分层、分段进行度量。

　　1）以任务可靠性为主。用户视角的软件可靠性对应用户的一次或多次操作，对应系统的基本可靠性和任务可靠性。基本可靠性和任务可靠性可分开度量，用户视角的可靠性更多以任务可靠性为主，应鼓励通过快速重试（用户短时重试或技术重试）完成用户任务。

　　2）分段度量。一个宏观的用户视角的业务功能可能涉及多个业务服务。如一次购物需要经过下单、扣除库存、优惠券计算等多个流程；以主播开播为例，需要经过开播请求、主播身份验证、鉴权、秩序审核、推流等业务环节；这些业务功能都需要经过多个应用，每个应用也有可靠性问题需要度量。一个核心业务服务可能被拆分为多个重要的业务服务环节，然后各自进行独立的度量。

　　3）分层度量。软件是分层实现的，一个完整的应用可能由应用微服务、中间件、数据存储层、公共组件、内外部依赖、服务器/虚拟机/容器/网络等基础设施等组成。一个关键业务功能会经过很多中间环节，如需要请求负载均衡、中间件、存储等对象，这些中间环节自身也是一个完整的软件产品，也要进行可靠性度量。每个独立的软件服务都应该能度量可靠性，都应该有自己的核心指标。

2. 失效定义及确定指标参数

（1）明确成功与失败的定义

　　对于每一个核心的服务，对于用户的每一次业务请求，应给出关于成功或失败的明确定义，通过什么返回值来标识业务是成功或失败。如用户登录服务的可靠性，采用用户侧的登录事件来判断是否成功，则在登录事件中需要区分因用户输入密码错误导致的失败，或因为登录后台服务不可用等技术错误导致的失败。为请求定义不同的返回码，区分任务成功率和基本成功率。比如，用户在重试后登录成功了，需要明确定义要计算为成功还是失败；再如，扣款成功了但没有发货，订单进入队列中，需要明确是否计算为成功。

（2）定义统计方法

　　在数据聚合或数据展示分析的功能中，需要定义可靠性的统计方法。互联网平台的特点是每时每秒都有用户在发起请求，而统计成功率一般采用分钟级粒度，因此在聚合或分析功能中也需要按分钟进行统计。

（3）确定可用性不达标基线

应该对所选择的模型进行有效性确认，如模型假设是否适合、失效数据集是否适合、模型预计的结果和后续实际的结果是否足够达成一致等。明确了可靠性目标、风险容忍度，接下来就可以通过指标来量化度量这种风险；描述这种风险跟可容忍的下限之间的距离，也就是目前的质量离设定的目标还有多远。基线表示可容忍的可用性下限。当度量最小粒度（如1分钟）的成功率低于这个基线时，则将这一个周期计入不可用时长。指标短时抖动或长时间持续小幅下降等场景，不一定会触发故障定级或应急响应处理的过程，不一定被及时感知到，但事实是发生了可靠性下降的问题，同样需要进行度量。

（4）定义故障及可靠性目标

需要明确故障定级标准，从业务的视角看，核心服务不可用（成功率下降明显）、用户大量反馈、发生资金损失、舆情事件都说明出现了故障。应该有统一的明确的故障定义，需要通过指标的异常程度、损失大小、影响范围大小来确定故障的严重程度。大多数公司会通过故障定级的方式来定义故障。定好故障定级标准有助于在发生故障后对其进行评价。

应该为每个软件系统制定可靠性目标。在每个工作周期结束后可对照回顾系统的可靠性目标是否达成，这也可作为后续可靠性改进和提升目标的依据。

3.数据收集上报

明确指标参数后，也就定义清楚了需要收集的数据，需要安排在用户使用的入口进行数据采集上报。

（1）指标规范

不同的工程师团队可能都有指标需要上报，需要有统一的指标数据规范。如统一约定返回码、字段标识、时间单位、Tag惯例等，可在上报服务端强制执行规范约定，类似设计数据库的模型。在端上和后台可能需要进行不同目的的计算，可约定统一的统计方法，如某个指标取平均值、求和、最大值或最小值。

（2）数据规范

为了方便进行计算分析，需要建立统一的数据规范，如维度定义、数据字段类型、数据需要包含的维度信息等。举例来说，我们需要在iOS、Android、Web、TV、iPad等多终端下采集用户侧的可靠性数据，如登录动作成功或失败的结果、耗时等；还需要把与用户相关的各种维度信息采集回来，如用户所用终端平台、终端型号、网络类型、运营商、App版本、操作时间等。这样在后台才可以更方便地进行统计分析。

（3）采集和上报服务

需要建设上报服务，用来接收用户侧（App、Web等）数据。一般上报服务包括数据接收服务→队列→聚合计算→数据存储（时序数据）等功能，大多也会提供数据展示、分析功能。同时，需要统一数据上报协议，可以采用 HTTP/JSON 协议或私有二进制协议等。

（4）故障数据收集

周期结束后回顾本周期的故障，相关故障需要登记到故障管理系统，确定原因、责任归属，分析处理过程中各个阶段的耗时、故障时长等，这也是后续分析、评价可靠性的重要数据来源。

不可用时长、成功率等数据则可以通过定期巡检计算的方式获取（如按天计算）。

实践经验：度量系统其实是一套从产生数据到数据能呈现、被分析的端到端的工程。几个核心模块包括：App/Web → SDK/API →数据预处理→数据存储（大数据和时序数据）→分析/展示。度量系统帮助研发工程师解决了海量数据存储问题，展示侧局限问题，端上有数据、想上报但不知道如何上报或上报成本很高的问题，以及指标规范、数据规范等问题。

上报数据：数据由 App/Web 端侧产生，端侧应用程序调用本地 SDK 接口或远程 API 都能上报。系统提供了统一的 SDK，以便端侧工程师上报。

预处理：根据指标元数据判断相关字段是否有定义及数据是否符合规范等进行数据预处理。可以实现数据清洗、流控、数据转换计算、数据字段补充等处理动作。

数据存储：存大数据、时序数据，灵活控制。

分析和展示：通过自定义程序、SQL、图表等技术进行分析展示。SRE 可以很方便地分析，可以通过大数据或实时 SQL 实现多种输出形式。

4. 度量结果分析与评价

评价互联网平台的可靠性，在每个周期结束的时候都应该回顾本周期的可靠性数据，从多个维度进行分析和评价。这是保证和改进可靠性的重要手段，没有检查就没人关注。通常可以从下面两个维度进行分析与评价：对本周期和上一个周期的分布情况进行对比分析，可观察到改善的情况；分析识别周期内新增加的脆弱环节，找到明显薄弱的点，提出改进措施进行改进，进而提升可靠性。

❑ 按全平台的维度。从全平台故障次数、时长、原因分析，跟上个周期进行全面的对比。

❑ 分业务/服务/团队进行评价。分析各个团队、各个业务的可靠性情况，分别从故障次数、时长、原因分析，跟上个周期进行对比。

❑ 可靠性打分制度进行评价。对发现的故障进行打分，根据影响时长、影响业务、所负责的团队，进行打分、排名。排名靠后的团队将面临稳定性工作的压力。

实践经验：每个季度分析全公司的故障，对故障次数、故障级别、故障时长、按团队/模块、首发率、监控覆盖率、预案覆盖率、快恢比例、整改完成度等多个维度进行分析。

从 CTO、研发工程师，到 SRE 或技术负责人都能看数据说话。

2.4.4 如何制定可靠性目标

评估一个服务的可靠性，首先要对可靠性的现状和预期进行对比，这就要求我们在周期开始之前制定合理的可靠性目标。本节将讲述如何制定可靠性的目标。

1. 制定目标的几点原则

新软件可以参照现有软件或业界标杆来设定目标，已有软件则要对比上一个周期的可靠性数据来制定新的提升目标。制定目标可遵循以下几点原则。

（1）可靠性不是越高越好

N 个 9 说起来容易，但实现起来要面临很高的技术挑战。过高的可靠性目标也代表更多的时间成本、资源投入和资金投入，可能会造成软件功能开发和可靠性工作的冲突。因此，有时候只需在核心环节保证较高的可靠性即可。

举个支付转账的例子，核心环节包括申请转账→转出账号扣钱→转入账号加钱／数字→完成。整个链路是实时完成的，但任一环节都可能出现故障，如系统故障或网络故障；因此很难做到 100% 实时完成，或需要投入巨大的成本来实现。思考业务实际需求是只要不丢失数据，不造成错账即可，因此到账时间是可以协商而非强行要求实时的。（支付宝等虽然一般都能实时到账，但承诺是 2 小时。）

（2）错误预算本质是不可用时长的目标管理

Google SRE 中提到错误预算（Error Budget）。一般的网站的可靠性为 4 个 9（99.99%），在这种情形下，每个季度有 13 分钟的不可用时长预算。当这个预算时长没有耗尽的时候，可以自由发布新的功能；当预算被耗尽则要停下来仔细分析其中的根本原因。这也可促使工程师们关注可靠性，从开发、测试到发布这一整个链条上的工程能力都应该受到关注。平时在软件功能需求排期之外，也应专门排一些稳定性相关的改进工作项。

（3）确定目标时的考虑因素

确定服务可用性目标时的考虑因素及其描述如表 2-3 所示。

表 2-3　确定服务可用性目标时的考虑因素及其描述

考虑因素	描述
服务类型	对用户的服务 离线的后台服务
为达标而投入的成本	人力成本、时间成本、对业务进度影响的成本。 如为了提升 1% 的可靠性，可能投入 10 人 3 个月时间。 需要研发人员停下来做专项提升，从而影响业务新功能的开发进度
用户期望水平	用户对可靠性提升的体验和感受是否明显
竞品普遍水平	对比竞品的优劣，是否是关键／重要竞争点

（续）

考虑因素	描述
营收相关	服务可靠性是否关系营收，关系资金损失
品牌形象美誉度	是否关系到品牌形象美誉度等，故障发生可能影响用户信心、影响企业品牌
toB 还是 toC	用户是商业客户还是普通的互联网用户，是付费服务还是免费服务
对内还是对外	是对内部用户或对小部分用户的服务，或是完全开放的服务
实时还是离线	这个服务是离线服务还是实时服务
是引发故障，还是影响体验	是造成用户不可用，还是仅仅影响体验
是否战略重点	战略重点，需要老板关注，且 SRE 要尽可能有更高视野

2. 制定目标过程

制定可用性目标时不是随意的，首先需要考虑服务质量 / 可靠性现状以及风险容忍度。目标不是越高越好，需要综合考虑多种因素。目标应该是持续改进的，也可以是保持在某个较高的水平。应该有明确的目标，从上到下达成共识，才能有标尺或者"尚方宝剑"去保障执行。

（1）可靠性定性要求

可靠性定性要求是从产品使用的要求出发，具体要求及其目的如表 2-4 所示。

表 2-4　可靠性定性要求及其目的

要求名称	目的
制定和执行高可用设计准则	将高可靠 / 高可用设计要求转化为具体准则，供执行参考
从负载均衡、应用层实现冗余设计	冗余设计能防止单点故障
各级做到无状态化设计	无状态才能自动化摘除故障节点和快速扩容
能自动摘除故障节点	自动摘除故障的节点
数据库实现主从高可用设计	数据库要实现冗余，主从或分布式集群
确定关键链路重点保障	梳理关键链路，重点提升可靠性
保证足够容量应对突发流量	保证较高的应对突发流量的能力，常态资源或弹性能力
实现降级 / 限流设计	突发负载 / 容量不够时可降级限流
数据进行异地备份	保证数据异常 / 损毁时能通过异地备份恢复回来
实现机房级容灾	同城双活防止单机房故障 异地多活保证城市级容灾 多云多活保证公有云级别容灾

（2）可靠性定量要求和目标

定量要求是指通过可靠性的指标和具体量值来度量可靠性的程度，可通过数学表示。好处是实现无歧义的量化。量化可以有多个值，包括目标值、门限值、标杆值 / 参考值。

（a）选定度量指标

常用的目标指标有以下几个，可以选定其中 1 ~ 2 个，不宜过多。选定适合的度量指标，如 P 级故障不可用时长、不达标时长、周期内成功率等。

- 故障分级个数减少。与前一个周期对比，故障次数减少。如 P1 ~ P4 故障从 m 次减少到 n（$n<m$）次；也可以分级制定，如 P1、P2 减少 m 次，P3、P4 减少 n 次。
- 故障分级不可用时长下降。按 P 级故障的不可用时长制定目标，如 P 级故障造成的不可用时长减少 m%。各个团队可以加上范围限定，如中间件团队可以制定目标：因为中间件原因造成的不可用时长减少 m%。
- 周期内总体成功率上升。参考过去周期统计的总成功率，设定一个提升的目标。如半年内将按天成功率从 99.9% 提升到 99.95%。
- 周期内达标率。选定基准值，设定周期内不达标的时长减少一定的数量或比例，如将分钟点数不可用时长减少 10%。

在达到较高水平时，或没有明确改进方向时以上指标也可用"保持"来作为目标。

（b）确定度量周期和统计周期

上述公式是有周期性的，可以是季度、月度、周、日，也可以分别统计。我们会对这几个周期做分别统计。为了实时监控，我们还会记录小时、5 分钟和 1 分钟级别的可用性。互联网服务比较少出现 100% 正常或全站式异常的状态，而经常是某些服务有一定比例的请求失败，比如 1% 的请求失败。全站式的异常，即整个平台不可用的情况是很极端的情况，如果出现多次或经常出现，说明服务的可靠性是非常弱的。可用性 SLO 是 SRE 的重要工作目标，每个核心服务都应该被设定一个合理的 SLO。

（3）可靠性分配

服务的可靠性目标制定必须在各层级、各团队达成共识，完成制定后要能分解到各个模块、各个团队、各个组件，只有在服务涉及的所有环节都能按要求达到目标时，总体目标才可能达成。任意一个环节 / 单元的可靠性不高都可能导致整体任务的失败。可靠性分配更多是责任的分配，也是工作拆解的过程。

2.5 本章小结

本章围绕软件全生命周期、故障生命周期的几个阶段，讨论了各个阶段的可靠性工程活动和工作内容。同时把可靠性相关工作总结为 6 种能力：设计能力、观测能力、修复能力、保障能力、反脆弱能力和管理能力。结合业界实践经验，具体会在后面的几章更加详细地对这 6 种能力分别展开讨论。

本章还详细介绍了软件可靠性的度量方法和过程，转变过去仅把可靠性当作一种工程实践，只需运维操作等浅显的认识。把量化研究的方法应用到可靠性的工作过程和结果中。本书的重点在于把互联网平台的可靠性当作一门科学在研究，而定性定量的分析是研究一门科学的不二法门，在后续的章节中我们仍会继续强调定性定量的要求。

第 3 章 *Chapter 3*

互联网软件可靠性设计与分析

本章介绍互联网平台软件系统可靠性设计的基本思想与实践：首先介绍软件可靠性设计的重要性及工作职责分工；然后从可靠性角度讨论架构设计的原则和 4 种方法；接着讨论可靠架构模型，对可靠性设计的相关因素和故障模式加以分析；再接着讲述可靠性分配方法、预计架构设计完成后的可靠性水平；最后会讲互联网软件系统的可靠性架构实践，包括业务架构、应用架构、系统架构、基础设施部署架构中的可靠性设计实践和方法。

通过本章，读者能宏观地了解互联网软件架构中可靠性设计的基本思路，学习到初步的架构方法和设计过程，在设计过程中有效地分配可靠性任务并进行可靠性评审。第 2 章讲到了可靠性主要关注的系统架构、部署架构、应用架构，本章会把几种可靠性架构设计落地到具体工作中。每一层架构设计都可以深入讨论，限于篇幅，本章只能简要介绍核心点，关于具体每一类架构详细设计的技术和知识需要读者自行学习。

3.1 为什么要进行可靠性设计

要了解为什么进行可靠性设计，需要先了解什么是可靠性设计以及设计工作对可靠性的重要性。

3.1.1 什么是可靠性设计

架构设计是分布式软件设计中非常重要的一环，设计良好的架构能在很大程度上预防和减少故障。软件系统架构设计的目的主要是实现软件系统的高可用、高可靠、健壮性，预防软件系统出现故障。目前业界形成了一些与可靠性相关的通用架构模式，如微服务架构、同城双活架构、主从架构等，但它们还不能满足可靠性方面的要求。

软件可靠性设计是指在软件开发和软件持续运行的过程中，在遵循工程原理的基础上，采用专门的技术和方法，制定预防措施、改进设计，从而消除隐患和薄弱环节，减少或避免故障的发生。软件可靠性设计也包括针对性地容错、查错和纠错的软件功能或相关工具设计。容错设计使得软件在可控范围内容忍故障，查错设计能够帮助发现、诊断、定位故障，纠错设计帮助高效消除故障。

传统可靠性研究认为可靠性是设计出来的或者通过设计赋予的。一个产品在上线时（我们也叫 $t=0$）一般是能运行并完成预想的基本任务的，是"合格"的，那么为什么在上线后的某个时候（$t>0$）会发生故障，不能满足用户的使用要求呢？这说明 $t=0$ 时产品也是存在缺陷的，如上线前产品的设计和实现不合理，测试工作有遗漏，某些单元没有满足可靠性要求。产生这样的故障的原因可能是架构设计有问题，也可能是上线验收标准有问题，如果经过评审说明这些环节都没有问题，那么可能是系统设计、逻辑架构设计或者运维部署设计有问题。总之，生产故障都可以归为可靠性设计的问题。

3.1.2 可靠性是设计出来的

产品的可靠性是写代码开发、管理、运维出来的，但首先是设计出来的。设计包括产品初次设计和改进设计，对互联网软件而言，从上线开始就在不断地迭代改进版本，一次设计多次改进是常见的架构过程。这里的设计包括组成软件系统的各个子系统 / 模块之间的关系设计，也包括在运维过程中配套系统、能力的设计。

1. 所有的故障都可归结为设计问题

可靠性应该是产品自身的属性。可靠性相关的能力应尽可能内聚于产品自身，形成可靠性自治能力，减少依靠运行阶段的运维能力。那些无法从内部解决的可靠性问题需要从产品外部进行干预，如监控、运维修复等，这些"外部"能力也需要进行相关的设计。软件设计得越好，后续需要从产品外部进行的干预就越少。

产品为什么会发生故障或失效呢？按照传统可靠性的说法，在工作过程（$t>0$）中是否会发生故障，取决于**产品设计过程**中赋予产品的强度（健壮性、高可用、可靠性等）和产品使用过程中导致故障 / 错误的因素（包括所承受的负载、环境变化或随机事件的发生）这一对矛盾体的博弈结果。基于上述的博弈论可把故障分为两种，具体分析如下。

（1）在设计时对工作负载和故障因素估计不足导致的故障

致错因素是指一切能够导致故障、异常或失效的因素组合，如突发流量、网络故障抖动、死机、误操作等灾难事件。工程师的任务是针对这些因素加强可靠性设计，如需要针对机房被雷电轰击、第三方支付出现问题、程序跟 CPU 出现兼容问题等情况加强可靠性设计。工作负载是指完成用户任务而消耗的资源。例如，当没有考虑到流量明星的引流力量时，由超出预期的大量用户涌入带来的突发流量很容易造成系统的性能下降，导致无法正常响应请求。

鉴于互联网大型平台的规模性和复杂性，架构师难免会忽略某些因素，缺少经验者更容易忽略很多重要的因素。

（2）在设计时强度/健壮性不够导致的失效故障

强度/健壮性是指系统在遇到各种异常因素时还能保持可靠、稳定运行的能力。可靠性工程中所说的强度和负载是广义的，当强度大于负载时系统是稳定的，当负载大于强度时系统就出现了故障。产品可靠性设计就是要把产品的强度设计到足够大，使其在运行过程中即使面临异常也能始终保持强度大于所需承受的负载。

例如，有时虽然考虑了致错因素，做了高可用设计，但发生灾难时却工作得不太好或根本不生效，又如使用了各种高性能的方法但系统还是被突发请求压垮了。

2. 架构设计是技术团队的重要职责

大多数的互联网技术团队中的架构师包括软件架构师、系统架构师、运维架构师等。可靠性架构设计有两种分工方式，分析如下。

（1）由多种架构师共同协作完成

软件架构师承担与业务逻辑相关的功能性设计，也承担代码性能、容错、安全性、维护性等非功能性设计，在部分软件团队中，他们也会承担微服务框架等架构设计；系统架构师负责数据库、缓存、队列等基础组件或中间件设计，也负责负载均衡、存储系统等开源组件设计；运维架构师负责 IDC、网络、服务器、操作系统、云资源、容器平台等基础设施软硬件架构、部署架构设计。

没有专职可靠性工程师的团队一般由多个技术方面的架构师共同设计出可靠架构。在大部分情况下，研发团队重视功能，运维团队重视基础设施自身，很少有架构师能够完整负责几个层次的全局架构设计。这些工程师的关注点、擅长的技术技能不同，关注可靠性的重点和时间节点也不一样，导致互相协作不够，出现设计盲点，这也是很多软件系统不够可靠的重要原因。

（2）有专职可靠性工程师

一些互联网公司开始设有专职的可靠性工程师（SRE）。SRE 会关注各层次架构中的可靠性设计，与系统架构师、业务架构师、基础设施团队、基础服务团队等共同协作，把平台当作一个整体进行可靠性方面的设计，同时负责管控平台的技术架构设计。

3. 可靠性设计层次与能力分级

从可靠性保障角度看，可靠性设计能力可以分为几个层次：理解架构及其可靠性问题，掌控架构并充分利用架构特性预防问题，改进现有架构满足更高要求。架构设计工作包括理解并推进基础设施及各平台服务的高可靠性设计工作。例如容量规划是需要设计的，需要厘清机器资源与业务并发数的关系，关注每个请求的平均资源消耗、带宽容量之间的相关性、边际值等，预估有多少业务量，准备多少资源等。这些工作都离不开可靠性设计，或者说在做架构时须充分考虑可靠性要求，如伸缩性、扩展性、保障性。

可靠性工程师对架构的影响力也取决于自己的技术能力，他们也是从普通工程师成长起来的，一般会经历几个阶段，对应着几个能力分级，如表 3-1 所示。

表 3-1 可靠性工程师架构能力分级和工作表现

架构能力分级	在工作中的表现
入门级	不了解架构，被动运维，由业务研发人员主导
初级	了解架构现状及问题
中级	理解原理，知道架构为什么是这样
高级	知道问题所在并清楚如何改进设计
专家级	能主导设计并指导设计人员推进改进

可靠性设计能力是围绕可靠性目标，对应用架构、系统架构、部署架构、业务架构等进行可靠性设计的能力。可靠性工程师横向打通各个技术团队，纵向贯穿基础到应用各个层次架构，从可靠性角度理解、改进架构，需要具备较高的风险识别能力，也需要掌握相关支撑工具、管控系统的开发运营推广等能力。

3.2 可靠性设计原则与通用方法

本节介绍可靠性设计的原则和方法。

3.2.1 可靠性设计的原则

可靠性设计工作应遵循以下几个原则。

❑ 应将产品的可靠性要求转化为可考核验证的设计要求，作为可靠性设计的依据。

❑ 应分析业务的请求链路面临的负载量、运行环境，确定对系统承载能力的要求。

❑ 应该对性能、可靠性、成本、技术条件等综合权衡。

❑ 应该研究公司内部或业界的类似产品，了解其故障模式、薄弱环节和影响因素。

❑ 识别所有环节中存在的单点，对关键链路上的组件应该进行冗余设计。

❑ 控制在一次迭代中引入新组件、新模块的数量。

❑ 对可能过载的模式进行降级 / 限流 / 熔断设计。

❑ 对系统的关键可靠性指标设计各类监控能力。

❑ 对系统自身可靠性不足又难以解决的问题制定修复方案。

❑ 尽早进行可靠性设计，在早期把稳定性 / 可靠性做好是成本最低的。

❑ 可靠性目标应循序渐进地提高，不在早期追求过高目标。

❑ 要认识到架构是动态演进的，在不同的业务发展阶段、不同的规模阶段设计不同的架构。

3.2.2　可靠性设计的 4 种方法

可靠性领域的 4 种通用设计方法在互联网架构设计中也同样适用，总结起来包括避错设计（预防错误）、查错设计（定界定位诊断感知）、容错设计（容灾 / 自愈）、纠错设计（修复错误）4 个方面的方法。接下来分别讲述具体的方法。

1. 避错设计

避错设计是在软件架构、开发和运维过程中，针对具体软件特征，应用有效的软件工程、架构技术、运维技术、方法、工具，加强管理，避免引入软件错误，在架构上支持避错设计，保证软件可靠运行。避错设计与常规的软件设计融为一体、相互支持、互相补充。架构师与设计师共同把关，尽量避免错误和脆弱因素，遵循业界的最佳实践，具体可以归结为以下几条。

（1）简化设计

复杂是可靠性的天敌，简化设计可以避免很多错误。简化设计方法的具体内容如下。

❑ 控制程序复杂度，尽量采用微服务架构使功能模块低耦合、高内聚，用服务治理方式进行自动化调用管理。

❑ 可以综合参考模块的扇入扇出的数量进行模块拆分，减少模块间调用的复杂结构，使模块的规模保持适中，将故障产生的影响控制在可接受范围内。

❑ 合理利用中间件，在需要的时候使用中间件来降低直接耦合，比如生产者消费者模式。在系统层尽量使用统一基础设施，不使用过多的不同类组件。

❑ 在业务功能上，把大块功能拆分成独立的模块，独立部署、运维。模块化设计的分解方法有多种，比如按功能分解、按数据分解。

❑ 评估接口的复杂度和冗余度，提供一致性、幂等性等。复杂度如果管理不善很容易失控，所以简化设计、加强可控性是解决可靠性问题的方法。

（2）健壮性设计

健壮性主要是指各种已知或未知的故障因素出现时系统还能自我保护的能力。系统应尽量做到以下两点。

❑ 已知问题预先处理。对可能发生的错误进行预处理，避免错误发生，或设计补偿措施，如单个节点失败后重试其他冗余节点。做好超时处理，要设置访问其他接口的超时时间，也要考虑极端情况，如在高峰期所有请求都超时时如何处理。

❑ 互不信任。不信任上游的输入和调用，对上游调用方发来的请求做好合法性检查、异常处理和保护；不信任下游被调用方，对调用的接口从强依赖变成弱依赖并做到可降级。

（3）隔离设计

隔离设计是为了在故障发生时控制影响范围，特别是实现故障与核心服务的隔离。常见的隔离技术包括主机隔离、线程池隔离、进程隔离、集群隔离、用户隔离、逻辑隔离、数据隔离等。可以通过故障隔离措施隔离故障节点，抑制故障蔓延和传播，降低损失。

2. 查错设计

通过避错设计能减少软件故障，但是当软件越来越复杂且快速迭代更新时，我们很难完全避免错误，所以还应设计系统具备高效的查错能力。广义地讲，代码审查（Code Review）、测试、监控都属于查错方法。查错设计包括外部查错设计和内部查错设计。外部查错是指从外部进行拨测/探测从而发现异常，探测的状态可持续上报。内部查错是软件系统自身具备查错的功能，在软件错误出现的时候捕获并感知错误。

（1）外部查错设计

外部查错是通过外部检测程序主动对系统进行检测、监控。例如：定期扫描拨测服务的接口，通过状态码确认错误；通过监控队列长度，检测系统目前处理能力；通过主动检测上报的错误数据来分析、定位错误状态、时长、严重程度等。故障检测是指通过外部监控或监控系统检测服务出现的异常或故障。

定位能力是衡量主动查错的指标体现，如在故障出现后用多长时间发现故障，多长时间查到故障，多长时间定位到根因。查错技术设计包括的范围非常广，不仅包括如产品自身的健康检测、数据收集、主动上报、拨测等功能的设计，还包括产品之外的日志体系、全链路监控、APM、Tracing追踪、Profiling技术、外部拨测、异常检测/根因定位、全景监控、立体诊断等功能的设计。更多内容将在第4章展开讲解。

（2）内部查错设计

被动式查错是当错误发生时，由对应的检测机制来捕获并感知到错误。内部查错可以在关键环节建立检测机制，内部检测措施也为运维监控提供了有效手段。捕获到错误后可打印错误日志，再通过日志监控告警及时发现问题。上下游程序应实现自我保护，不相信其他模块的输入，必须验证输入是否合法，在发现不合法输入后要立即检测、纠正、返回报错。内部查错中的指标监测结果还经常是后面容错、纠错的决策依据。

曾有这样一个真实故障案例，某后台需要下发一个广告位置信息到端上，位置信息是不允许为负数的，但在处理过程中系统并没有对位置信息进行负数判断，测试环节、端上逻辑也没有对负数进行处理，导致移动端大面积崩溃。在这个例子中，如果任何一个环节有对负数的检测机制，就不会导致这个故障。这是典型的盲目信任上游输入造成的故障。

3. 容错设计

容错（Fault Tolerance）是指在局部故障发生后软件系统不对用户暴露错误，而是通过技术方法容忍或隔离故障，使得系统仍然能够工作或降低不良影响。完全或部分消除软件错误的影响，是容错的基本目标。容错和避错不同，容错是向系统提供保护措施，使得即使错误发生也不至于导致系统崩溃或失败，而避错是让错误不发生。容错技术分为结构冗余、信息冗余、时间冗余、降级容错等。

（1）**结构冗余**

结构冗余包括硬件冗余、软件冗余和混合冗余。容错容灾首先要做的是在结构上消除单点。互联网架构中常见的多副本、多机容灾、机房容灾、异地容灾、异地多活、跨可用区架构等都是消除单点的设计。

（2）**信息冗余**

信息冗余是通过缓存技术、副本技术、校验码技术等来实现的。比如通过从库只读、缓存数据、CDN 技术等实现冗余容灾及性能的收益，通过 RAID、校验码等技术实现文件存储的可靠性与成本的均衡。

（3）**时间冗余**

时间冗余是指通过重复多次相同的计算来实现的，如通过异步处理、离线处理、幂等操作、定期对账技术等实现可靠性。

（4）**降级容错**

降级容错包括有损降级、限流、熔断等几种方式。

有损降级是把服务按重要程度分级，在故障发生时对某些低优先级或消耗资源较多的服务提供有损服务。比如暂时关闭评论系统、停用推荐服务，或暂时停止一些离线任务。这些非核心功能不影响用户的核心功能，在资源不足时能腾出资源给重要的服务使用。

限流容错是一种保护机制，它为了保护系统整体可用性，基于容量上限，限制超过容量的请求调用数量或限制某些不合理请求，从而保证部分用户是可用的。

服务熔断是指主调方根据被调方返回的错误数、耗时等指标来判断负载状态，在超载时自动开启保护措施的容错方法。

容错设计除了冗余设计和容错技术，还需要相关的配套措施。我们将在 3.5 节进行更为详细的讨论。

4. 纠错设计

纠错设计是指在服务运行中发生异常时软件能够自动纠错，有改进措施或补偿措施，在互联网业界常被称为"自愈"。如产品在发生故障时，能够采用可继续工作的冗余设备、冗余节点来提供服务，数据损坏可以通过备份数据来恢复等。纠错的前提是能准确感知、检测到软件错误，且软件系统有能力自我修复、排除错误。常见的纠错方法列举如下。

❑ 调度/切换。在单节点出现异常时可以调度到其他节点、集群、线路等冗余结构中，可在多种模式之间进行切换等。

❑ 弹性扩容。当检测到工作负载超过现有最大容量时可触发自动扩充资源、扩大容量来承载用户访问需求。

❑ 重建/重启。在重大灾难发生后，比如集群完全损坏、数据丢失，应该能通过本地或异地重建的方式恢复业务。纠错设计是快速恢复业务的手段，很多互联网公司都有快速恢复平台，可以协助 SRE 进行快速回滚、调度、切换、降级等操作。应尽可能自动触发修复程序，如磁盘清理脚本、自动摘除节点、自动扩容等。自动重启有时也是一种快速恢复、保护数据的办法。

举个例子，为了更及时地屏蔽故障节点，主调方根据下游被调服务的异常情况来判断某个节点是否异常，如果异常可主动摘除该节点。具体策略是，当主调方调用某个被调服务出现调用连续超时，且调用全部集中在某个被调节点时，主调方可在调用列表中屏蔽该节点，让流量分发到正常的节点上去。

3.3 软件可靠性架构模型

可靠性模型包括结构模型和数学模型。结构模型是指在明确产品各个组成单元作用的基础上，把系统整体架构形式化表现出来，画出架构图（系统架构、功能框图、流程图）等。数学模型是指系统各个框（功能、模块、单元）的可靠性与系统总体可靠性之间的数学量化关系，在结构建模的基础上量化估计系统各个单元的可靠性及整体架构的可靠性，在运行期间对架构进行可靠性的量化分析评估。

1. 可靠性架构的基本模型

复杂的架构是由大规模的服务消费者和服务提供者互相连接、通信构成的，由一个需要调用的服务主动发起连接，与被调用的服务进行通信，所以本书以主调和被调来简称这两者。首先要了解系统架构的基本模型及其可靠性原理。

系统架构可以抽象为 3 种基本模型及基于基本模型的组合，每种模型有不同的可靠性，以及不同的可靠性计算公式，接下来分别介绍。

（1）串联模型

串联模型的每个环节仅有一个节点提供服务，请求路径的任一单元发生故障后整个请

求就失败，这也是我们常说的单点，如图 3-1 所示。在基于 LAMP/LNMP 架构的小型网站 /
个人网站中，单点串联模型很常见，任何一个模块出现问题都会造成整个网站系统故障。
在微服务架构中多级串联调用也很常见，只是单点的情况比较少见。

$$\longrightarrow \boxed{单元 1} \longrightarrow \boxed{单元 2} \longrightarrow \boxed{单元 3} \longrightarrow$$

图 3-1　串联模型

串联模型的可靠性计算是指，如果单元的可靠性为 R_x，则整个请求的可靠概率为：

$$R=R_1R_2R_x\cdots R_n$$

在图 3-1 中，如果 3 个单元的可靠概率都是 99.9%，那么整个链路的可靠度（可靠概
率）为：

$$R=99.9\%\times99.9\%\times99.9\%=99.7\%$$

（2）并联模型

并联模型是指完成请求的某一个环节的单个节点出现故障会导致部分请求失败，所有
节点都发生故障则会引发全局故障，也即我们常用的冗余模型，由多个节点同时提供服务，
如图 3-2 所示。

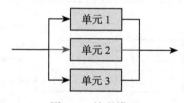

图 3-2　并联模型

并联模型是互联网设计中经常出现的模型，应用会部署 n 个副本，所有同时工作，任
意一个单元出现问题会导致 $1/n$ 故障，但不会导致全部请求失败。并联模型可靠度的计算公
式为：

$$R=(1-(1-R_1)/n)$$

以图 3-2 为例，每个组件的可靠概率都是 99.9%，那么整个链路的可靠度是：

$$R=1-(1-99.9\%)/3=1-0.033\%=99.97\%$$

可靠度从 99.9% 上升到了 99.97%，在此种情况下，当某个节点发生故障时，上游节点
不会切换被调节点进行重新请求，所以只会影响 $1/n$ 的流量。

（3）并联重试模型

并联重试模型是在并联模型的基础上加上重试功能。如图 3-3 所示，当某个节点发生
故障时，可以重新负载均衡到其他节点以完成请求。重试功能使整体可靠性得到明显提升。
当然，并联重试模型也存在一些风险点，比如重试可能会加大健康单元的工作负载，也可

能导致被重试单元出现问题，引发多级重试，甚至造成系统雪崩。

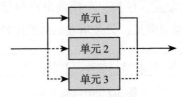

图 3-3 并联重试模型

假如有 n 个单元并联并可重试，若单元 1 出现问题，则重试请求单元 2，若单元 2 出现问题，则重试单元 3。并联重试模型可靠度的计算公式为：

$$R=1-(1-R_1)(1-R_2)(1-R_x)\cdots(1-R_n)$$

以图 3-3 为例，每个组件的可靠度都是 99.9%。

$$R=1-(1-99.9\%)\times(1-99.9\%)=1-0.0001\%=99.9999\%$$

可靠度上升到了 99.9999%。大多数微服务框架会使用这种模型，当单个节点故障时，上游会找集群内另外一个节点进行重试。冗余重试是应对单节点故障的有效方法。

（4）串并联混合模型

以上 3 种基本模型在实际架构中也会出现混合使用，如并联与串联混合在一起的架构，如图 3-4 所示。

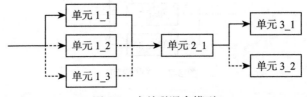

图 3-4 串并联混合模型

此种模型计算起来更为复杂，需要先分别计算并联单元的可靠性，再计算串联单元的可靠性。

（5）基本模型的两种可靠性统计方式

从不同角度可将可靠性分为基本可靠性和任务可靠性。基本可靠性是指单次请求要么成功要么失败，不进行重试补偿。任务可靠性是指在所有补偿行为后的可靠情况，重试后的成功也算是任务成功。在大多数情况下，软件单元会对失败进行重试补偿，用户自己也会重新发起请求。

❑ 基本可靠性。基本可靠性主要用于度量单个组件或串联模型的产品可靠性。基本可靠性会关注每一次请求失败，暴露软件系统的内部异常。举例来说：某单元 1 对单元 2 发起 100 次请求，其中 5 次失败，然后重试这 5 次失败的任务都成功了。从基本可靠性的角度来说，其可靠度是（1-5/105）×100%，从指标发现系统内部出现过问题，可以进一步分析。

❑ **任务可靠性**。在软件请求失败后进行重试补偿也可能完成本次任务请求。在较长链路中，每一级都可能进行失败重试，只要单次操作成功或是在较短时间内重复操作成功的，对用户来说都算任务成功。继续用上面的例子，有 5 次失败但重试成功了，则任务可靠度是 100%，从指标看，对用户来说系统是可靠的。

2. 可靠性架构的可视化

可靠性建模过程可以按粒度大小分很多种，首先需要把产品划分为不同的层次，如功能、组件、部件、子系统、分系统等。架构图能帮助理解业务架构，也能通过分析找到其中的风险点和单点的功能。架构图包括第 2 章讲述的系统架构、应用架构、部署架构等，用户任务也可以通过架构图表示。

（1）软件可靠性框图

可靠性框图重点考虑可靠性方面而非功能方面，侧重各个组件的连通性和依赖性。用户任务建模是从最终用户的使用视角出发，对涉及的所有单元进行建模。

功能框图是对软件系统各层次功能的静态分析，用于描述产品功能和各子功能的相互关系，以及系统之间的调用关系。数据和信息的流转过程常用时序图来表达。架构图是架构设计分析、风险识别、可靠性评审的基础。通过框图可分析单点、容错等设计问题。

（2）系统架构图

系统架构图描述产品与其组成部分之间的关系。系统架构是指各个组件组成的整个软件系统，各个组件本身可能是一个集群，在系统架构层中作为一个组件。如图 3-5 所示是一个简单的系统架构图，表示组件间调用依赖关系和故障影响的逻辑关系。

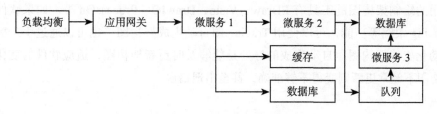

图 3-5　一个简单的系统架构图

（3）应用架构图

应用架构图用于描述微服务框架内多个业务代码逻辑之间的互相调用关系，也包括服务框架的相关组件，它们会参与微服务调用的协调和治理。如图 3-6 所示，S1 是一个微服务，S1-1、S1-2、S1-3 是 3 个实例（部署节点），S1 ～ S3 之间的调用关系通常是网状的，类似的微服务可能有几百到数千个，节点数量可能是微服务数量的 N 倍，其调用关系非常复杂。

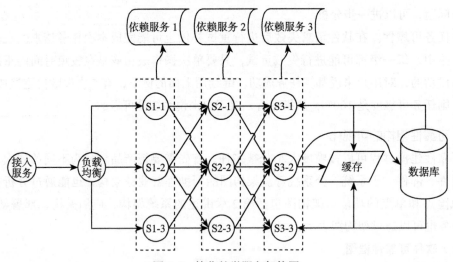

图 3-6　简化的微服务架构图

应用架构图大多数时候是用户请求关系链路图，绘制时需梳理出各个业务服务，如用户登录、打赏、开播、看直播、连麦等都是一个个独立用户任务，每个任务涉及后台多个集群、组件和微服务，是一个横向的架构。

（4）架构图绘制方法

先明确定义产品及其模块单元的功能、接口、调用关系、故障/异常判断条件等，构建模型，然后绘制可靠性架构图。在不同的架构图中根据不同粒度进行建模，针对不同的层次，架构模型会有很多种，一般会根据需要裁减，只绘制部分架构图。可靠性工程师应尽可能分析业务架构，包括应用架构、部署架构、运维架构等。

常用的绘制架构图的工具有 EDraw、Visio、DrawIO、ProcessOn 等，如果软件系统集成了 Tracing 跟踪等功能，可以使用 Tracing 图自动生成架构图，也可以通过手工标注的办法半自动化生成架构图。自动生成的好处是能够及时更新架构图，适应软件的变化。如果软件架构图不经常更新则变得不够准确，甚至出现错误。

3.4　可靠性分析与架构风险

可靠性分析是对设计完成的软件架构或现网运行的架构进行的可靠性评估分析，重点是进行架构风险分析。

风险分析包括识别架构风险及其故障模式。先来看如何识别架构风险。

1. 识别架构风险

识别架构风险的方法包括定性评估、定量分析。

（1）定性评估

故障模式、影响及危害性分析，参照软件故障模式、影响及危害分析（SFMECA）过程对故障进行预先分析，目的是发现和评价产品/过程中潜在的不可靠的模块及后果，找到避免和减少这些潜在失败的措施，进而找到快速恢复的方法。可以从以下几个方面识别系统的可靠性。

- 复杂度。技术架构越复杂，其系统可靠性越难以保障。风险会随着引入组件的数量、耦合的复杂性而带来更大的风险。

- 技术成熟度。技术成熟度越高，风险越低，反之风险越高。所以在架构选型时应尽量选择成熟度高的技术。

- 重要程度。按重要程度进行服务分级，如分析核心、关键、重要、一般等，对每个级别赋予不同的系数。模块越重要，我们越需要重视它的可靠性，因为一旦发生故障，这种模块带来的损失也更大。也就是说，服务模块的重要程度越高，其风险权重越高。

- 运行环境严酷程度。按运行环境的严酷程度判断故障的概率。环境越严酷，越容易出现故障。比如电力资源不足的机房、网络级别不高的机房、一批不太稳定的服务器等都是严酷的环境，其风险也越高。

- 工程师掌控熟练度。工程师的技术能力及对相关软硬件系统的熟练程度在很大程度上会影响软件系统的可靠性，技术人员越有经验，风险越小。

综上所述，可以得到一个风险公式：

风险 = 复杂度 × 技术成熟度 × 重要程度 × 运行环境严酷程度 × 工程师掌控熟练度

（2）定量分析

定量分析方法分为评审打分和直接度量两种。

1）评审打分。在评审过程中仔细分析可能的故障及其故障模式，对业务的影响、危害，通过风险公式、业务服务分级进行评分排序。

2）直接度量。观测现有业务的稳定性趋势，为业务确定一个可用性目标。假如请求成功的可用率（成功率）目标设置为99.9%，则代表10000次请求允许失败10次。我们按1分钟（也可以是5分钟）统计一次请求的成功率，得到一个数据点，然后把每个点连起来形成一条成功率的趋势线，观察这条曲线就能知道质量是保持、退化还是在改进。

2.故障模式及影响分析

故障模式是指故障如何触发、发生，以及发生后对业务的影响。故障模式分析是从被分析产品的功能、故障判据的要求中，找出所有可能的功能故障发生的方式。

（1）故障影响分析

故障影响是指产品的每个故障模式对产品自身或其他产品的使用、功能的影响。故障影响分析不仅应该分析该故障模式对该产品所在相同层次的影响，还应该分析对更高层次产品的影响。故障影响通常分为局部影响、整体影响和最终影响。

严酷度是根据产品故障模式的最终影响严重程度和影响面来确定的，一般可以分为几级。

- ❑ 灾难级别：对整个业务造成灾难级影响，造成巨大资金损失，对企业形象造成重大影响，对上市公司股价、市场信心造成巨大影响，对最终用户造成无法挽回的损失。
- ❑ 严重级别：引发重大经济损失，导致核心用户严重损失、伤害等。
- ❑ 中等：造成较大损失，严重影响用户体验。
- ❑ 轻度：影响用户体验，无资金损失、形象受损的影响。

（2）故障危害分析

有些故障经常出现但影响不大，有些故障则较少出现，但一旦出现影响很大。如何确定哪个故障的危害更大呢？一般会采取评分排序法。

$$评分值 = 影响等级 \times 发生概率$$

做定性分析，只要把故障划分等级即可，如果要定量分析，则需要用危害性矩阵来计算、对比。改进措施可以用以降低故障模式的严酷度等级，减少发生概率，提升被检测的感知能力。按严重程度可将故障分为如表 3-2 所示的级别。

表 3-2　故障严重程度分级表

级别	分值	发生概率
轻度	1～3	低
中等	4～6	中等
致命	7、8	高
灾难	9、10	非常高

3.5　可靠性分配

软件系统的可靠性是整体目标，它是由各个子系统／服务／模块单元的可靠性组合之后的可靠性，各个单元自身的可靠性及组合的方式都会影响整体可靠性。**可靠性分配就是把整体可靠性拆解并分配到各个组成部分的过程。**通过分配使得各个单元有明确的可靠性目标，从而保证整体可靠性达到期望目标。

3.5.1　可靠性分配的目的

在架构设计及改进、子系统可靠性改进过程中，需要进行可靠性分配。可靠性分配有两个目的。

- ❑ 明确对各单元的定性定量要求。我们不仅要分配可靠性工作任务，还要分配可靠性的要求和目标，把可靠性的量化目标落实到各个子系统、组件、模块中。

❑ 对重点环节、薄弱环节进行重点改进。分配过程可以帮助我们明确重点模块，如将出现过故障的模块作为重点，在大型活动之前做全面分析评估找到脆弱环节，主动压测暴露脆弱环节。

3.5.2　可靠性分配的原则

为了做到有效分配，可靠性分配遵循以下原则。

1. 确保重点原则

应先解决重点服务、重点模块的可靠性问题，分配的过程也是识别重点模块的过程。在不分主次的系统中，被忽视的模块往往容易导致问题。可靠性最差的单元是整个系统可靠性的短板。在调用链路中识别出强弱依赖的模块，对强依赖模块重点分配，对弱依赖模块做相对低要求的分配，通过其他手段在弱依赖模块出问题时保证总体可靠性。

2. 考虑成本和收益原则

不应该投入过多来提升没必要的可靠性。要进行权衡取舍，一种方法是对比可靠性不足可能造成的损失和提升可靠性的投入成本。提高可靠性可以通过提高单个单元的可靠性来实现，也可以通过增加冗余单元来实现；单个单元可靠性的提升是有边际效应的，投入巨大可能只能提高一点点，也没办法容灾；增加冗余也有边际效应，当数量增加到一定量的时候，可靠性提高的程度有限。

3. 逐步完善迭代原则

在可靠性目前不作为重点优化的情况下可以拟定改进措施的列表，排好优先顺序。也不能要求完美和一步到位，要遵循循序渐进、逐步迭代、均衡提升的原则。对一个服务的各个关键环节提供一致性的可靠性要求。系统的各个模块 / 组件不应追求过高的可靠性目标，因为即使某个模块可以达到要求，但其他模块达不到也是无效的。特别是互联网的平台服务在不断发布新的版本，可在迭代中解决一些故障风险点和性能问题以达到更高的可靠性目标。

3.5.3　可靠性分配的方法

可靠性分配有时是很明确的，比如一个常态稳定的模块出现了一次故障，希望通过改进使得下次在同样情况出现后能保持可靠。有时在面对一个新的软件系统或者一个非常核心的系统时，我们需要经过分析后再进行可靠性分配，然后找到整个服务链路各环节目前的可靠性数据，包括发现薄弱环节、进行可靠性分配、评估分配后是否有手段能达到目标、整体是否能达到目标等。

互联网软件系统架构大都比较复杂，其可靠性分配过程一般是从整体目标到局部目标，从宏观到微观进行分解。目标分配包括新产品的可靠性目标分配、提升目标的分配。可靠性目标分配一般有以下方法。

1. 评分分配法

请有经验的技术专家、架构师参与可靠性设计，通过专家对影响可靠性的重要因素进行打分，并对分数进行综合计算，从而获得各单元产品的相对的可靠性对比值，再给每个单元分配可靠性指标。重要因素一般包括技术复杂度、技术成熟度、重要程度、环境严酷度。各个因素可以按照1~10打分，再综合计算出总体的分数。评分分配法适合对全新的系统或复杂的系统进行分级分配。

2. 对标法

对标法是根据相似产品分配可靠性的要求进行分配，适用于有较多参照的软件系统或模块。有几种常见对标情况：

❑ 其他团队或其他人员负责的相似模块的可靠性水平；

❑ 对标业界其他公司的类似产品的可靠性水平；

❑ 参考现有产品的可靠性数据。

例如，了解到某竞争对手的某服务的可靠性指标是99.9%，那么我们也必须做到。

3. 直接分配法

直接分配法一般用于已上线的产品。资深工程师积累了较多数据且对软件非常熟悉，可根据经验直接指出短期的改进重点，对服务整体或各个单元/环节提出要求和目标。如上一个周期某服务故障20次，故障不可用时长是2000分钟，今年目标是缩减一半，则整体故障次数预算是10次，不可用时长预算是1000分钟。这10次和1000分钟就是参照去年各个模块故障的情况进行分配的。

3.6 架构分层设计及其可靠性方法

软件架构设计不仅要关注功能性设计，也要关注非功能性设计，特别是可靠性设计，有时候这是更难、更重要的方面。互联网软件系统技术复杂、规模庞大而又脆弱，一台服务器、一行业务代码、一个开源组件的配置都可能引发系统的不可用。大型互联网平台之所以能良好运行是因为它对海量的软硬件对象做了精心的组合。从不同的视角我们可以看到多种架构设计。目前架构分层在业界尚未有统一的划分，本节尝试把架构分为5层并概要讲述各层在可靠性方面的关注点。实际上经过多年的发展，以上几层架构中都形成了不少架构模式，本节会简单讲述这几种常用的架构模式。

3.6.1　可靠性视角的分层架构

大型的网站/平台软件系统都是由基础设施以及大量组件经过精心设计而成的，复杂系统由多个子系统或集群组成，每个子系统由多个组件的多个实例副本组成，整个系统可能由数以万计的软件实例共同组成，通过系统的各个组成部分不断迭代以满足业务新需求或解决原有问题。为了更加清晰地理解互联网软件架构，我们把架构分为5个层次，接下来进行简单分层描述。

1. 业务架构

业务架构是指企业业务划分和业务流程在软件系统上的映射。用户使用平台完成期望业务逻辑，各个业务逻辑可能涉及多个软件服务，如在电商平台购物这个业务过程需要经过登录→下单→支付→发货等。一个大业务可拆为多个小业务，如直播业务可拆分为游戏直播、秀场直播、交友直播等业务，背后由不同的软件系统支撑。

2. 应用架构

应用架构是指为了完成相对独立的业务逻辑，由多个微服务相互协作的软件架构，这些微服务（或较为独立的服务）需要互相发现、进行网络通信、实现数据读写、内部负载均衡、实现容错处理等。我们把微服务框架、微服务协议（RPC/Thrift/JSON 等）、企业自主研发实现的业务逻辑等归于应用架构的范畴。

3. 系统架构

系统架构是由所有应用程序加上各种接入服务、网关、负载均衡、存储、缓存、队列、第三方应用、配套服务等组成的完整系统架构。从系统架构视角来看，应用程序是其中一个部件，系统架构完整地描述了系统的软件部分的结构。

4. 部署架构

部署架构是指软件集群部署的结构。一套软件系统可以仅部署在单一机房甚至单一机器上，也可以部署在多机房多云上。从软件视角来看，它们仍是单一软件。通过把软件系统合理部署在不同的物理位置，使得整个平台在承载流量、容灾能力方面发生巨大的变化。例如容器化、Set 化、容灾/多活等架构可以属于部署架构的范畴。

5. 基础设施架构

基础设施架构是指由数据中心基础设施，如机房、服务器、容器、网络、交换机、公有云、私有云等组成的，用于支撑软件运行、网络通信的环境。不同的基础设施架构设计，在可靠性、成本、效率方面有很大差异。基础设施架构与部署架构关系紧密又各有侧重，部署架构依赖基础设施架构实现软件系统的高可用，但是高可靠的基础设施架构不代表软件系统就足够可靠。

接下来分别介绍各层架构的可靠性设计的核心思路。

3.6.2 业务架构的可靠性设计

以直播平台为例，平台按业务类型可以分为秀场、游戏、交友、户外等，需要为每个业务类型开发不同的软件服务，各个业务有共用的服务，如直播包括开播服务、直播间服务、登录、送礼服务，也有专门的服务如交友连麦、秀场美颜等独有功能。业务架构是服务拆分与组合的结果，属于能被用户感知到的软件功能。后台软件、基础设施异常最终都会影响用户使用某个业务服务，如看不到视频、无法送礼等。从业务架构加强可靠性，可遵循以下两个原则。

1. 对业务架构进行合理拆分及组合

合理拆分及组合是指业务架构在符合商业目标、产品设计的基础上，恰当划分业务功能，然后把功能组合为业务流程。按业务特点进行合理拆分，可以简化逻辑、减少耦合；按分层进行拆分，可以把共用功能抽离出来，进行重点建设，如采取中台架构等，也能提升效率并减少重复建设。又如登录是最常见的功能，可拆为第三方账号登录、密码登录、手机验证码登录、卡密登录、邮箱登录等多种登录场景，每个场景可以拆为一个独立的应用服务。

2. 对业务服务进行分级并制定有差别的目标

拆分之后根据业务服务的重要性对其进行分级，例如可以分为一级核心服务、二级关键服务、三级重要服务、四级一般服务、其他服务等，并对不同级别服务制定不同的可靠性目标。如表 3-3 所示，我们可以对可用性目标设置一个参考值。

表 3-3 业务分级及不同的可靠性目标参考

级别	可靠性目标	不可用性时长目标	说明
一级核心服务	99.99%	53 分钟 / 年 4.3 分钟 / 月	必须做到高度自动化、智能化，故障不能都靠人工介入进行处理；如下单服务、支付服务、送礼服务
二级关键服务	99.95%	263 分钟 / 年 23 分钟 / 月	一旦出现故障可以人工处理，须能迅速准确判断、一键预案处理；如登录服务、注册服务、列表服务
三级重要服务	99.9%	525 分钟 / 年 43 分钟 / 月	SRE/ 研发人员可登录系统进行分析处理，需要较快地分析定位解决能力，时间较充裕；如推荐服务
四级一般服务	99%	5256 分钟 / 年 430 分钟 / 月 14 分钟 / 天	要求不高的离线任务，是面向内部的，如评论服务

3.6.3 应用架构的可靠性设计

应用架构是指为了完成较为单一的业务逻辑，服务之间互相发现、互相调用的架构，包括微服务框架、进程间通信的协议等。应用架构是软件研发领域研究最多的技术，也是变化最快的技术之一。业界一般认为应用架构经历了从单体架构→分布式集群架构→服务化架构（面向服务架构，SOA）→现在主流的微服务架构及崭露头角的 Service Mesh 架构的转变。下面简单介绍几种常见的应用架构及其特点，如表 3-4 所示。

表 3-4　常见的应用架构及其特点

应用架构	特点
单体模式	所有软件逻辑集中在一个或几个大的软件包内
分布式模式	将系统按垂直拆分、水平拆分为多个服务，可以部署在不同的服务器、不同的进程，各有多副本。通过负载均衡策略将请求分发到不同的用户系统服务器上
面向服务的模式	将共性的部分提出来形成服务给其他系统调用，也就形成了面向服务架构（SOA）；解决代码复用、数据互通问题
微服务模式	细粒度的拆分，服务数量可达数千至万级，标准化和自动化程度高；底层资源更容易伸缩；服务运维及部署更为简单；粒度更细、逻辑迭代更快
Service Mesh 模式	把服务间的通信能力（负载均衡、节点容错容灾）从微服务层下沉统一到基础架构中

SOA、微服务架构、Service Mesh 架构的设计与应用都是很大的主题，网上有大量的公开资料可以查阅。大部分互联网企业已经实现微服务化，接下来以当下主流的微服务模式为例重点讨论。

1. 应用架构设计方法

在设计微服务架构时，有些公司会选择开源框架，如 Spring Cloud、Dubbo 等，有些会选择自己开发框架，如字节 KiteX、腾讯 TARS、虎牙 TAF 等。SRE 在做基于微服务的技术架构可靠性的过程中会碰到很多与微服务相关的问题，需要与框架架构团队深入了解架构原理与实现，在必要时一起对架构及其支撑能力进行改进。如在碰到微服务的故障/错误时要充分理解背后的机理，在做监控及深入分析问题时要了解微服务的实现方式。

（1）理解进程间通信原理、常见问题及原因

互联网软件系统大都是微服务架构，SRE 应该理解微服务划分思路及其工作机制再对业务功能进行拆分。通常可以根据模块复杂度进行拆分，当一个模块太大、复杂度太高时，将其拆分为多个微服务；可以根据数据读写进行拆分，在一次读写太多数据时进行拆分；也可以根据调用关系扇入扇出进行拆分，如在与其他服务的调用关系过于复杂时进行拆分；还可以根据业务场景、技术领域进行拆分。下面是几个需要理解的微服务框架的基本知识点。

　　❑ 进程通信及异步队列。理解进程间通信机制/协议、同步/异步操作、消息机制、事件驱动等。为了防止业务因为访问量突增或服务器故障造成系统整体繁忙，进而导致全部服务的不可用，可以在框架内部实现请求队列，通过非阻塞方式实现异步系

统，从而提升系统处理能力。

- 服务治理。框架通过名字服务来实现服务的注册与发现，主调方通过请求名字服务获取到被调服务的目标地址列表，并根据需要选择轮询、哈希、权重等多种负载均衡方式来调用服务；新扩容/缩容的节点在集群中被加入或剔除，应用分级、超时设置等也属于服务治理范畴；如图 3-7 所示。
- 集群容错。在单次请求或单节点失败时能失败重试、超时重试，提供超时策略、快速失败、失效转移等能力。
- 容灾隔离。通过无状态设计等，设计隔离局部故障机制，做到局部异常时还能响应用户，如线程隔离、进程隔离等。
- 应对突发。通过快速扩容、降级、熔断、流控等措施应对各种突发情况，如雪崩、工作负载不均衡等。
- 分布式的事务。在微服务的架构中，在部分需要强一致性场景、异步通信机制的情况下保证事务可靠性。

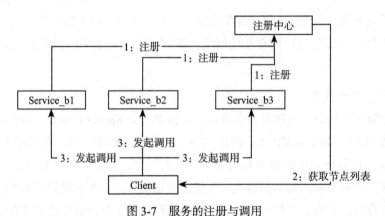

图 3-7　服务的注册与调用

以上几点在各大框架中基本都有实现，但具体的实现略有不同，涉及很多细节。SRE 需要理解可靠性的原理，这些原理会在基于框架做业务可靠性设计甚至设计一款框架时用到。接下来讲解其中几个细节。

（2）理解微服务调用失败的规律

为了深入理解微服务故障规律，我们对常见的几种异常情况进行分析。以 a→b 表示微服务 a 通过网络调用微服务 b，a 和 b 是微服务的实例进程，如图 3-8 所示。

调用过程可以简单分为 3 步：步骤 1 表示建立连接或发送请求的过程，步骤 2 表示微服务 b 处理任务的过程，步骤 3 表示微服务 b 处理完成后同步或异步返回，及微服务 a 接收请求的过程。我们把可能的微服务调用失败的现象、原因及其故障模式汇总如表 3-5 所示。

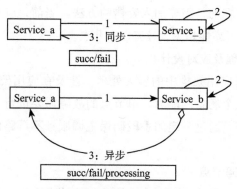

图 3-8　微服务调用过程示意图

表 3-5　微服务调用失败的现象、原因及故障模式

序号	现象	可能原因
1	a 连接 b 失败 a 发生请求失败	b 进程挂了 b 机器宕机 a→b 网络严重丢包或中断
2	b 处理过程超时或错误	b 处理超时 (b 可能依赖其他服务) b 返回错误 b 过载，网络抖动
3	b 返回耗时增加	b 处理耗时增加 a→b 网络丢包重传 a 接收慢
4	QPS 异常下降了	b 处理能力变弱、a 发起的请求少了、负载不均衡
5	失败但重试能成功	部分失败：重试有概率成功，换节点重试能成功

后端服务处理变慢属于性能问题，性能问题达到一定严重程度会造成系统不可用。引起性能问题的原因可能有很多，常见的原因列举如下：

❑ 单个 / 部分请求消耗的 CPU 资源增加；

❑ 请求量增加导致 CPU 等待；

❑ 磁盘 I/O 达到瓶颈，内存空间不足；

❑ 网络丢包、延迟；

❑ 线程死锁、被本机其他进程影响了性能；

❑ 连接队列满了、缓冲区满了。

2. 应用架构可靠性设计及故障处理

应用架构设计重点关注软件集群的高可用、高可靠设计，其基本思想是应用 / 微服务实例要实现多节点冗余并容错。典型方法如多节点冗余、失效转移、故障隔离、故障降级限流熔断等。其中一个节点异常时还能通过冗余节点完成任务，但是，只有冗余是不够的，因为单节点的脆弱还是存在的，需要加入容错的方法。当前，应用架构一般通过微服务架构来体现。应用架构中的可靠性相关设计有以下几点。

（1）单节点故障的处理及应对设计

这里重点探讨微服务应用架构中的容灾处理，涉及在应用架构层实现故障节点摘除、错误重试、应对突发等几个场景的能力。单节点的故障需要进行容错保护，如果确定某个微服务节点故障了，则需要通过一定的手段确保主调服务不再路由到这个故障节点。一般有两种实现方式。

通过名字服务摘除故障节点

通过名字服务将故障节点从地址列表中摘除，让请求不发往故障节点，从而实现摘除故障节点的效果。通常过程如下：业务服务的每个实例都定期主动上报心跳给名字服务，使名字服务知道服务节点仍存活，若超期未上报则认为节点故障，然后从名字服务中摘除该节点；当其他服务需要通过名字服务请求该服务的地址列表时，不再返回故障节点信息，从而达到摘除故障节点的目的。还有一种确认故障节点的方法是通过探活节点监控所有节点的存活，若探测失败次数超过阈值，则认为该节点发生了故障。需要注意的是，当某服务节点故障时，虽然从名字服务摘除了，但其他调用方缓存了该节点的信息，需要再次拉取正确的列表才能完全恢复，这期间可能还有请求发往失败节点。

客户端主动屏蔽

主调方可以主动把多次连接失败 / 超时的被调节点地址从地址列表去除。如果主调方访问某个节点失败的次数大于 n 次，则主动从访问列表中标记该节点为不健康状态，且后续一段时间内不再分配流量，而是间隔一段时间再进行重新探测，若发现恢复后则继续分配流量。

节点摘除也不能被滥用，比如针对节点数量不多，摘除后会大幅缩小整体容量的情况，或某些节点负载在瞬间超载，可能很快恢复的情况。故障节点摘除机制还是会有探测周期内或摘除过程中不可用的情况出现，可以通过失败转移或失败重试提高任务成功率。

（2）失败重试

失败重试是微服务框架可靠性设计的重要特性，也叫失效转移。有两种失败重试方法，如图 3-9 所示，上图是在原节点进行重试，步骤 1 请求失败时马上通过步骤 1′ 进行重试，下图是跨节点进行重试，步骤 1′ 请求到了另外的健康节点 service_b2。

重试的策略

重试策略需仔细设计和小心配置参数。常用参数包括超时时长、重试次数、重试间隔时长、重试回退系数。超时时间可以在主调方和被调方配置，大多数框架都提供了配置策略，如 Dubbo 支持细粒度的超时设置，包括服务级别、接口级别和作用范围。所以有多个重试相关参数：主调服务级、被调服务级、主调接口级、被调接口级、主调全局超时参数、被调全局超时参数。主调方的超时逻辑同时受到超时时间和次数两个参数的控制,当出现失败/超时异常时主调方会一直重试直到成功或达到重试次数后返回失败。

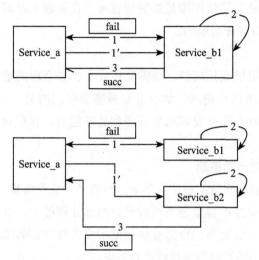

图 3-9 微服务单节点失败重试的两种方法

失败重试的前提条件

以图 3-9 为例,正常情况下,步骤 1 延时 10 毫秒,步骤 2 消耗 300 毫秒,步骤 3 消耗 10 毫秒。超时时间设为 1000 毫秒。如果某次 b 收到了请求并开始处理,a 在 1000 毫秒后没收到结果,那么产生失败的原因可能有多种情况,如步骤 2 处理异常了,或是步骤 2 完成但步骤 3 返回时异常了。所以进行重试时需要考虑多种因素。

❑ 首先需要对有数据写入请求的任务实现幂等性。在分布式系统中,我们很难保证单次任务一定在所有节点执行成功,有时在失败时需要进行重试,这要求任务可以多次被处理,而不会产生重复记录或副作用。如电商下订单的任务,不能因为某节点失败后重试而造成多次扣款或多次扣减库存的现象发生,要求系统能识别到这是一次重试请求,确保不会出现错误数据的情况。

❑ 跨节点重试要求无状态设计。跨节点重试需要实现会话的共享,使得访问一个新节点时连接的上下文仍然存在。

重试的风险及应对方法

重试也是有风险的。首先重试可能带来数据不一致的问题,需要通过幂等和无状态设计保证。其次重试可能在突发流量加重负载而造成失败时引发进一步雪崩,造成全体服务不可用。可以使用回退重试方法防止雪崩,即调用方请求失败后先暂停一会儿再重试,如果再次失败则暂停更长时间(指数或倍数)再重试,暂停时间的增加通常称为"后退"。经过一定的尝试次数或时间后,它将不再重试并直接返回失败。

（3）性能过载保护的设计及处理方法

流量突发是互联网平台常见的情况，所以应对突发流量性能过载也是应用架构的重点设计工作。主要处理方法是尽量保障足够资源容量，在资源不足时进行限制或降级，这两种方法都依赖精细的设计和配套能力。

做好容量规划

在做容量规划时如果能预见流量，则需要在成本收益合理的前提下尽量提供充足的机器资源、进程数量来满足用户请求。如设计服务需要能同时处理100万条用户并发请求，那么就需要规划满足100万条并发请求的资源和处理能力。容量规划是个较大的课题，具体会在第5章展开来讲。

通过弹性伸缩能力动态加资源

快速加资源有时是解决问题的最简单办法，即通过对节点负载、QPS、队列等的判断实时甚至提前增加资源，快速扩容服务节点数量以增加处理能力。这种方法需要打通资源交付流程，需要有足够的资源冗余，也需要应用架构支持弹性扩容能力。使用混合云架构的最大收益就是能用公有云的资源满足弹性扩容需求。

异步排队、流量控制

排队、限制和丢弃流量都是防御性的措施，服务应设计好每个节点或单元可以处理的容量，通过数据来决策是否要开启策略。一般有以下几种可选策略。

❑ 异步排队。部分场景可以把请求存入异步队列进行延后处理，再异步返回结果，用户感知可能是延迟到账、邮件/短信延迟接收等。请求排队有时会有负面作用，队列有可能阻碍快速恢复的速度。

❑ 流量控制。当资源成为瓶颈时，需要启动流控保护机制进行限流。常见的流控策略可以分为两类：针对访问速率的静态流控（包括周期内的并发用户数、服务请求数、接口请求数、网络连接数）、针对资源负载的动态流控（包括网络流量、CPU负载或内存负载）。常见的限流算法有令牌桶、漏桶、计数器等。这种策略需要在框架、管控平台实现，这里不展开详述。

通过降级模式提供有损服务

降级模式是指提供有损服务，在资源不足时暂时关闭非核心服务，如评论、推荐、批处理、大数据处理等。通过关闭非核心服务，腾出一些资源供核心服务扩容使用。或者在某些非核心服务自身可能出现问题时暂时关闭。如蓝光转码档位、AI特效等服务出现异常时可直接降级，让用户看到一个低档位的、无AI特效的画面，虽然会影响体验但不影响功能服务。降级设计有两种方法：在被调服务中实现快速返回失败，在主调服务中放弃请求。降级模式可通过自动或人工进行配置。

3.6.4 系统架构的可靠性设计

互联网软件系统除了需要用到内部工程师开发的业务逻辑，以及大量的开源组件、公共服务、内部其他团队开发的服务等，也离不开各类中间件、队列服务、分布式负载均衡服务、分布式缓存、分布式数据库等，包括各类软件基础设施如操作系统、Java 虚拟机、容器等。系统是由这些内部应用、公共服务、中间件、基础软件等架构组成的，而系统架构是指应用之间、软件基础设施 / 公共服务、应用与中间件 / 依赖外部系统之间的关系。典型的系统架构分层示意图如图 3-10 所示。

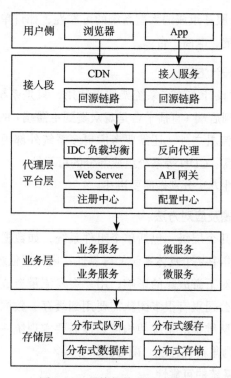

图 3-10　系统架构分层示意图

系统架构涉及少则数个，多则数十个不同的组件及组件后面的工程师团队。从研发工程师的角度来看，他需要考虑如何跟上下游服务协同保证可靠性；从 SRE 的角度来看，他需要从端到端整体上考虑可靠性问题。工程师如果在对开源组件了解不深的情况下引入一个新组件，会给整个系统架构可靠性带来较大风险，如对其内部工作原理、性能调优不清楚可能导致问题不能很快处理，甚至束手无策的情况。

各种流行的互联网开源组件 / 系统都有自己的高可用、高可靠的技术方法。关于各个开源组件集群的高可用方法，请阅读其他更为专业的书，这里不再赘述。本书将更侧重通过几个特定场景从分层视角讲述可靠性特征及解决方法。

系统架构涉及广泛的技术域，同时也要兼顾深度，对做成可靠的系统架构的能力有很高的要求。在系统架构设计中要解决如下可靠性问题。

❑ 如何选取合适的技术组件，满足功能需求并保证其可靠性。组件大多数是分布式集群形式，如缓存组件、队列组件、存储组件。

❑ 利用多个分布式组件系统及应用程序"组装"成一个复杂的服务，保证组装后的大型系统的可靠性。如电商平台用户下单过程的背后是一个复杂服务，后台依赖多个分布式组件。

❑ 如何保证多个复杂服务组成的大型系统的可靠性，如订单、库存、支付等多个复杂服务组成的购物系统、电商平台。

1. 系统架构的可靠性设计方法

3.6.3 节介绍的可靠性设计方法在系统架构也适用，只是系统架构会更关注宏观层面，除了同样需要考虑用户端到后端（直播平台是观众端到主播端）的链路可靠性、节点冗余与失效转移、如何应对突发流量之外，还需要考虑更多系统外部因素，如系统性能与可靠性的折中、考虑公网、云厂商、CDN 等系统组成部分的可靠性。

接下来对各层的可靠性方法分别做简要讲述。

2. 系统可靠性通用问题及应对方法

系统可靠性可分解为几个层级，包括单个组件系统，如数据库集群、缓存集群、队列集群、消息集群、文件集群中某个具体系统的可靠性；内外部依赖系统 / 服务的可靠性，上下游如何协同，及如何应对下游故障的影响；用户突发流量造成过载的情况；以及端到端链路的可靠性。一个大型公司里有很多团队需要用到缓存、数据库等，可以由各个团队自己维护，也可以由一个团队维护。系统架构可靠性需要实现统一化、标准化，之后才有一致性的可靠性模型，才能为集群设计统一配套保障方式。

（1）单个分布式组件系统的可靠性

单个组件系统也会受到分布式系统所有致错因素的影响，如单个或多个节点故障、集群内部的负载均衡、集群副本间的数据一致性等。一些通用方法简述如下。

❑ 单节点故障：每一个服务如接入、应用、DB、缓存都需要分布式多副本，以便在单点故障后能实现失效转移。

❑ 单个请求级的容错：重试是容错办法，重试不正确会造成后端雪崩。

❑ 互相依赖的服务之间需要互相容错，有时候拒绝是自我保护的好方法。

❑ 流量切换：能在主备之间快速切换，需要切换的自动化工具。

❑ 标准化平台化：使用可靠性有保证的开源组件，公司尽可能统一使用一套组件。

❑ 数据的可靠性：分为热备、温备、冷备、异地备份，为随时能恢复而备份。

（2）突发流量

突发流量容易短时间把服务压垮。防止突发容量把系统压垮的方法有以下几种。

❑ 设计高性能的服务并做好容量规划。通过性能优化方法提升性能，如利用缓存技术减少大量频繁访问后端存储的请求，定期对在线系统做压测并按需扩容。

❑ 设计弹性的服务。快速弹性扩容是指在分钟级内调配资源（如关闭平时冗余 / 备份的资源、申请公有云资源、关闭其他非重点服务以空出资源）对核心服务进行扩容。扩容包括根据负载实时扩容和提前有计划地扩容。也可以通过弹性切流，如把流量调度到其他集群、把 CDN 调度到多家 CDN 厂商的平台。有时候容量不足是因为某个集群容量不够。我们曾碰到过某个 CDN 带宽不够、部分地区带宽不够或某厂商转码资源不够的情况。

❑ 合理流控。通过流速控制可以把请求峰值削平从而缓解突发流量造成的故障。比如为了减少卡顿，为音视频播放端预留一定视频帧缓存来调节播放帧率。大主播开播或大型活动时的消息推送可通过消息队列做好流控。流控有 3 种方法：主调方主动控制流速，客户端节流机制；被调方进入先进先出队列；架构引入队列使请求同步变异步的方法。

❑ 设计降级、限流的策略。降级是指如果不是核心链路，那么就把这个服务降级。如可以把个性化的推荐服务降级为通用排序的列表或固定列表。限流是指在一定时间内把请求限制在一定范围内，保证系统不被大量的请求同时压垮，导致全部无法使用的情况。限流的常用处理手段有计数器、滑动窗口、漏桶、令牌，可参考更多资料以了解更详细的内容。如果进入限流，则说明系统没有提前做好规划或者某些服务存在性能瓶颈，在压力测试中做得不够好，需要改进。

3. 分层简述可靠性的思路

用户需要访问接入点，通过远程的网络路径，进入 IDC 的负载均衡，然后被调度到不同的 Set 或集群中心，接着到应用层处理应用层与缓存、数据、队列层的可靠性问题。路径越长越脆弱，出问题的概率越高。接下来分层分析以保证可靠性问题。

（1）用户到接入层的可靠性

用户到接入层的可靠性是指用户侧发起的上行业务请求如何可靠到达部署在 IDC 的业务软件系统，以及业务后台如何将消息单播、广播给用户。

互联网用户分布于全球任何地方，各地的网络质量参差不齐；他们使用不同运营商的网络，运营商的互联互通情况复杂；跨国跨洋路径长，中间链路的不可靠会使用户无法访问服务或访问不稳定；用户使用的不同终端也会影响用户使用平台服务的可靠性。

移动互联网业务形态复杂多样，除了常规支持用户上行请求外，后台也能主动下行向用户推送消息，如弹幕下发、用户端特效、用户私信、开播通知、互动连麦 PK 等。端上的App 一般也是由互联网平台公司开发，工程师有了更多控制力，如图 3-11 所示。为了实现端到端的可靠性，一般用户端软件首先通过 HTTPDNS 分配策略获取最优接入点 IP（图 3-11 的步骤 1），在 HTTPDNS 服务出现故障或退回到传统 DNS 方式时解析到对应的接入点（图 3-11 的 步骤 1'），如 DNS 也出现故障，还能通过预埋的 anycast IP 直接访问兜底的后台服务（图 3-11 的 步骤 1"）。

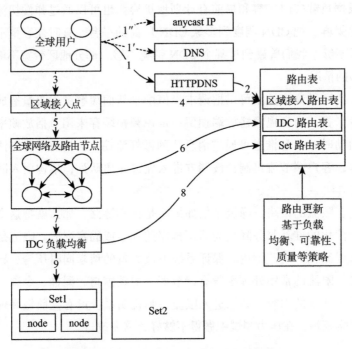

图 3-11　用户接入业务后台服务的架构

（2）中段网络路径的可靠性

用户到网站后台需要经过距离很长又较为复杂的公共网络链路，然后访问后台服务所在数据中心机房的主机。中间链路完全依赖运营商的网络，丢包延时的概率较大。通过多层调度、节点冗余、SDWAN 等技术可实现绕行能力，在接入点到中心之间实现多路回源。中段网络可以实现某些服务的调度功能，如某些请求可以路由到特定的集群。一个具体的例子是美洲用户路由到北美中心，东南亚用户路由到新加坡中心等，由各个数据中心处理完请求后再返回给用户，避免了相对脆弱和高延时的跨洋链路带来的不可靠。可靠的中段网络还能保证数据从后台到用户侧下行的可靠、高效。举个具体场景，在弹幕广播到直播间所有用户，或给海量用户发送单播个性化的消息时，这些用户分布在全球各地、分属不同的运营商，需要依赖可靠的下发能力。CDN 及边缘接入架构还可以实现缓存效果。部分资源可以缓存在靠近用户侧的服务器中，从而减少用户访问延时，降低后端的压力。

实现接入层和中段网络的可靠性需要依赖强大的质量探测能力、计算能力及数据决策能力。接入层绕行能力也存在一些风险，如管控不够细致、不够及时将可能造成更严重的故障，也可能因配置不当导致路由错乱。

（3）代理层和平台层的可靠性

如图 3-10 所示，代理层和平台层包括负载均衡、反向代理、注册中心、配置中心、API 网关等子系统 / 服务。这些服务本身不处理业务逻辑，它们存在的目的是让负载更加均衡地分配到后端节点、通过注册中心 / 配置中心管理好多接口多节点的复杂性、通过配置策略让程序按期望运行等。如常见的 Nginx → Web Server 的架构通过 Web Server 层的冗余实现容灾，Nginx 可对后端 Web Server 进行探活和实现自动故障转移。代理层和平台层的可靠性方面的核心技术包括以下几点。

- ❏ 探活机制与健康检查。可以通过独立于业务请求的 Ping 或模拟访问实现探活的功能，也可以将节点主动上报的访问统计、连通性、耗时等基本信息，及节点软件的连接数、线程、CPU 等状态信息作为健康程度的判断信息，为后续请求调度提供决策依据。
- ❏ 路由及策略机制。路由选择、配置下发。路由策略需要快速更改路由表，下发到对应的负载均衡或发起请求的主调方。路由策略也决定了负载均衡的容量。第一种最简单的方法是全部流量的进出都经过负载均衡，如 Nginx。第二种方法是进入的流量经过负载均衡，而返回的流量不经过负载均衡，如 LVS 的 DR 模式。还有一种方法是只做路由调度，由调度器发回路由目标或把策略下发到主调方。
- ❏ 负载均衡算法。常见的负载均衡算法有多种：轮询（Round Robin）、加权轮询（Weighted Round Robin）、最少连接（Least Connection）、加权最少连接（Weighted Least Connection）。跛脚鸭是典型的负载不均的情况，在 *Google SRE* 一书有讲到这个案例，读者可自行查阅。

（4）应用之间调用的可靠性

可靠性设计是指在服务 / 组件不可用的情况，确保服务上下游之间的可靠通信、保证用户还能使用服务，而不是看到异常、崩溃等。

常见的上下游依赖有两种，即直接依赖（如图 3-12 所示）和间接依赖（如图 3-13 所示）。两种依赖的设计模式和可靠性保证方法不完全一样。

直接依赖类似微服务的主被调关系，要考虑同一节点重试或失效转移到其他节点，出现问题时上下游两个团队工程师要一起解决。间接依赖是指通过网关或代理访问被依赖的服务，当访问发生异常时，可能是下游服务出现异常，也可能是代理层出现异常。主调方在处理访问失败时，包括单次失败和多次失败，需要做好以下几件事情。

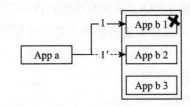

图 3-12　直接访问的上下游依赖

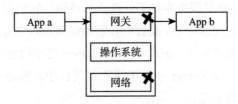

图 3-13　间接访问（网关 / 代理访问模式）的上下游依赖

❑ 超时设置：如果访问下游的平均耗时升高对系统吞吐能力造成巨大影响，如平时 10 毫秒能完成请求，超时设置为 1000 毫秒，则极端情况下所有请求都达到超时才返回，并发处理能力变为原来的 1%，其他请求只能进一步等待。等待也是需要消耗内存线程等资源的，很容易引发连锁反应，压垮服务本身。

❑ 谨慎重试：重试可以提高用户的成功率，策略不当也容易引发重试风暴，造成"雪崩"。

❑ 熔断机制：在主调方发起服务调用时，如果被调用方触发某些特定条件（如返回的错误率超过一定比例，延时上升到某个阈值），则后续请求将不真正发起请求，而是在主调方直接返回错误。适当时触发熔断机制并主动快速地返回失败，可以避免系统陷入崩溃。在支付等关键系统中宁可不提供服务也不能出错。

❑ 降级服务：如果被依赖服务不是关键服务，可能在访问失败时直接返回默认值、空值，无须做失败重试或失效转移。降级有单次请求的降级，也有整个服务的降级。

应用层应实现分级管理、区分强弱依赖（微服务间、应用服务间），精心配置重试 / 降级 / 熔断的策略等。

（5）缓存系统实现高可用和高并发

缓存是互联网架构中解决高并发不可或缺的组件，在计算机单机系统或互联网平台软件中无处不在，如 CPU 缓存、磁盘缓存、CDN 缓存加速、Web Server 缓存、数据库缓存、应用层缓存、DNS 缓存、浏览器缓存等。

1）缓存系统解决的问题。引入缓存有两个目的，一是用内存换取 CPU 计算时间，把计算好的结果存在内存中，下次访问不再用 CPU 计算，而是从缓存中获取，减少 CPU 计算并降低访问延时，减少复杂的逻辑计算。如针对从多个表连接后得到的数据，直接缓存计算结果，以便下次无须再次读取数据库表。二是把数据存储在靠近用户侧的地方，以减少数据中心到用户的长距离网络传输及中心磁盘读写。缓存降低了数据库的性能要求，如一个 MySQL 实例支持写并发 1000QPS，读并发 5000QPS，而这对大部分互联网系统来说是远远不够的，其并发读写可能是这个的几十至上千倍，所以必须引入更高性能的方案，提升读写并发量。缓存主要用来解决读并发问题，设计良好的缓存读写性能能支持数十万至百万的读并发。如大型赛事直播间的系统架构要能支持千万用户的并发访问，必须要通过 CDN 分发并缓存大量的图片、列表、弹幕、赛事动态等数据。

2）缓存引入新的可靠性问题。引入缓存也会带来一系列问题。首先是复杂性增加，如数据不一致、灾难时处理预案、缓存容量、写入性能等问题。要通过缓存实现更多的业务目标，有很多难题需要解决。我们以 Redis 缓存为例，讨论引入缓存系统后的可靠性问题，如表 3-6 所示。

表 3-6　引入缓存系统后的可靠性问题

面临的难题	问题描述
海量数据缓存问题	数以 TB 计的数据如何缓存及灾难恢复重建
缓存系统的高并发访问问题	分布式缓存系统如何扛住海量高并发
缓存数据的一致性问题	数据库中的数据与缓存数据的一致性，更改后的一致性如何保证
超大 Value 缓存的更新问题	有些 Key/Value 较大，如何有效缓存并更新
提升缓存命中率问题	在命中率低时缓存无效
缓存重建效率问题	高并发海量数据如何高效重建缓存
缓存击穿问题	部分热 Key 同时失效，或缓存冷启动导致后端负载过高甚至瞬间被打死的问题
缓存负载不均衡问题	如何解决热点缓存导致单机器负载瞬间超高
缓存失效雪崩问题	大量缓存同时到期失效，造成后端服务瞬间崩溃；缓存 Key 集中失效，避免给缓存集群带来过大的压力
缓存穿透问题	访问的数据不在缓存中也不在数据库中，无法被缓存，给后端带来过大的压力
缓存高可用问题	如何实现 IDC 级的容灾，包括代理层及缓存数据层
多套缓存系统的复杂管理问题	几乎每个应用都有缓存，如何管理数以千计的缓存服务

可见，引入缓存系统解决了高并发、高性能问题，但也带来了不少可靠性问题。关于设计的更多细节，本书不再展开，读者可参阅更专业的缓存系统设计方面的资料。

（6）数据库高可用

目前 MySQL 已经是互联网的主流关系型数据库之一，对于 MySQL 数据库的高可用架构已经有很多的方案，常见的包括普通主从架构、MHA、MGR、PXC（Percona XtraDB Cluster）和 NDB Cluster 等。关于数据库高可用的方案有很多专著和深入总结的文章，本书不再赘述。表 3-7 总结了 3 种方案供读者理解。

表 3-7　数据库高可用的 3 种方案

方案类型	技术方案	案例	优缺点
基于磁盘存储共享模式	通过网络共享磁盘存储或通过网络复制存储块；计算存储分离；分布式的块存储	SAN DRBD	特点：数据库层无感知，底层是磁盘存储和网络技术
基于主从复制模式	特点：代理访问层提供读写分离、数据路由、容灾切换会复制给 master	mysql-proxy Fabric Cobar Tddl MHA MGR	特点：异步复制，从和主无法保证数据的一致性 数据同步是单向的，master 负责写，然后异步复制给 slave；如果 slave 写入数据，不能复制给 master
多点写入方案	访问代理层和数据引擎层分离，数据引擎及数据存储层实现数据的可靠的分布式存储 数据同步是双向的，任何一个 MySQL 节点写入数据，都会同步到集群中其他的节点 同步复制，事务在所有集群节点要么同时提交，要么同时不提交	PXC NDB Cluster	特点：多副本的强一致性，无同步延迟。缺点是写入慢；分布式的数据存储引擎

系统架构涉及广泛的技术域，同时要兼顾深度。

3.6.5　部署架构的可靠性设计

部署架构描述的是软件分布式集群部署在多个不同物理位置的基础设施之上的结构。基础设施包括网络（公共网络、内部网络、专线网络）、IDC（机房、机架、交换机）、主机（物理机、虚拟机、容器等）等。部署架构依托于基础设施物理架构，通过软件集群的合理部署使系统在物理层灾难时还能提供可靠的软件服务。

具体来说，同一个软件集群的多个组件的软件进程可以部署在单台机器上，也可以部署在跨越多个机房的多台服务器上。很多互联网平台都经历过单台机器、单 IDC、多机房、多地部署的架构演进过程。软件集群也随业务增长把 DB、Web 服务、缓存服务等拆分后独立部署到不同的机器、不同的机房中。从用户视角看软件是同一个服务，但不同的部署架构会使得服务的可靠性完全不一样。

做部署架构设计需要深入理解 IDC、服务器、网络的相关技术及公司目前基础设施的现状，既要满足业务可靠性要求，也要符合当下现实情况。在部署架构设计中要重点考虑以下问题。

1. 首先解决单点问题和隔离问题

单点问题也可以分不同程度的单点，如在微服务应用架构中，一般微服务都会部署多个副本，但这并非强制，有些场景的单点问题容易被忽视，还需要 SRE 进行治理。

（1）单点问题

单点问题其实是指以下问题。

❑ 单个机器挂了有什么影响，怎么处理？

❑ 单个磁盘挂了有什么影响，怎么处理？

❑ 单个机房挂了有什么影响，怎么处理？

❑ 单个交换机挂了有什么影响，怎么处理？

❑ 单个机柜掉电挂了有什么影响，怎么处理？

❑ 单个城域网中断有什么影响，怎么处理？

❑ 单个专线挂了有什么影响，怎么处理？

❑ 某公有云挂了有什么影响，怎么处理？

要回答和解决好上面这些问题需要考虑非常多的因素，包括如何设计容灾架构和灾难恢复预案等。单元化架构、同城双活、异地容灾、两地三中心、异地多活等都是常见的部署架构解决方案。常见的单点风险场景如表 3-8 所示。

表 3-8　单点风险场景

单点场景	故障风险描述	解决方法
实例单点	某个微服务只有一个运行实例，如果该实例挂了则这个服务也无法提供服务	遍历所有微服务，巡检找出只有单个实例的服务
宿主机单点	某个微服务有多个实例，但都被部署在单台宿主机上，如果这台宿主机挂了，则服务也挂了	1）巡检发现单点 2）部署时增加宿主机反亲和判断
交换机单点/机柜单点	服务部署在多台宿主机上，但多台宿主机接入了同一个交换机或机柜，如果这个交换机/机柜挂了，则服务也挂了。有案例为服务替换新机器，这些机器接入了同一个新交换机，导致全挂	1）巡检发现交换机单点 2）部署时增加交换机反亲和特性
AZ 单点/IDC 单点	AZ 或机房级故障后无法服务	在部署架构分析
单城市单点	单城市出现故障后无法服务	异地部署
云级单点	单个云厂商故障后无法服务	多云部署

综上，要解决单点问题，该架构除了需要具备多实例及不同程度反亲和部署外，还需要具备在单点故障时的容灾自动切换能力和手工切换能力。

（2）隔离设计

隔离设计是重要的部署架构方法，是指在软件、硬件甚至线程可能互相影响的情况下，按不同的策略进行隔离部署。隔离设计主要有几种场景。

❑ 算力的隔离。不同类型的计算服务分别部署本身也是一种隔离；在同一个服务内对关键路径和辅助路径功能使用不同线程，通过隔离保证关键路径不会受到辅助路径的影响；通过主机隔离实现某些核心服务和某些消耗资源的辅助服务的混布等。

- 流量的隔离。把不同特征的业务请求分发到不同的集群。如大数据服务的网络流量特别大，可以打满整个交换机时，可以对大数据和生产业务进行网络交换机的隔离，避免影响业务流量；再如把秒杀等活动的流量引入单独的集群，避免影响不参加活动的其他服务。有时把 VIP 用户流量引导到不同的集群也是一种隔离。
- IO 的隔离。也可以通过隔离设计防止出现网络 IO、磁盘 IO 的阻塞。
- 数据的隔离。数据库的主从实例、分区分片、数据副本的存储需要实现较高程度的隔离，通常要实现大机柜级别的隔离。

2. 几种常见的部署架构方案及可靠性分析

部署架构设计的目的是做到一定级别的容灾。不同部署架构方案的可靠性从低到高有以下几种级别。

（1）集群多副本隔离部署架构

所有应用部署在一个 IDC 的一个集群中，每个服务都部署多个副本，多副本实现了机柜与交换机的隔离。只要机房不出问题则集群是相对稳定的，当前大部分公司均使用这种部署方案。

（2）容灾备份部署架构

备份包括冷备和热备，冷备是指数据存储定期备份或定期同步，而不是实时同步的。应用层保留一套独立部署，但平时不对外提供服务，软件版本可能一样也可能不是最新的。在主机房不可用时，从备份的数据中进行恢复，在集群重新部署最新的软件，然后把流量接入备份集群。冷备架构最大的问题：首先，数据可能是不完整的，容易丢失故障前未同步的数据；其次，长时间处于冷备的集群，一旦要启动起来，很可能发生意想不到的各种异常，要保持两个集群的完整一致性，需要经常演练；最后，恢复过程可能需要停机，因为是冷备状态，需要切换数据、切换流量。

热备是指在另一个机房部署同样一套集群，对数据做实时同步，如图 3-14 所示。如果主机房挂了，可以将备机房快速转为主机房继续提供服务。热备主要用于持续性运行要求较高，不能出现全站长时间不可用的情况。热备是指数据是实时同步的，软件版本也要保持最新，只是不对外提供服务，流量可以切换进入。热备的问题是：需要切换，数据同步会有延迟，可能不是最新的，也可能造成数据冲突。

冷备和热备架构中有一部分资源处于空置状态，造成浪费成本。

（3）同城双活架构

同城双活架构会在可靠性很高的业务中使用，如图 3-15 所示。该架构允许单机房的故障，因为同城的另外一个机房可以同时提供分流服务。这种架构的可用性会高很多，而且不会有较多的资源浪费，但对技术的要求更高。同城两个数据中心的距离比较近，网络线路质量较好，延时较低，比较容易实现数据的实时同步复制，保证高度的数据完整性和数据零丢失。两个机房之间距离一般不超过数十千米，延时不超过 3 毫秒，在某些情况下可以当作一个机房内来用，部分服务跨 IDC 读写也问题不大。

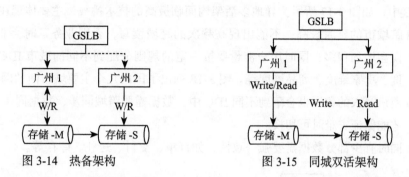

图 3-14 热备架构　　　　图 3-15 同城双活架构

同城双活架构一直在为业务提供服务，如果其中一个发生故障，可以快速切换到另外一个，但可能的风险是这个集群容量不能撑住全部流量。为了撑住流量，必须各自保持 50% 的冗余资源。

同城双活架构的难点主要体现在以下方面。

❑ 数据读写的切分：要实现读写分离，同时能够实现数据层的主从切换。

❑ 灾难时的容灾切换：包括流量的切换和微服务之间的调用，能够实现一键切换。

（4）两地三中心架构

两地三中心架构是在同城双活架构的基础上，在异地再建立一个灾备中心，用于城市级容灾，如图 3-16 所示。当双中心出现自然灾害、城市级、省网故障等问题时，异地灾备中心可用于业务的恢复。异地灾备服务器规模不同，其能承载的流量负载也会不同。因为数据同步问题可能有一定损失，所以在考虑多活的需求中一般会用 3 个以上的活性集群，这样每个集群只需保持 30% 的冗余，但 3 个以上活性集群对业务架构、数据架构的要求又是更高的。

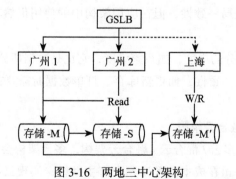

图 3-16 两地三中心架构

（5）异地多活架构

异地多活架构是指在两个以上相隔较远的城市有三个以上的 IDC 机房中，有不少于三个机房同时对外提供服务，当出现城市级网络 / 机房故障时，可以将流量切到其他健康的城市 IDC 中，如图 3-17 所示。异地多活架构面临极高的技术挑战，主要体现在以下方面。

❑ 跨城市的延时较高，不能出现高频次的跨城读写，否则业务延时会非常大，超时错误会增加很多；同时用户流量要按一定的规则分配到不同的城市 IDC 中，如买家维度、卖家维度、商品维度等。图 3-18 列出了国内几个主要城市间的网络延时情况。

❑ 用户写入的数据也会落到不同 IDC 中，数据需要跨城同步，数据同步才能做到多活，才能保证灾难时可切换。

❑ 同时有少部分数据需要强一致性，如订单、支付、送礼、库存等。

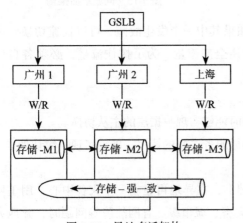

图 3-17　异地多活架构

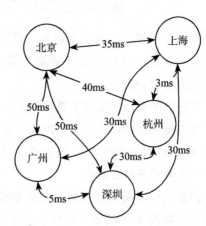

图 3-18　国内几个主要城市间的网络延时情况

可以看出主要矛盾在于流量的跨城切分、网络延时、数据跨城同步及部分数据强一致性要求的矛盾。目前异地多活架构对大部分公司还是技术挑战，仅有一些顶级公司实现了，比如 Google 的 spanner、Facebook 的 akkio、PingCAP 的 TiDB、阿里的 OceanBase 等都实现了一定程度的数据库全局一致性，但在应用架构中的使用仍然非常困难。其关键技术有以下几点：

❑ 选取合适的流量切分的维度，如买家维度，它也是数据切分的主要维度；

❑ 实现部分数据的强一致性，如更新库存、订单数据时需要在主要 IDC 唯一写入，其他 IDC 只读。

（6）多云 / 混合云 / 融合云架构

不少公司都开始实施多云 / 混合云 / 融合云架构，多云架构会带来多个方面的收益，如不会出现厂商绑定，使公司在成本商务谈判上有主动权，实现云级容灾，很好地应对突发流量时自建资源不足的情况。

不同的部署架构是为了实现不同程度的可靠性目标，各种架构方案的技术难点、成本是不一样的，需要根据企业当前的可靠性要求、业务特点、资源成本、技术实力等方面综合考虑，无须刻意追求过高可靠性和过度复杂的架构，无法掌控的架构才是最不可靠的架构。

虎牙长期遵循的实践原则是：常量自建、弹性上云。即用自建 IDC 抗住常态的流量，在多家云上建立可快速伸缩的集群，把活动、高峰突发的流量调度到云上的集群。

3.6.6　基础设施架构的可靠性设计

基础设施架构的可靠性设计主要以物理设备的冗余容错容灾的设计为主。基础设施是软件可靠运行的基础，在上层架构不太好的时候，基础设施会成为最基本的保障。不少互联网平台目前还完全依赖基础设施的可靠性。网络、主机一旦出现异常，业务会马上受到影响，这些业务主要靠基础设施的稳定性提供保障，所以做好基础设施的可靠性设计能减少很多上层问题。

冗余技术是基础设施保证可靠性的基本方法。如果组件 1 中断引起系统故障，则使用组件 2，当然，我们希望它们不会一起故障。我们需要为所有这些场景做计划，通过冗余应对故障。

1. 单机器级的可靠性设计

常见的机器级冗余有磁盘冗余、电源冗余、网卡冗余等。磁盘冗余有多种不同的架构，如 RAID1、RAID10、RAID5 等；主机双电源冗余，高端服务器普遍采用双电源系统，这两个电源是负载均衡的，双电源可以在单电源故障时保证系统还能继续工作；双网卡，实现内外网流量分别走不同网卡，甚至有些为三网卡，可实现带外管理的通道独立。

2. IDC 内部冗余

IDC 内部基础设施通过冗余实现可靠性的常见技术如下。

❑ 电力冗余：主机电源冗余、机房双电、有应急 UPS、配电单元。

❑ 网络链路冗余：有主备路由链路，主备交换机冗余时还可以有内网 + 专线 + 管理网等。

❑ 机柜冗余：同一服务部署的服务器不能在同一机柜中，防止机柜掉电导致完全故障。

❑ 配套冗余：交换设备、路由器、光纤等的冗余。

3. IDC 之间的冗余

IDC 之间的冗余有几种方式：

❑ 同 IDC 多园区；

❑ 同一城市多机房 / 多可用区；

❑ 跨城市多地多机房，也叫多 Region。

4. 多云多 CDN

通过多云的能力实现多云混合云架构，目前这也是比较常见的架构。云厂商的可靠性虽然已经很高了，但仍避免不了故障，为了防止云厂商故障导致公司业务完全中断，可以使用多云的规划。各大城市都有大的云厂商的机房，同一城市不同云厂商的机房的距离很近，用多云做同城多活也是比较好的选择。在这些云之间可以拉专线来保障网络的高带宽、低延时和少丢包。其收益显而易见，挑战也是不少，如实现多云管理、异构云产品的管理、底层不透明、协作困难等问题。

❑ 多云：多云容灾、混合云、融合云等。可利用多云多 Region 实现。

❑ 多 CDN：CDN 是互联网公司平台使用的基本服务，同时采用多家 CDN 是很常见的。

如图 3-19 所示，通过同城 IDC 直接接入 Pop 点实现专线互联，同城 IDC 和云中心通过高速高带宽专线连接起来，通过云专线跨城互联能力实现跨城专线的备份，网络通过路由绕行，通过跨城 Pop 点之间专线互联解决公网不太稳定的问题，实现同一 VPC 子网，通过网络层路由实现绕行能力。

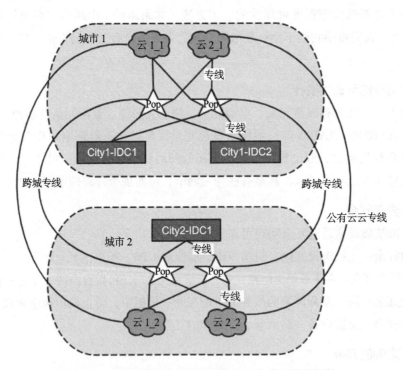

图 3-19 典型的基于多云的两地三中心基础设施架构

5. 靠近用户的基础设施

边缘计算是指利用靠近用户的终端边缘机房（将来可能是 5G 的接入点），把资源、计算下沉，达到对用户来说更低延迟、算力更充足、成本更低的目的。不过使用边缘计算会给管理成本和业务架构带来很大挑战，要做架构适配。

在移动互联网时代，基础设施可靠性不仅要考虑业务后台的硬件，也要考虑用户端的终端设备的可靠性。比如直播平台要考虑主播设备可靠性、用户网络环境可靠性，要考虑主播上行网络的抖动、网络故障等情况，特别是要考虑户外主播频繁走动导致的网络切换或信号被屏蔽、信号变差的情况。主播上行是直播视频流传输架构中最重要的一环，用户端可靠性及其行为对直播的可靠性有重大影响。虎牙在做主播上行可靠性方面有做多种纠错、容错的措施，从主播端和靠近主播侧的基础设施、端上软件都有重点设计，比如主播自适应码率、自动切换上行线路和节点、多路上行、帮主播做网络 QoS 等。在直播上行环节实现多云融合设计，在多云之间无缝切换传输，通过边缘计算来实现最近最快接入直播网络和处理视频。

3.6.7　可靠性相关能力的设计

可靠性相关能力架构还包括保障性能力架构、反脆弱能力架构、修复能力架构、感知能力架构。除了设计和分析能力之外，其他几种能力也需要通过设计来实现，分别是保障能力、反脆弱能力、修复能力、感知能力、管理能力等设计。后面的章节会分别展开来讲述。

3.7　架构可靠性评审

互联网公司大多会对服务架构设计进行评审，有些会对软件功能和性能方面进行评审，也有些会对可靠性进行评审。建议所有的评审都加入可靠性方面的评审过程。可靠性评审是指在架构模型梳理清楚的基础上对可靠性设计工作及结果进行评价和审查。如果 SRE 有可靠性相关架构知识，则他们可以比较明显地看出架构中的一些不可靠的因素。当然，架构师或开发工程师都应该具备这方面的能力，只是 SRE 更加专注在可靠性方面，也更加全局地了解软件的系统架构、部署架构、相关基础设施架构等。

3.7.1　评审目的

可靠性评审是一项重要工作，运用早期监控、发现和专家评分的方法，充分利用专家的技术、经验和知识来弥补开发团队和个人可能的不足和局限。软件可靠性和很多因素有直接关系，比如软件开发水平、管理能力、环境、资源和人员素质等。

可靠性评审可以评价产品设计是否满足可靠性要求，发现并确定薄弱环节以及可靠性风险较高的部位，同时提出改进意见；在早期介入以减少后期修改设计的成本，缩短开发周期，减少总体成本。

3.7.2 评审过程

在架构模型梳理出来之后，画出建模架构图，供其他相关 SRE 同事、研发同事进行了解，而不需要每次跟整个服务的开发人员了解。画出架构图后，SRE 可以根据架构模型去核对当前的监控指标。在一般软件开发过程中，开发人员往往对监控不够重视，此时评审可成为软件可靠性的关键把关动作。一般评审组织过程如下。

1. 明确需求和可靠性目标

首先要明确业务背景、业务需求和可靠性目标。

2. 确定专家组

选定有经验的专家，需要兼顾具备各种经验的人，比如架构师、开发工程师、SRE、数据库工程师等。

3. 研发人员或可靠性架构师讲述

由负责这个产品设计的研发人员或可靠性架构师讲述设计思想和具体技术架构，重点阐述可靠性方面的设计。

4. 评审专家提问、讨论

专家根据经验提出一些常见的问题，并进行提问和讨论。可以参照表 3-9 来评审，特别是关注重点服务、重点功能。比如在监控方面，如果没有监控，SRE 就像盲人一样。所以根据架构图去检查各个层面的监控指标是非常有必要的。发现目前基础设施、系统架构、应用层面监控的缺漏时，要与研发工程师沟通，要求加入更多能让人看到运行状态的日志或上报指标。

表 3-9　可靠性评审的常用评审项

评审项	对标
应用容量	设计容量是多少，数据库的读写容量、性能是否达到要求，各个相关环节是否都能支撑到
应对突发和极端情况	如何应对数据库和应用故障的突发情况，考虑缓存（是否分布式、单节点故障、缓存穿透）、淘汰模型、预热、积压处理、持久化策略
失效转移	应用失效转移、数据库失效转移、消息队列失效转移
发布变更	是否平滑、是否灰度、是否频繁变更
冗余容灾恢复能力	机房、机器、机架、路由、网络线路、电源、CDN、地区容灾等
性能	单机并发容量、业务模型
伸缩能力	应用、数据库、缓存、队列等
其他资源	带宽容量、后台容量
其他问题	其他可靠性相关的问题，如人员、管理、配套工具等

5. 专家对可靠性评审打分并提出改进意见

根据提问和讨论的结果，提出改进意见。

6. 汇总评审结论

由架构师团队进行汇总并提出解决方案。保障团队在这里也可给架构师和开发工程师提出一些与保障性相关的需求。

3.7.3　评审方法

下面介绍几种评审方法。

1. 评分预计法

评分预计法，跟上述风险评估类似，是指通过对影响可靠性的几大因素进行打分，得出可靠性的分数，也可用于评审阶段。常用的考虑因素有技术复杂度、技术成熟度、功能 / 单元使用频次 / 时长（可以理解为重要程度）、环境严酷程度 4 种。每种因素的分数为 1 ～ 10 分。

评分数 = 技术复杂度 × 技术成熟度 × 重要程度 × 环境严酷程度 × 过往故障率

表 3-10 是一个可靠性评分预计法的评分表示例。

表 3-10　可靠性评分预计法的评分表示例

序号	单元	技术复杂度	技术成熟度	重要程度	环境严酷度	过往故障率	评分数
1	单元 1	4	5	8	4	1	640
2	单元 2	9	6	8	3	1	1296
3	单元 3	5	3	7	2	1	210

由表 3-10 可知，单元 2 是风险最高的，分数为 1296，需要给予最多重视。如果有过往故障率，可以再乘以过往故障率来计算。过往故障率一般用于对已经在线的服务做评审，未上线的可以直接计算为 1。

2. 负载压力测试法

负载压力测试是指通过对软件系统施加模拟的工作负载，让系统处于较高压力下，再观测系统的表现，从而预计系统将来在真实的高负载情况下的可靠性。在软件上线前可以进行压力测试，比如 Web 服务用 ab、WebBench 等工具进行测试，数据库、微服务也有对应的单独的压测工具。阿里巴巴每年双十一时都会有全链路压测系统去压测业务系统是否可以支撑预计的业务峰值，当前，业界拥有全链路压测平台的公司越来越多。常见的负载压力测试法有如下几种。

❑ 单实例测试：测试单个实例在各种等级压力下的可靠性，得到上限，估算总容量和可靠性。

❑ 全链路测试：在终端模拟全链路的压力测试，模拟真实用户的访问。

❑ 回放测试：通过回放过往的用户请求日志，放大倍数，模拟较高的工作负载，这种负载更加接近真实场景，模拟更加准确。

用上述各种测试法获知目前单实例或集群能够支撑多少访问量，输出的压测报告是评审材料之一。

3. 分级评审检查

很多公司都有自己的架构稳定性 / 可靠性的要求，如那些经过验证的较为成熟的实践、统一的部署规范、接入公司的公共组件等。把架构要求、经验实践和可靠架构的知识形成《评审标准表》，供设计时自查和架构评审使用。不同业务对可靠性要求是不一样的，可以对这些可靠性要求进行分级，如分 1 ~ 4 级，从 3 个 9 到 5 个 9，每个阶段对应不同的可靠性要求。以亚马逊需要达到的可靠性级别为例，表 3-11 是以其实际业务为基础设计的评审标准。

表 3-11　基于 AWS 的业务可靠性的评审标准（内容有裁剪，来自 AWS 文档）

主题	实现 99.9% 可靠性	实现 99.99% 可靠性	实现 99.95% 可靠性	实现 99.999% 可靠性
适应需求	ELB Multi-AZ RDS	ELB Multi-AZ RDS	自动缩放应用层的 ELB 可伸缩 Multi-AZ RDS 区域之间的静态稳定性	自动缩放应用层的 ELB 多 AZ RDS 弹性；在区域之间同步以获得静态稳定性
监控	只接受站点健康检查；当服务关闭时发送警报	关键绩效指标的健康检查；配置警报	运行状况检查和关键绩效指标；配置警报，警告所有失败	运行状况检查和关键绩效指标；配置警报，警告所有失败
部署变更	自动部署，runbook 回滚	通过金丝雀或蓝绿自动部署，检测到问题时自动回滚。部署由隔离区进行	通过金丝雀或蓝绿自动部署，检测到问题时自动回滚，每次在一个区域的一个隔离区域进行部署	检测到问题时，通过金丝雀或蓝绿自动部署和自动回滚，一次部署到一个区域中的一个隔离区
备份	通过 RDS 进行自动备份，以满足 RPO 和 runbook 的恢复要求	通过 RDS 进行自动备份，以满足 RPO 和在演练日中进行的自动恢复	通过 RDS 在每个区域进行自动备份，以满足 RPO 和在演练日中经常进行的自动恢复	通过 RDS 在每个区域进行自动备份，以满足在演练日定期实施的 RPO 和自动恢
灾难恢复	通过 RDS 加密备份到相同的区域	通过 RDS 加密备份到演练日中使用的相同区域	在两个区域之间进行复制。恢复是当前活动的区域	在两个区域之间进行复制。恢复到当前活动的区域

3.8　可靠性预计

可靠性预计是指通过已知的信息预计出可靠性的水平，可以在各个阶段进行预计。在设计阶段，通过可靠性预计可对设计的结果与期望要求的可靠性指标进行对比，看是否达到规定的要求。通过不同方案的预计值的对比，选择优化方案。在开发阶段，可以通过预计发现薄弱环节，加以改进。在改进阶段，可以预计改进措施是否得当，验证改进是否有效；在评审阶段，可以通过预计了解设计的结果是否满足要求。

如何在早期尽量把稳定性、可靠性做好？在早期就开始关注稳定性，可靠性预计与评审就是在实现之前对架构设计进行分析，包括从架构的高可用、资源的稳定性、冗余容错的角度分析。可靠性预计也是对已有的业务做好对可靠性的分析，以及对风险点的识别。

前面我们进行了可靠性建模，明确了产品的定义，架构、功能、接口、故障定义等，画出了功能架构图和可靠性架构图。这些都是前面环节的输出产物，到了评审环节就是通过分析模型找到其中的风险点和单点的功能。评审结果是在可靠性分析的基础上要重新做可靠性分配，发现和定义脆弱的点，发现目前风险最高的几个环节并定位出来，同时推动实行高可用相关改造。目的是发现和评价产品/过程中潜在的不可靠的模块和后果，找到避免和减少这些潜在失败的措施，从而提升可靠性。

3.9 本章小结

本章主要介绍可靠性设计的基本思想、重要性，以及设计的原则，可靠性设计的避错、容错、查错、改错的设计方法。

软件可靠性设计和分析有重要目的和意义，软件可靠性设计的目的就是通过体系化的方法论和过程，提升可靠性，为最终用户提供可靠的服务，为企业带来利润，提升技术影响力，减少因为不可靠导致的经济损失、品牌美誉度损失。

可靠性观测能力建设与实践

本章所讲的可靠性观测能力，是指在复杂的软件系统中能及时、准确感知到服务状态，特别是异常或故障的发生，确定异常的影响范围，确定异常部位边界，判定异常点位，并由相关人员或软件做出准确决策的能力。本章将首先介绍软件系统观测能力的概念，分析其与一般性监控的区别与联系；然后介绍排查、监控、观测技术的发展，讨论观测能力在软件持续运行及故障前后各种场景中的作用与用法，接着讲述如何设计和建设观测能力、如何定性 / 定量地评估观测能力，这些都是当下业界讨论较少的方面；最后会分享几个观测能力建设的实践案例。

通过阅读本章，读者可以更加系统地理解软件 APM、链路追踪、日志、AIOps、DataOps、可观测性等技术，它们的目标都是加强软件可靠性的观测能力；也可以重新认识自己当前的监控和告警系统，以定性 / 定量的方式重新评估相关系统的能力水平。对于本章在加强观测能力建设方面的一些新思路、实践案例，有些可以直接拿来参照使用。

4.1 建设观测能力的目的

互联网业务的其中一个特点是架构复杂且用户随时随地都在访问，而这些服务背后的技术人员却不能每时每刻使用或盯着自己负责的服务，所以需要增加很多监控来帮助他们尽早发现问题并告知异常。观测能力不仅可以用于故障定位，也可以用于分析用户体验和代码性能，以便在工程师需要的时候能分析、定位异常的根源，帮助做出判断和决策。可以说，大部分严重故障都是因为发现太慢或定位时间太长导致的。

1. 复杂系统的监控面临挑战

大型互联网软件系统的复杂度越来越高，成千上万的微服务互相依赖，部署在数千甚至数十万级的服务器节点上，任何一个服务、节点异常都可能体现在用户端上。一个模块的错误可能被传播到很广的范围，如一个网关错误可能影响一大片服务、一个微服务故障可能导致依赖它的所有服务超时。与传统的以基础运维资源为主要监控对象的监控方法相比，可观测性重点监控的对象发现了变化。随着云原生、微服务的发展，软件架构变得越来越复杂，关注用户遇到的问题往往比关注基础设施的故障更有价值。业务逻辑越来越个性化，每个用户请求所经过的处理链路都可能大为不同，多个用户请求可能被分发到不同的集群和服务节点。在理想状态下，只要影响到用户的异常都应该能被工程师及时发现并准确定位，而系统和业务的复杂性导致发现并定位变得极为困难。可观测性是从一个应用和业务的视角出发关注系统的可靠性。

2. 观测能力是一系列能力的综合

传统监控一般是指对系统指标和软件指标的监控，如 CPU、内存、磁盘、网络等。某个指标超过阈值后告警，由工程师通过查看监控系统和日志了解系统及软件状况，后来出现了 APM 及调用链等能了解软件内部运行及互相间调用质量的技术，业界把它们与指标监控、日志合并称为可观测性的三大支柱，期望对离散的监控信息做统一规范、互相关联。本章所讲的观测能力不局限于监控告警、日志、链路追踪等，也包括多种场景的异常检测、综合诊断、大盘分析等。良好的观测能力能帮助工程师快速发现并排查问题，得出结论，做出合理的决策。

软件系统的感知与人的感知类似，人通过眼睛进行视觉感知、通过耳朵进行听觉感知、通过舌头进行味觉感知、通过鼻子进行嗅觉感知、通过皮肤进行触觉感知。举个例子，我们坐在火堆旁看到火苗会随风摇曳，看到火苗是红色的，脸部会感到灼热，火星跳到皮肤上会有灼烧痛感，耳朵能听到火烧木头啪啪作响，鼻子能闻到烧焦的味道，耳朵能听到旁边人的说话声：我们通过多种人体感官来立体地感知火苗。更进一步，当感到温度正常时，我们会继续快乐地围坐在火堆旁；当感到温度太高时，我们会自然退后或避开；这其实已经是从"感知"到"决策"的过程了。再比如，有些水果内部腐烂了，但通过视觉看不出来，只有通过味觉或嗅觉才能确定这个水果已经坏了。对一个复杂的软件系统也是一样的，当系统出现异常变化的时候，工程师需要通过各种方式感知到异常，进而准确决策并快速处理以缩短故障时间。再以汽车自动驾驶技术为例，该技术普遍需要用到多种传感器，如惯导传感器（IMU）、激光雷达、毫米波雷达、摄像头、卫星定位传感器等，以满足汽车定位、测距、测速、识别障碍物等场景的可靠感知需求，在极短时间内完成互相协作、数据融合，帮助汽车控制器做出准确决策。

3. 观测能力是产品内在特性和支撑能力的结合

过去一般认为，软件研发人员主要负责编写业务逻辑代码，监控是运维工程师的工作；软件可靠性工程则认为，观测能力应该是软件产品的内在特性，其目的是为产品故障发现、诊断、修复提供方便。软件设计和开发时应该提供错误监控、性能监控、状态监控、外部监控等监控功能，通过打印日志、上报数据、提供被探测服务等方式暴露监控信息。观测能力也依靠与相关功能配套的软件服务，如监控上报服务、数据存储服务、异常检测算法、监控图表平台等。工程师综合应用上述功能及服务，才能及时准确地确定各个单元的工作状态（包括正常、异常、质量下降程度等），在众多单元中快速找到造成故障的异常单元。SRE 要在软件设计开发阶段与研发人员合作，加入可以观测软件及业务服务状态的特性，建设好完善的上报规范与上报系统，收集内外部观测数据，通过算法或人工观测来准确感知到系统状态。

4. 几个与观测能力相关的问题

在故障事后复盘时常见的问题及典型回答的场景列举如下。

❑ 有监控吗？有。为什么没有发现？因为没有配置告警。

❑ 有配置告警吗？有。为什么没有及时告警？因为阈值不合理。

❑ 有告警短信吗？有。为什么没有处理？因为告警太多，被忽略了。

❑ 有收到告警短信吗？有。为什么没处理？因为半夜睡着了，没看到。

❑ 有告警吗？有，为什么没处理？因为项目换人了但告警设置没有改，新的负责人没有收到。

❑ 为什么故障持续那么长时间？可能是因为分析定位涉及 N 个团队，他们各自分析花费了太多时间。也可能是因为监控系统太难用或者监控系统也挂了。

❑ 为什么定位慢？因为监控靠人工分析，只有某个人熟悉。

❑ 质量退化了为什么没发现苗头？因为只有严重超过阈值才会告警。

❑ 能随时观察到质量情况吗？太多指标出现异常，要看十几个监控页面。

以上种种都说明观测能力出现了问题。常见观测能力不足的现象可以分为几类：缺少数据或数据散乱、分析处理能力弱、被动观测和人没有感知。

（1）缺少数据或数据散乱

没有采集数据：未对检测点采集数据、打印日志。

数据散乱或未经处理：原始数据存储在本地服务器，有些存储在日志系统，有些存储在监控系统，相关人员不知道到哪里查看。

数据互相孤立：数据无法关联或没有关联起来，无法汇集在一起查看。

（2）分析处理能力弱

分析处理能力弱体现在以下两点。

分析能力不足：如采集了海量的数据但因为分析能力不足而找不到异常信息或效率较低，这可能是因为固化的图表、仅支持单一的条件导致不能灵活探索式分析，也可能是因为检测算法算力不足，只能靠人工逐个分析处理。

管控系统割裂：常见的情况是公司有很多套监控系统，监控信息分散在割裂的各个系统，系统之间的用户账号、权限、各种操作习惯都不一样。为了分析同一个异常问题，工程师需要在每个系统进行复杂操作才能找到对应的监控图表和需要的信息。例如在故障应急处理时处理人员找不到相应的入口，记不住大量互相孤立的系统和图表，影响故障定界定位的效率。

（3）被动观测和人没有感知

工程师希望系统发生异常后能被自动检测到并通知到人，但现实中经常出现以下两种情况。

被动观测：例如有海量数据但没有主动检测，需要工程师通过其他途径发现并探索分析才能找到它们，不去分析则这些数据将被淹没在海量数据中。或检测算法无法准确诊断、做出判断决策，如能检测到多个指标发生异常，能看到相关性但分析不出因果关系、先后关系，还得依赖工程师去判断、决策。

人没有感知的问题：监控系统也经常出现如下情况，包括没有进行监控或没有配置告警；虽然检测到异常但由于告警策略问题导致没有及时告警；检测到了异常并告警，但异常点太多造成接收人麻木，工程师收到告警的速度比用户报障还慢；无法准确区分告警信息的重要性。这些问题都会导致工程师没有感知到问题，延误后续的应急响应和故障修复。

4.2 排查、监控、观测技术的发展

随着互联网基础设施从物理机、中等规模的虚拟机演进到大规模的容器，应用程序从单体、分布式发展到微服务，监控所关注的对象从简单的单个对象扩展到软硬件集群，再到整体业务端到端的整个链路，监控技术也在各个方向有了新的发展。常见的监控技术包括日志分析、链路追踪、指标监控、健康检测、综合诊断等。工程师监控和分析异常的方法的发展经历了从登录服务器排查、集中式监控到建立统一可观测性的三个阶段，下面简单介绍。

4.2.1 登录服务器通过系统命令排查问题

互联网早期工程师排查问题的方法都是这样的：登录每台服务器，执行系统命令获取主机状态信息或某个指标信息，在监视器查看 Shell 输出。在互联网平台发展早期，运维机器和服务规模较小的时候，更多是依靠有经验的工程师熟练使用系统命令，在适当时使用

对应命令及参数组合来实现信息的快速获取，复杂一些的场景则需要辅助 Shell 编程能力来实现。排查故障与分析问题是软件开发和运维工程师最重要的技能之一，排查技术经历了一个漫长的发展过程，接下来简述这些技术。

早期大多数工程师都通过登录服务器来排查问题，排查时会用到各种系统命令和脚本，常见的命令有 top、ps、vmstat、netstat、free、du、df、lsof、jinfo、jps、jstat、jmap、jstack、ss、ip 等。工程师会用这些命令来查看系统 CPU、内存、网络、应用服务的接口请求量、资源使用率等指标。下面列举一些我记录在知识库中的常用命令。

1）与硬件相关的常用命令列举如下：

❏ #uname -a # 查看内核 / 操作系统 /CPU 信息

❏ #head -n 1 /etc/issue # 查看操作系统版本

❏ #cat /proc/cpuinfo # 查看 CPU 信息

❏ #hostname # 查看计算机名

❏ #lspci -tv # 列出所有 PCI 设备

❏ #lsusb -tv # 列出所有 USB 设备

❏ #lsmod # 列出加载的内核模块

❏ #env # 查看环境变量

2）与资源相关的常用命令列举如下：

❏ #free -m # 查看内存使用量和交换区使用量

❏ #df -h # 查看各分区使用情况

❏ #du -sh < 目录名 > # 查看指定目录的大小

❏ #grep MemTotal /proc/meminfo # 查看内存总量

❏ #grep MemFree /proc/meminfo # 查看空闲内存量

❏ #uptime # 查看系统运行时间、用户数、负载

❏ #cat /proc/loadavg # 查看系统负载

3）与磁盘及分区相关的常用命令列举如下：

❏ #mount | column -t # 查看挂接的分区状态

❏ #fdisk -l # 查看所有分区

❏ #swapon -s # 查看所有交换分区

❏ #hdparm -i /dev/hda # 查看磁盘参数（仅适用于 IDE 设备）

❏ #dmesg | grep IDE # 查看启动时 IDE 设备检测状况

4）与网络相关的常用命令列举如下：

❏ #ifconfig # 查看所有网络接口的属性

❏ #iptables -L # 查看防火墙设置

- #route -n # 查看路由表
- #netstat -lntp # 查看所有监听端口
- #netstat -antp # 查看所有已经建立的连接
- #netstat -s # 查看网络统计信息

5）与进程相关的常用命令列举如下：

- #ps -ef # 查看所有进程
- #top # 实时显示进程状态
- #vmstat 2 5

想要每次写对这些命令及参数并不容易，可以将它们记录在知识文档中，在有需要时复制出来执行即可。举例来说，我曾记录了一条常用命令，其作用是排查单台服务器按对端 IP 连接数的排行。

netstat -ntu | awk '{print $5}'| awk -F: '{print $1}'|sort | uniq -c | sort -rn|head -n 10

1. 排查日志

通过日志排查程序错误是最直接的手段，丰富的日志总会暴露异常状态的蛛丝马迹。为了暴露程序状态、运行过程数据、异常事件、错误等，软件会打印大量日志，操作系统也会产生大量日志。工程师登录服务器找到对应的日志文件，通过 cat、tail、head、grep、sed、awk 等命令与正则表达式的组合来做实时分析。日志也能在经过统计计算之后输出一些有价值的信息，如 Web Server 日志，SQL 慢日志都是重要的分析异常的信息源。举个例子，用于分析 Nginx 错误日志的脚本如下：

cat error.log |sed -e '0,/05\/30/d' |sed -e '/05\/31,$/d'|sed -n -e '/upstream/p'|tail

2. 健康检测

健康检测方法常被用于最基本的可靠性监控，如数据库的进程存活、应用软件进程是否存在、注册到中心的服务节点是否存活、网络连通性等。常见的健康检测包括如下内容。

- 检查进程存活：进程不存在或数量少了则发出告警，或直接拉起。
- 网络连通性：通过对网络对端进行拨测，如用 ping、telnet、ssh 等命令检测网络连通性、耗时、丢包等。
- 内部监控状态：对被监控的对象软件提供拨测服务，如提供 /status 接口返回服务状态信息，提供 /monitor 页面返回服务状态，在服务外部通过 curl、wget 等方式进行检测。
- 心跳检测：持续地对监控对象发送 ping/pong 等心跳信息，若心跳信息接收正常则证明连接还存活着，否则判定连接已经断开。
- 检测端口存活：通过 telnet、nc 等命令对服务监听的端口进行存活探测。

3. 登录服务器进行手工分析的问题

当机器数量在数台至十几台时，登录服务器手动执行命令是比较常见的问题排查方法。随着互联网软件服务器规模的不断增长，运维工程师已无法仅通过人工查看大量的日志或监控数据。这是因为，首先，需要人工登录服务器，而且一次只能排查一台，排查效率低下，无法满足大规模服务器和软件的运维需求；其次，数据处理效率低，通过命令和脚本处理日志效率低，需要熟悉系统和软件的日志位置，无法在多个节点间汇总日志，单机不能长期保存数据；再次，容易出现错漏的情况，通过手工命令排查问题比较考验工程师对命令的熟悉程度，运维工程师需要记录大量的命令、参数、脚本等，比较容易出错和遗漏重要信息。

4.2.2 集中式监控系统与日志系统

登录服务器通过手动执行系统命令或查看本地日志文件的排查方式的效率都不高，于是出现了"集中式"的监控系统和日志系统，对分布式的日志和监控指标进行统一采集、集中存储，然后通过监控大盘来查看。此处所说的集中式是相对于数据散落在各台主机本地而言的，集中式的监控或日志系统的底层大部分也是分布式的集群。

1. 集中式指标监控

对系统或应用程序的状态信息进行周期性采集，形式一系列的时序指标，如某一分钟的并发请求数或某一分钟的 CPU 利用率。对这些指标（Metric）信息统一采集、集中存储，然后通过统一的 WebUI 去查看。Zabbix、Open-Falcon、Nagios 等是集中式监控软件（系统）的代表。工程师通过监控系统的图表就能查看所有机器和组件的状态信息，更直观、方便，同时也降低了对记忆大量 IP、服务名、系统命令的要求。监控系统的监控指标可以分为以下几类。

（1）基础指标监控

系统层监控：主要包括主机／虚拟机／容器等的 CPU 利用率、内存、磁盘 I/O、内核状态等指标。

网络层监控：包括网络丢包、耗时、带宽等。

常见的基础指标有 60 多个。

（2）中间件／组件指标监控

大型的互联网系统中会引入各种组件，常用的有 MySQL、Redis、ElasticSearch、Kafka、各类消息队列、Nginx、JVM 等，还包括负载均衡、网关服务、CDN 等相关组件，这些组件是系统的重要组成部分，做好对这些中间件的可靠性和性能的监控也成为 SRE 的工作重点之一。

（3）应用程序／微服务指标监控

应用层监控主要是对分布式微服务的 RPC 调用进行监控，如对 Spring Boot、Dubbo 自研框架等微服务框架中的微服务调用（如 RPC 调用）进行监控。按 Google SRE 提出的四大黄金指标对常见的应用程序/微服务指标进行分类，分析如下。

- ❑ 延迟：请求需要的时长。延迟的增加可能带来整体容量的下降。
- ❑ 流量：并发请求数、并发 IO 速率、并发交易数等。
- ❑ 错误：错误率、错误数，包括技术错误（无法响应或超时）和业务错误（正常响应，返回错误内容）。
- ❑ 饱和度：吞吐饱和度、耗时、并发请求量等。

业界还有几种其他指标分类方法，如 RED 表示法和 USE 表示法。RED 是 Rate、Errors、Duration 的首字母简称。Rate 表示请求速率，例如单位时间内的请求数；Errors 表示请求错误或失败的数量；Duration 表示请求的耗时，一般用分位值或平均值表示。USE 是 Utilization、Saturation、Errors 的首字母简称。Utilization 表示资源利用率、繁忙程度，一般用当前消耗程度与所能承受最高负载或最大容量的比率表示；Saturation 表示资源被使用的饱和度或过载程度，通常过载后会进入队列等待，可理解为"请求积压"的程度；Errors 表示错误。

（4）业务指标监控

业务指标包括用户行为分析、用户体验、应用性能、端侧性能等，用户直接使用的各个服务功能都对应一个或多个质量指标，由 SRE 把它们转化为软件服务的可靠性指标。通过指标来确定业务是正常还是异常/故障，用数据来确定问题的严重程度、持续时间和范围。如视频的核心指标有秒开率、黑屏比、卡顿率、端到端延时等。每个业务的指标可能不一样，具体指标的选择和定义需要 SRE 跟业务方、研发架构师讨论确定。业界通常把这些指标称为 SLI（Service Level Indicator，服务等级指标）。常见的业务 SLI 包括如下内容。

- ❑ 用户相关：用户常规使用的功能服务是否正常，如首页、列表、搜索、订阅、关注等页面或接口服务。
- ❑ 营收相关：包括充值成功率、送礼成功率、优质发货、订单数量、销售额等。
- ❑ 登录功能：登录成功率、注册成功率等。
- ❑ 主播端相关：开播成功率、开播数等。
- ❑ 用户情况：观众在线人数、主播在线人数等。
- ❑ 音视频质量：卡顿、黑屏、秒开等指标。

2. 集中式日志系统

绝大多数的软件都会打印日志。常见的日志包括系统日志（syslog）、用户访问日志（access log）、异常/错误日志（error log）、调试日志（debug log）、栈日志（stack log）等。从形式上有纯文本日志、结构化日志、二进制日志 3 种。这些日志原本由系统或软件产生并存储在本地服务器，由集中式日志系统把这些日志收集到一个巨大的分布式存储系统中。

集中式日志系统一般包括规范日志、采集日志、清洗过滤、存储、交付、使用等模块。

常见的集中式日志系统有 ELK/EFK、Splunk、SumoLogic、Loki、Loggly 等。但是对于很多中大型公司来说，EFK 等开源组件已经不能满足其工作需要，它们会基于多种日志技术及组件进行组合，形成自己的日志系统。一个较为典型的日志系统架构如图 4-1 所示。

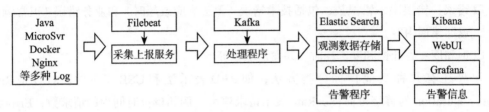

图 4-1　典型的日志系统架构示意图

3. 链路追踪

分布式微服务之间的调用关系很复杂，故障传播、互相影响也是其故障的主要原因之一。在业务规模不断增大、服务不断增多且频繁变更的情况下，复杂的调用就带来了一系列问题：在发生故障时如何快速分析是哪个或哪些服务出现了问题？如何判断故障影响范围？如何梳理服务依赖以及依赖的合理性？如何分析链路性能问题以及了解链路级的实时容量是否超载？是否应该扩容？链路上的哪些微服务应该扩容？一个业务功能可能需要调用几个甚至几十个微服务才能实现，还依赖多个中间件，如前面依赖 CDN、负载均衡等接入服务，底层依赖与微服务同等数量的服务器或容器。如果一部分用户报错，传统方法是逐个排查服务、排查服务器 / 容器、看指标及日志，但因为数量太大，很难在短时间内定位问题，所以追踪服务相关的多个指标、跨多个服务排查问题成为紧迫需求，于是链路追踪（Tracing）技术诞生了。

（1）链路追踪系统

在微服务架构中，常用的开源链路追踪工具包括 Jaeger、SkyWalking、Pinpoint、Zipkin和 Spring Cloud Sleuth 等。此外也有 OpenTracing、OpenCensus OpenTelemetry 等项目提供了厂商无关的标准框架和协议。这些工具和标准被广泛应用于微服务环境中，以监控、诊断和优化分布式系统的性能和可靠性。业界也有不少公司研发了自己的全链路追踪平台。如图 4-2 所示，其总体思路是从请求发起端到后端数据库存储层，所有层都通过一个 TraceId串起来，其间经过的每个节点叫作 Span，调用的耗时、错误等信息均附属在节点上，从而实现对一个请求全链路的追踪，查看请求的调用关系、每个环节的失败耗时等关键信息。

（2）进行全链路异常分析

通过在调用链上查看各个环节之间实时的调用指标数据，如错误率、耗时等，可以分析某个节点的异常；通过查看某个具体请求的调用过程，可以分析某个环节上微服务内部过程的调用栈，调用栈的每一个请求的耗时、次数等。

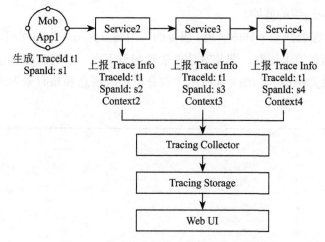

图 4-2　典型的全链路追踪系统的架构图

1）系统链路级观测。

完整的调用链也可对整个软件系统（如开播服务、购物车等）或某个核心服务（如登录、下单）进行全链路的宏观观测，这种监控视角有时也叫全链路监控。全链路监控既可以展示整个链路所代表的全局性指标，如登录成功率，从全局的视野较好地观测分析整体服务的异常，又可以观测链路所经过的调用环节，集中展示跨应用的所有监控数据，比如每个微服务的 QPS、延时、错误次数、错误率等。结合链路调用关系，还可以查看服务异常的聚集性、相关性，如问题可能集中在某些主机、Set（Set 是指把在业务流程上关系紧密的一组服务部署为一个逻辑集群，一般在物理上与其他 Set 相互独立）、分组、接口等维度，如图 4-3 所示。

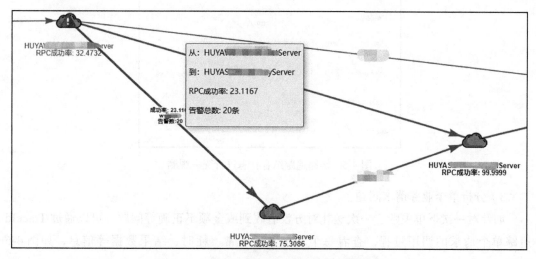

图 4-3　在复杂的服务调用链中发现某段异常

2）系统内部应用级的监控。

典型的链路追踪能把某个具体应用 / 服务的调用栈及其每一步的调用过程直观地呈现出来，帮助我们观测到请求链路，即使对软件逻辑细节不太了解的工程师也能在复杂调用关系中追踪和定位故障根源。如图 4-4 所示，在分析耗时信息和超时错误时，直观的瀑布图就很有帮助。

请求URI	状态	服务	主机	远端主机	耗时(ms)	返回码	业务码
/mobil...ackinfo	❶	huya.ac	14.150.2...	121.32...	3095	2 ❓	-1
˅ getM...Info	✅	HUYAS...ProxyServer	10.112.1... 10.112.17...	10.66.2...17693	3049.846		
˅ getM...info	✅	HUYAS...leUIServer	10.66.20...693		3049.034	0	
˅ getM...kInfo	❶	HUYAS...leUIServer	10.66.20...693	10.67.1...:6324	3048.632	-99 ❓	
˅ getM...ackInfo	✅	HUYAS...hPlaybackServer	10.67.15...324		3081.148	0	
˅ getLi...egment	✅	HUYAS...hPlaybackServer	10.67.15...324	10.67.1...):18801	3080.851	0	
˅ getLi...ment	✅	HUYAS...InfoServer	10.67.15...8801		3.548	0	
˅ get...rdHls	✅	HUYASZ...InfoServer	10.67.15...8801	10.66.1...12189	1.871	0	
˅ get...Hls	✅	HUYASZ...aUIServer	10.66.15...189		1.422	0	
˅ getI...fHls	✅	HUYAS...aUIServer	10.66.15...189	10.67.2...):4737	1.249	0	
˅ get...dHls	✅	HUYASZ...ecordServer	10.67.21...4737		0.9	0	
˅ getS...lthVer	✅	HUYASZ...ecordServer	10.67.21...4737	10.67.2...:10007	0.593	0	
˅ get...lthVer	✅	ache.I...oxyServer	10.67.24...10007		0.384	0	

图 4-4　以瀑布图观测链路追踪信息

除了节点指标，还能根据调用关系的节点信息找到与某个节点相关的节点 / 模块的指标及日志监控，把节点的所有观测数据关联起来，并用一种低成本的方式呈现，实现技术细节的探索，如图 4-5 所示。

server:HUYASZ.VideoListProxyServer

				×
Span信息	Tags	Logs	logsearch日志	

开始时间	时间差 (ms)	日志
2022-06-...567725		{"event":"client->Transceiver::send"}
	3045.84	
2022-06-...613565		{"error.kind":"sys","event":"rpc_timeout_exception"}
	0.009	
2022-06-...613574		{"event":"RecvFinish"}
	0.816	
2022-06-...34.614390		{"event":"AsyncThreadPop","asyncQueueSize":"0"}

图 4-5　链路追踪结合日志进行统一观测

3）分析单个业务请求问题。

如针对一次下单失败、一次送礼对方没有收到或金额不正确等问题，可以通过 TraceId 追踪单个请求的调用过程，查看每个环节是否正常、耗时、结果数据等信息，如图 4-6 所示。

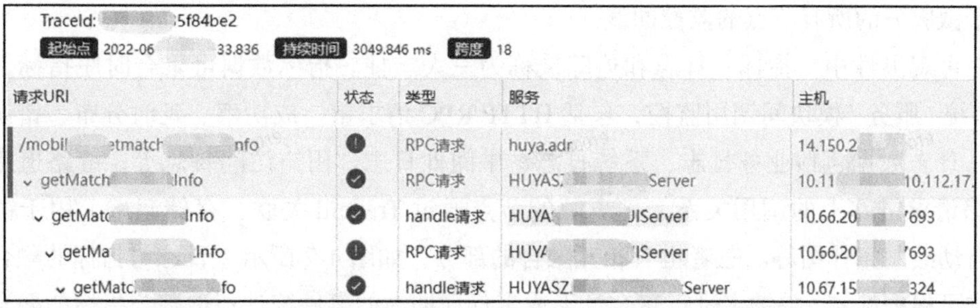

图 4-6　某个请求的调用栈图，调用栈呈现单个请求的追踪信息

调用链不局限于模块间的调用关系，也涉及模块内部逻辑与函数的调用关系。此外，Linux 系统的 Profiling、Strace、Tcpdump 工具，Java 的 Stack，PHP 性能测试工具 xhprof，浏览器资源加载时序图，单个请求加载时序图等都是追踪领域的相关技术。

4.2.3　可观测性

可观测性相对于传统监控最大的变化是，处理的数据从以指标为主扩展到把指标、日志、追踪等技术整合在一起。而随着微服务架构的发展又出现了云原生的链路追踪技术，实现了微服务多节点的多指标监控。近期由多种技术组合而成的可观测性技术也成为热门的话题。

1. 指标、日志、追踪技术独立发展的问题

指标、日志、追踪三种技术是独立发展的，但是人们后来发现在排查问题时往往会同时用到三者。随着 Docker、Kubernetes、Service Mesh 等云原生系统架构的发展，基础设施层的规模变得更加庞大，对应用层工程师更加黑盒化，使得工程师们无法再按照传统排查单台主机及其上面运行软件进程的方式进行问题定位。日志、微服务监控、系统监控、调用链追踪各有一套系统，各自采集各自的数据，系统和数据是相互孤立的；各个模块间的关系模型孤立，微服务上下游的指标监控自动关联分析能力不强，上下层模型从业务监控、应用监控到基础监控无法串联起来。所以把三者有机结合起来，建立统一的可观测能力成为业界的共识。

2. 可观测性的三大支柱的关系

可观测性概念整合了监控和排查问题所用到的技术，试图解决多种监控技术独立建设、互相隔阂的问题，也就是说，通过全局视角集中呈现多种监控数据，展示整个系统的状态，而不再需要工程师分析大量单点问题。如把监控指标及日志与调用链的 TraceId 及 SpanId 关联起来，可以改变过去按微服务或按机器进行离散分析的问题，从而实现按某些高层视角（如系统 / 服务 / 模块 / 微服务 / 技术特征等）在全局视野中做探索式分析。例如一次性观

测某个微服务的所有节点的监控曲线。

在可观测性中，指标、日志和追踪被称为三大支柱。指标数据可聚合时序指标，用于端 / 系统 / 服务 / 模块间调用监控，包括 HTTP/RPC 请求量、成功率、延时分布、错误码分布等；日志数据包括业务日志、系统日志、中间件日志、用户访问日志等；链路追踪主要是跟踪请求链路上的调用关系，把离散的节点通过 TraceId 关联、存储起来，用于链路跟踪、自动绘制拓扑图等。三者也有相互融合的部分，如图 4-7 所示。日志与指标的融合：事件日志可根据标签 / 关键字进行聚合，形成事件周期内的事件统计；追踪与指标的融合：一条链路上任意节点之间的调用结果指标都可以在一个视图上看到，而不是一个个服务离散地看监控；追踪与日志的融合：在请求链路范围内发生的事件，在链路视图上可查看任一节点对应的服务产生的日志。

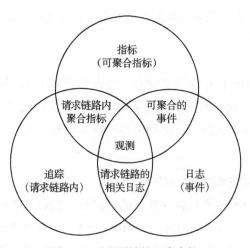

图 4-7 可观测性的三大支柱

链路追踪技术实现了关联关系、依赖关系的自动建立，从链路的横向视角可观测聚合指标、相关事件的日志详情，可把日志通过聚合形成类似指标的视图，帮助我们分析其规律等。通过链路关系，还可以关联更多的可靠性数据，如告警信息、负责人、对应主机信息、网络部署位置等。通过建立观测大盘，我们可方便地在多种信息之间进行高效跳转，打通各个支撑管控系统。Prometheus、Open Telemetry、SkyWalking 等都是常见的可观测性开源软件，同时也出现了 DataDog、观测云、阿里云 ARMS 等商业产品。

4.2.4 观测能力与监控

当前日志技术、指标监控、调用链等方向都发展出了一些成熟的开源产品，而云原生监控和可观测性技术还在发展中，虽明确了统一观测相关数据的方向，但相关技术尚不够成熟，应用还不够广泛，仍然没能很好地满足复杂软件的需要，而且可观测性的讨论和理论也没有完全解决系统监控相关的所有问题。换句话说,当前的观测能力与监控未能明确如何应用到业务及对观测结果负责。

首先,可观测性讨论了数据处理规范和统一的可视化,包括采集、数据收集、数据源、存储、可视化等组成部分,但没有讨论如何用好这些数据以及数据如何有效工作。如OpenTelemetry重点关注观测数据的数据模型、采集、处理、导出,对观测数据如何使用、如何达到业务效果的关注还不够。采集的数据不仅能用于观测,还能用于自动化的分析决策,作为监控告警的条件;但是即使用于监控分析,目前的讨论也是对各个系统进行单个讨论或是讨论某个具体软件的自身技术和使用。

其次,在应用方面还偏重技术,较少讨论具体应用。业界的讨论往往限于具体软件如何使用,结合场景的方法较少,不好实践落地。同时,讨论中也较少讲到如何通过这些软件实现复杂系统的观测能力。监控相关技术是复杂的,而IT行业是一个注重实践的行业,一般一旦开始讨论某些技术,如监控、观测,就会很容易涉及某个软件的架构、安装、配置、使用等。但是,目前可观测性的讨论还主要集中在规模化带来的数据采集、存储问题,较少讨论如何在复杂系统的可靠性保障工作中应用并达成效果。所以,观测相关技术首先要结合可靠性保障的相关场景才能有效工作,否则就犹如只讲武器性能却不讨论成军作战,这肯定是不行的。

然后,当前业界往往是将监控作为辅助手段,但笔者认为监控观测感知系统要对可靠性的感知结果负责。观测能力是可靠性的核心能力,必须能用量化指标去评价企业的监控系统及观测体系的好坏。

4.2.5 建立综合的观测能力

仅有观测能力(这里指狭义的观测能力)还不足以满足复杂系统可靠性的要求。我们需要把软件系统的可观测性再进一步升级到更为全面的感知能力。如图4-8所示,感知能力与监控、观测能力有一些区别,它们属于不同层级的技术。本章会尝试对三者做出一些探索、思考、整体性地阐述。感知是通过所有手段、方法,清晰准确地了解可靠性的变化。监控是一种技术,包括指标、日志、健康检测、事件等,强调有这些数据和信息;观测除了强调有数据之外,还强调对已知数据的利用与探索,能通过多维度的分析做出一些假设进行对照、验证等。观测能力不是某个单一的技术,是多种技术、方法、数据、算法的应用。

1. 高级的观测能力强调对结果负责

观测能力需对发现问题、定位问题和做出判断决策承担结果责任。强调监控数据、观测分析后的效用结果,能通过已有信息做出决策、做出定位判断等。技术上打通业务架构模型、应用模型，打通上下层架构，在横向各环节建立多种监控模型；根据模型打通各个环节的数据，进行垂直链路和水平链路的综合分析；在分析过程中应用好算法技术，通过算法而非人工实现数据处理的效率提升；强调整合型的工程落地，对业务架构、数据、监控系统、告警系统、AIOps、运维经验等能力进行有机整合，形成一整套的自动化分析、决策能力。

感知能力：理解、决策、诊断
业务感知、人员触达、给出根因

观测能力：多维度分析、多指标分析、
追踪、定界定位、探索已知、验证假设

监控能力：指标、日志、事件、健康检测

图 4-8　感知与监控、观测能力的区别

2. 观测能力强调方便人工观测，强调数据相关性，而感知能力强调目的性

观测能力要求对这些相关数据进行关联分析，如当上下游几个服务指标都出现异常时，通过人眼观测能发现其可能存在的相关性。感知能力则希望得到哪个点可能是触发因素，哪个点是被故障传播影响的。如链路的多个指标都出现异常，通过感知能力能定位到异常源头，或者能将大指标的异常细分到某个维度的异常。举个例子，如全平台卡顿上升后能定位到是哪个直播间出现异常，从而帮助主播快速解决开播上行卡顿的问题；或者能定位到是哪个地区的哪个运营商出现问题，从而做出准确切换线路的决策。

感知能力更强调观测数据的使用，只有在业务相应场景的适当使用，才能实现快速发现、定位、判断决策，快速处理。本书结合互联网的一般架构抽象出了若干个观测场景，尝试进行全面分析阐述，促进技术与实际工作的结合，产生实际的业务效果。更多详细内容将在本章后面介绍。

4.3　监控观测的感知场景与感知方式

过去，监控系统的相关资料中大多介绍某个监控软件或系统的使用与配置、某个监控软件或系统的架构等，对基础监控的讨论较多，对如何把监控技术应用到整个业务及如何体系化地解决可靠性问题的讨论较少。监控数据是海量的，且相互之间有较强的相关性，传统监控主要进行单指标或少量指标的观测，未能进行全景式的数据利用。如果采集了大量的监控数据却不加以组织和利用，那么这些数据就是无用的。为了高效定位、解决具体问题，在观测过程中要把所有相关数据按需利用起来。接下来讲述互联网业务的观测能力

的场景应用。这样安排的原因一是想以终为始,围绕场景及目的来讨论观测能力的建设,二是围绕场景来讲观测能力及其目的与效果比只讲观测技术更容易理解。监控观测的感知场景如图 4-9 所示。

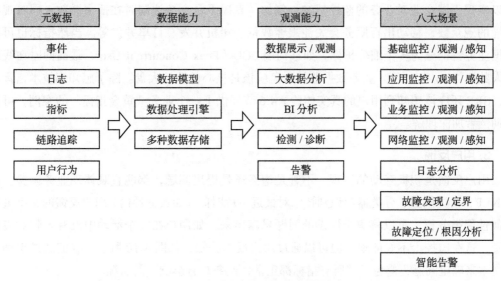

图 4-9 监控观测的感知场景

4.3.1 业务可靠性感知

移动互联网时代的平台服务大都是移动端与后台交互组成的软件系统,移动端 App 和后台服务由企业内部工程师开发,同时依赖多种公共基础设施、第三方服务等。好的观测能力要求能全面监控业务的可靠性、质量、体验问题,更需要从用户角度、业务角度感知问题,而不仅关注后台程序的可靠性。后台程序没有异常但用户使用出现异常的情况也属于业务可靠性问题,需要被感知,若不符合期望,需要有预警和告警。接下来讲述通过 5 个方面监控来建立完整的业务可靠性感知能力。

1. 用户端侧监控

用户一般通过 Web 浏览器、移动 App、小程序等端侧软件与后台软件系统进行交互。用户请求出现错误时,肯定是端侧软件自身或是交互过程出现了问题。所以用户端侧监控能直接体现用户使用平台服务的质量。监控从端侧发送的请求和返回的结果,可获取每一个请求的成功(或失败)、耗时等信息。大部分互联网平台都有的功能包括注册、登录、拉取列表、打开首页、详情页等。可以按用户功能对 API 请求进行分组,同一功能服务的 API 请求聚合为一组,按组进行监控可以体现用户使用这个功能服务的总体质量。完善的用户端侧监控可以增加地域、终端、运营商、软件版本等多种维度的信息。

2. 业务关键指标监控

常见的监控指标有用户请求 QPS、用户登录数、注册数、交易量、订单量、支付量、搜索量、DAU、转化率等。业务监控与企业的相关性比较大，可按需深度定制监控指标体系以实现不同企业对业务的监控感知。例如，直播平台会关注同时在播主播数、同时观看直播的观众数，移动出行服务会关注乘客数量、司机并发、订单并发等。当然指标也可以根据业务特征分为多个细分指标，如移动端 PCU（Peak Concurrent User，最高同时在线玩家人数）、Web PCU 等。业务数据监控大盘应该是核心的监控大盘。除了感知到技术指标之外，SRE 还应该感知到用户的真实体验。4.6 节提供了一个业务"黄金指标"的案例，可以帮助读者加深理解。

3. 用户反馈

用户反馈是积极互动的体现，不管是抱怨还是提出问题，都能直观体现业务体验。使用 NLP、聚类模型、分类器等识别技术对最近一段时间（如数分钟内）用户反馈的文字进行相似性聚类分析，可以将集中爆发的问题暴露出来。如用户在一个活动中没有收到对应的奖励，这在监控上不好体现，但可以通过用户反馈获知，如图 4-10 所示。我们通过识别反馈文本来确定问题，避免了"所有指标都正常，业务却有影响"的状况。

```
[用户反馈告警]
时间：202█████05 09:11:00
数据来源：客户端+Web 离线用户反馈(未包含在线)
检测方式：AI
相似反馈内容：['不发奖不回消息', '上电视不发奖 到现在还不发', '上
电视没发奖', '人没了，直播间没了', '上电视奖励一周了还没发']
15min内相似反馈的数量：5
```

图 4-10　用户的报障、体验反馈聚类感知

4. 用户互动感知异常——弹幕

直播平台有个特点是弹幕，弹幕本身也是文本。虎牙直播有个平台文化是当观看过程中出现卡顿时，观众会积极地在公屏打出弹幕"卡卡卡"等类似文字。这些弹幕文本特征成为卡顿率指标之外的另外一种发现问题的方式。虎牙甚至将此作为"千人弹幕卡"指标，即衡量在周期内每 1000 个观众中有多少个观众的弹幕中出现了"卡"字样。

弹幕、反馈、舆情的感知都是通过文本分析算法对周期内的用户反馈内容进行分词、聚类，把共性的、聚集性的问题识别出来，如图 4-11 所示。常见的文本分析算法有BERT 等。

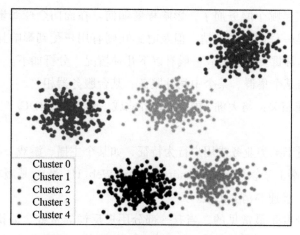

图 4-11　对用户反馈内容进行分词、聚类

5. 舆情分析

这里讲的舆情分析是指分析产品内部的用户评论、应用市场中的评论，以及社交媒体中的内容，从舆情中分析产品的问题。从舆情反馈内容中也可识别出关于平台服务可靠性和质量体验的内容，并形成指标。分析过往趋势及与相关竞品的评论的对比，可以感知到产品可靠性的表现。如新版本体验变差、推荐不准确、画质变差、卡顿上升、广告变多对体验不好等，往往会在舆情中反馈。

通过可靠性指标，工程师更能体会到稳定性对用户的影响，洞察业务运行的健康状态，并在一定程度上感受到稳定性给用户带来的焦虑；通过问题结束后对故障各段时长的复盘，工程师能了解团队在可靠性方面的能力。同时，通过观测故障后营收状况、客户规模的变化，工程师可感受到稳定性对业务营收的影响。实时的可靠性指标的反馈能在满足业务对稳定性诉求的同时加速业务迭代，让整个团队的注意力聚焦在更快速地推出满足客户需求的功能上。

4.3.2　影响范围及原因定界定位

互联网平台的故障大部分是局部故障，也就是影响一部分用户或影响一部分平台功能。而当故障发生时，快速评估故障影响用户和功能的范围则成为判断故障严重性及投入应急资源的重要决策依据。

1. 故障影响用户范围的感知

要分析故障对业务的影响，如部分用户反馈直播卡顿了，就需要知道影响范围有多大，是全平台还是集中在某个直播间或某个运营商。如突然有海量反馈说"平台崩了"，那么工程师就需要快速确定是哪个服务崩了，影响程度如何。在面向全球海量用户的互联网平台中，发现局部异常是一件困难的事情，但及时感知到有用户受到影响且能确定是哪部分用户受到了影响也是非常重要的能力。一般有以下几种情况，分析如下。

- ❏ 后台相关：与某个集群、某个中间件服务、某台服务器相关。
- ❏ 公共基础设施相关：与大洲/国家/省市地域、运营商、IDC/交换机/Set、CDN/云厂商相关。
- ❏ 业务特征：属于某类业务或用户行为特征，如某个主播、游戏、品类、活动。
- ❏ 技术特性：与端上某软件平台（Android、iOS、Web、H5等）、某版本、某技术特性（如P2P、H.265、极速高清）相关。

以上几个分析维度是最常见的，当有一部分用户反馈异常或全局指标出现异常时，如何感知到受影响的用户是非常关键的。通过对端上数据、后台指标数据中的维度信息进行及时的数据分析，可以区分各个维度的数据异常。通过对如HTTP访问后台服务的请求数量、失败率、耗时等指标的统计，可以分析出服务异常的范围。通过对访问日志进行聚类分析，可以了解其相关性。

2. 基础设施定界定位

定界是指在宏观维度中找出问题的范围和边界。发生故障后要尽快确定问题边界，先确定是哪一层出现了问题，是应用软件、主机、网络还是外部依赖。如果是应用软件出了问题，那么要确定是应用自身还是DB/缓存/其他中间件出了问题。如果是网络出了问题，那么要确定是内网还是外网，出问题的是哪一段网络或是哪个网络设备。如果是主机出了问题，那么要确定是全部还是部分主机有问题，如果是部分有问题，还要找到是哪些节点出了问题。

软件请求在各个节点上的表现有差异，通过对不同节点相互对照可以确定异常节点，帮助我们在众多服务节点中确定问题边界。举例来说，某服务部署了100个节点，当该服务失败率突然上升为10%的时候，10000个请求中有1000个请求表现异常，需要确定它们是平均分布还是集中在某个或多个节点上，并在100个节点中找出发生故障的节点，分析这些节点的相关性，如部署位置是否属于同一机柜、同一宿主机、同一交换机、同一城市、同一机房等。

定位是指在较细粒度中找出发生的点位，是要比较准确地找到问题所在。如上述例子中，找到异常节点后，我们还要对比分析其系统、网络、硬件等多组指标，以确定故障的点位和原因。假设节点有100个监控指标，则可以通过在这些指标中寻找异常的指标来分析、定位故障，也可以通过分析在同一个节点上不同API请求的表现差异来定位某些异常请求。图4-12体现了在同一个节点上不同视频流的帧率指标的稳定性，可以看出其中1条视频流不太稳定而其他几条相对稳定。

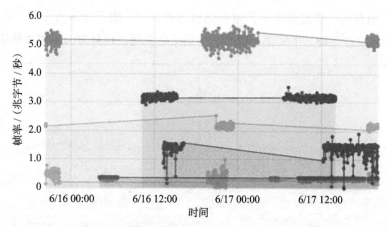

图 4-12　同一个节点上不同视频流的帧率指标的情况

3. 微服务异常定界定位

基于微服务架构的中大型系统中的微服务数量可达数百至数千个，每个微服务又可包含数个至数十个接口，单个微服务可能被部署数个至数十个节点，这些实例可能被调度到不同的数据中心和集群中。微服务调用关系有几种表达方式：服务提供者 - 消费者、主调服务 - 被调服务（主调方、被调方有时也简称为主调、被调），下文用主调和被调来描述。本节所说的微服务异常定界是指在发生故障时迅速确定故障边界和影响边界，如确定哪些微服务出现了异常，是部分实例还是全部实例，是全部失败还是概率性的异常，是全部接口还是部分接口。微服务异常定位是指进一步确定导致发生异常的点位，如定位到某个服务的某个接口引发的大面积异常、异常服务的错误分布 / 延时情况、资源消耗情况，尽量定位到引发异常的根本原因。

当某个业务功能出现大量异常时，我们需要定位是哪个微服务、哪个接口出现问题，判断其严重程度并做出处理。我们需要在从接入层、负载均衡、多个微服务、多个中间件到多个外部依赖的层层调用中，找到异常的服务和接口，并查看耗时、超时、错误、返回码的分布等。从 RPC 调用结果看，我们需要监控主调服务→被调服务的调用延迟、请求数、错误数、错误率等指标，且需要按多个维度进行分组分析。微服务监控是当前行业的重点也是难点。下面将介绍几种常见的微服务监控、分析方式。

（1）分组对照

分组对照是指按不同维度对指标进行分组，对一组指标的多条时序曲线进行对照分析。以下是几个常用的分组维度。

最常见的是按服务维度分组，如服务 a →服务 b，服务 b 有 10 个实例，一般定位方式是看服务 a →服务 b 的整体调用指标，或查找单个实例，靠人工查看并分析一个个实例。分组对照方式则相对简单。如图 4-13 所示，通过分组对照方式，我们把服务 b 的不同实例的相同指标展示在同一张监控图上，这样通过肉眼就可一眼看出异常节点。也就是说，按服务 b 的实例分组查看每一个实例上的指标，当个别实例出现异常时可以很快定位到。

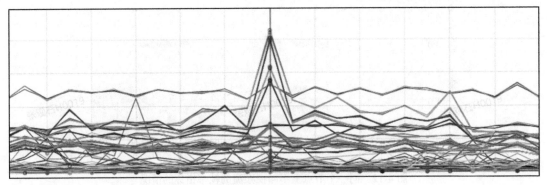

图 4-13　相同指标按实例分组对照分析

类似的分组还有按被调接口、主调实例、主调接口、被调的 Set、调用耗时的分位（90分位、95 分位、50 分位等）等的分组。

比较常见的还有按微服务调用结果的返回码进行分组对照，如将返回失败的请求总数按实例、用户端平台、接口等维度进行分组，各组统计次数和比例，然后进行对比、分析分布情况等，如图 4-14 所示。

series	current ▾	percentage ▾
— 总计 {retcode: -1, platform: ios}	52	72%
— 总计 {retcode: -500, platform: adr}	5	7%
— 总计 {retcode: -1, platform: adr}	5	7%
— 总计 {retcode: -10087, platform: adr}	4	6%
— 总计 {retcode: -10087, platform: ios}	2	3%
— 总计 {retcode: -509, platform: adr}	2	3%
— 总计 {retcode: -10612, platform: adr}	2	3%

图 4-14　某微服务最近数分钟的返回码分布

以上各种指标均可进行同环比对比：如前一日、上周同一日的同比，当日趋势曲线等。

（2）多条件过滤筛选

过滤筛选是指在监控页面分析问题时根据某个或多个维度过滤、筛选需要的监控指标数据，从而缩小分析范围，探索问题的各种可能性。在微服务中，我们常用这几个条件进行过滤筛选：主调服务、主调所在集群、主调接口、主调实例、被调服务、被调接口、被调所在集群、被调实例等，这些条件可互相组合。多条件过滤筛选可帮助工程师大幅缩小排查范围，进行更有针对性的探索分析，并在海量监控数据中减少数据处理和计算量。

（3）视角切换

当服务 a→服务 b 出现异常时，工程师希望了解是主调的原因还是被调的原因，此时可以从主调和被调两个视角来分别分析监控曲线，在需要的时候可以切换视角进行分析。主调视角是指从主调服务的视角分析被调服务，即把某个主调作为固定锚点，查看它调用的所有服务，从多个服务、接口、Set/ 节点、耗时、错误率、总数等维度进行对照分析。被调视角是指从被调服务的视角看主调服务，通过对照分析判断哪些主调服务发来的请求出现异常。如图 4-15 所示。

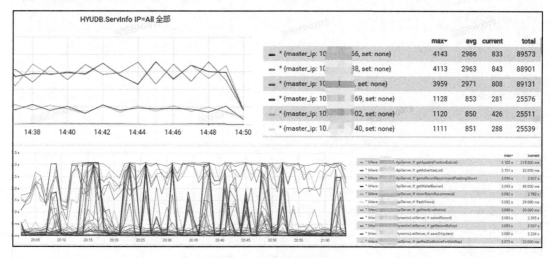

图 4-15 多视角的监控分析

针对各微服务的异常，我们还能在分析指标时进一步分析其详细日志。根据日志、调用链、模块调用等指标分析技术综合诊断，与运维事件进行关联。图 4-16 是我们常用的微服务监控分析大盘。

4. 单个请求异常的链路追踪定位

在海量的请求中通过分析用户的某一次请求进行故障定位是很困难的，一次请求往往需要涉及多个服务，而这些服务很可能由多个团队负责。异常链路定位是指在某个服务链路出现问题后，工程师通过观测能力确定异常的链路以及异常是由哪个服务引发的。观测能力不足时可能要拉上多个团队的十几个工程师一起定位分析。工程师进入每一个服务内部分析定位，这种方式无疑非常低效。链路追踪定位是指跟踪单个请求在整个链路的多个服务节点中的表现，从而快速分析、定位异常问题。如某个订单、某次用户的关键行为出现错误，我们可以通过链路追踪先确定是哪个环节出现了问题，再深入此环节内部进行追踪。

（1）调用链追踪

通过用户 ID、订单 ID 等业务关键信息找到对应的链路信息，观测调用所有节点的耗时、失败、并发数等异常信息，然后通过观察相关模块的执行日志进行分析，再结合本模块对应的微服务分析是聚集性问题还是随机失败问题，并在调用栈中查看程序内部的执行情况。如 4.2.2 节的图 4-4 展示了以瀑布图观测链路追踪信息及其详情。调用链追踪的实现有两种方式，一种是在软件框架级自动实现微服务之间的调用关系，另一种是在程序代码内部，由应用开发人员主动编写上报代码从而加入链路追踪。前者是微服务模块间追踪，后者是应用程序内部追踪。

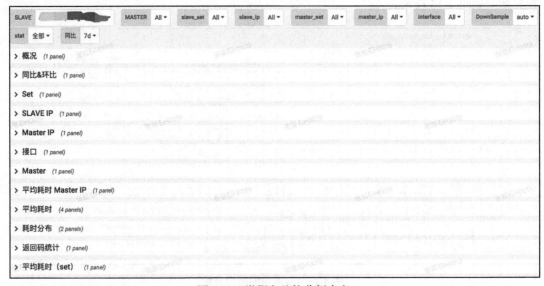

图 4-16 微服务监控分析大盘

（2）程序内部堆栈定位

这里说的程序内部堆栈定位主要是指程序调用栈实现单个应用程序处理逻辑定位，追踪是程序的哪一步出错了。找到具体异常接口后，我们希望分析其内部函数级别的调用到底是哪个环节出现了问题，这就需要打印异常堆栈、调用日志，如打印某个节点上的调用栈，如 Java 调用栈、TCP 调用栈、Linux 内核调用栈、业务逻辑函数级调用栈等。

4.3.3　帮助理解复杂系统结构并自动建模

微服务把团队和人也做了拆分，一个工程师很难熟悉所有的上下游服务，特别是新人工程师刚接手一个模块时，不清楚自己的服务被谁依赖了，也不清楚自己的系统下游依赖哪些服务。随着系统变得庞大复杂，理解软件系统的结构变得越来越困难，如不重视，系统或逐步走向失控。系统背后对应多个工程团队，每个团队有多个成员，每个成员负责一小部分，随着人员频繁变化及产品功能的动态演进，导致系统复杂到无人能掌握全局的程度。可靠性工程师对系统有整体了解能帮助他更快速、更有效地排查故障。

　　一般地，有几种方法可以让工程师了解系统：靠时间和经验的积累来熟悉和掌握系统架构；也可以绘制架构图并存在文档中，在需要的时候翻阅；还可以在故障时实时探索分析，如看配置文件、查看实时连接以了解系统依赖关系。以上几种方法并不高效，需要所有人都理解并记忆整个系统架构细节，其成本不可谓不高。更高效的办法是自动建模，用链路追踪技术加上架构师的经验知识帮助我们对软件系统进行建模，如建立调用关系模型、系统架构模型。换句话说，把上下游的服务和整个业务服务的调用关系\依赖关系构建成动态模型，帮助工程师增加对系统结构的理解及感知。建模需要整合多个运维管控系统的数据，如基础 CMDB、应用 CMDB、链路追踪、发布系统、软件配置系统、名字服务等。监控、观测与感知的目的是综合诊断和理解系统，而我们建立起来的模型和关系其实是软件系统的元数据。可以从两个维度进行建模，如图 4-17 所示。

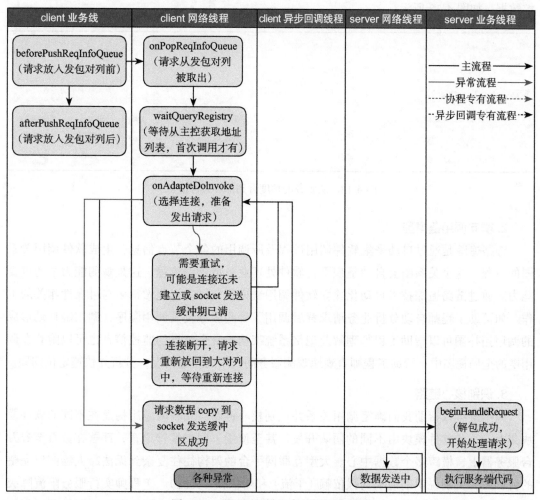

图 4-17　通过调用链生产的调用流程图

1. 垂直架构模型

垂直架构是指从基础设施到上层业务的分层架构。垂直架构囊括了基础设施架构的网络、IDC、包间机柜、交换机、服务器等基础设施硬件架构，也包括虚拟机/容器、操作系统、集群、Set、应用程序等在内的基础设施层的软件架构。在某个服务出现异常后，工程师在排查问题的过程中希望迅速确定异常是否由基础设施引发，以及故障范围集中在哪个设备或有哪种相关性的特征。这就需要工程师能够清晰了解从上层业务、微服务到底层基础设施的所有信息。观测能力通过对机房、服务器、网络设备、容器、Set、集群、微服务等多种数据源进行关联，构建出清晰的业务垂直架构模型。通过此模型能快速了解服务的部署架构，从而加快定位问题、解决问题。一个简单的例子是通过服务查看其所有的部署Set/集群/分区、对应的节点、节点类型规格及其所在物理位置，进而分析基础设施的监控数据，如图4-18所示。

	服务	版本 ⇅	节点 ⇅	机房	分区	机器类型	规格 ⇅	分类 ⇅	设置状态 ⇅	当前状态 ⇅
☐	erver	18	5.244	虎牙idc-广州	all	镜像容器	2 core 4GB 50G	默认	active	active
☐	erver	18	19.194	虎牙idc-广州	all	镜像容器	2 core 4GB 50G	默认	active	active

图4-18 从服务的角度看到部署架构信息

2. 横向调用链模型

链路追踪是通过自动采集软件调用过程及所调用的各个节点信息，生成软件调用关系图的过程。这个关系图会自动呈现平台软件处理业务请求的流程，这是观测能力中的重要能力。通过链路追踪技术自动化建立软件调用链模型，可以据此做很多与可靠性相关的工作。如帮助工程师自动分析业务请求背后调用了哪些服务及其调用顺序，调用链自动形成的调用拓扑图可以帮助工程师理解及记忆系统架构；各个节点的监控信息也可以附着在调用链的全局视图中，帮助工程师直观地观测服务间调用的质量情况，分析并快速定位问题。

3. 识别核心链路

调用链可以帮助我们确定调用关系并识别核心链路。互联网应用构建在不同的软件模块集上，这些软件模块由不同的团队开发，甚至使用不同的编程语言，部署在数百至数万台服务器上，横跨多个数据中心。大型互联网平台的架构往往复杂到无法靠人绘制出完整的流程图，更别说识别请求的强依赖（干流）和弱依赖（支流）。工程师实行服务限流降级时需要了解这些强弱依赖关系，才能决定哪些服务是应该被优先降级的。调用链可以帮助工程师识别关键链路及链路上的强弱依赖关系，并厘清主要与次要的服务；也可以提高梳理架构关系的效率和准确性，在容灾、迁移工作中发挥作用。以虎牙直播为例，目前已经识别出数十条核心链路，SRE 可以从微服务视角 / 后端应用视角转向业务服务的视角来做可靠性工作，如图 4-19 所示。

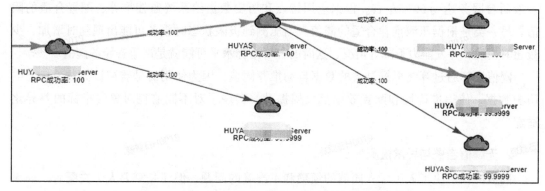

图 4-19　利用调用链技术厘清调用关系并观测调用质量

可以将建模的结果模型存储起来，该模型有多种用法。通过模型可以重新绘制为架构图、流程图，存储和重绘可以是及时更新的；存储的模型关系被数字化后可以辅助程序进行自动化分析，根据关系进行上下游指标相关性、错误传播链路的分析。如综合诊断中可以使用纵向垂直架构建模和横向调用链路建模的结果，找到关联的维度，如主播 ID、直播间 ID、视频流的 ID、各处理节点 ID、处理任务 ID 等。随着业务需求与运维架构的不断迭代优化，调用链也能做架构图的定期快照，做不同时期的质量对比，发现并优化一些异常调用，以及优化架构中不合理的部分。

4.3.4　智能告警条件的数据感知

数据感知技术可以帮助工程师提升配置告警条件的效率和准确性，甚至实现无阈值告警。

1. 阈值推荐

指标触发告警的一般做法是给每个指标设置一个阈值，超过阈值则发出告警。规模化后配置告警阈值也变得极为困难，因为微服务数量多，每个服务都有失败、耗时、吞吐、容量等指标，同时每个微服务实例还有基础监控、中间件监控等，导致很容易达到数以万计的指标。考虑到不同服务模块的同一指标的资源消耗不一样，所以将阈值设为相同的值显然不太合理，而为每个软件实例的每个指标配置阈值的工作量巨大。如 A 模块的响应时间正常为 100 毫秒，B 模块为 30 毫秒，要为它们设置不同阈值。如果系统有数百个响应时间各不相同的模块，为这些模块设置耗时异常告警则非常困难。另外软件的变化大且频繁，在大的变更后要随之更新阈值，很难保证有效性、合理性，且阈值过高则容易遗漏，过低则太敏感。

阈值推荐可以大大缓解这个问题。阈值推荐是指通过算法自动配置阈值。一般算法分为两类。一类是根据历史数据规律计算出合适的阈值，不同的服务类型、不同的应用程序，可能有不同的阈值。如大数据 CPU 利用率经常达到 95% 以上，搜索服务达到 70% 以上，一般后台服务达到 50% 左右。根据应用特点和历史数据给系统监控推荐、配置合适的阈值。另一类是根据压测推荐合适的阈值。当压测到极限状态时服务可能出现延时增加、少量超时失败、并发能力下降等情况，这时的各项指标水平可能就是严重告警的阈值。

阈值推荐通过算法根据过去的数据自动推荐阈值，因为使用的是监控目标对象自己的历史数据，使得准确性和配置效率都大幅提升，实现了对不同监控对象的指标的差异化适配。

2. 无阈值告警与异常检测

阈值推荐解决了人工录入阈值的烦琐和不准确的问题，但还是需要人工去配置。而无阈值告警更进一步，无须为监控指标设置告警阈值和策略，完全通过算法计算是否要告警。

时序数据根据其特征可分为周期型、平稳型和无规律波动型时序数据，常见的有周期型和平稳型。周期型时序数据会随着业务用户量的起伏出现规则的波峰波谷，如大多数业务请求量、订单数、打赏量、开播量、PCU 等核心指标数据。有些业务的高峰期是白天，如办公类服务平台；有些是晚上，如直播平台等休闲娱乐类，用户会在下班之后集中使用这些平台的服务；有些是按星期出现周期性，如周六日高峰、节假日规律等。平稳型时序数据如请求成功率、请求耗时、卡顿率等质量指标数据，在正常情况下都应该是一个稳定值，如成功率稳定性在 99.99% 左右，耗时稳定在 100 毫秒左右等。周期型指标有业务独特的周期规律，无法用固定阈值做告警；平稳型指标变化不大，如延时、成功率等，可设定告警阈值，但需要弄清楚每个指标的稳定水平和允许偏差水平。

在海量的指标中通过对每个指标按规则进行判断的效率太低。通过异常检测算法能对周期型、平稳型指标进行异常检测，实现无阈值告警，其原理是通过程序分析历史数据规律计算出一个历史基线数值，然后加减一定比例或数量的冗余度作为上下界。如某服务呈现按星期周期性特征，周六晚上 21:00 时的并发数是 10 万，增加 20% 误差容忍范围为告警条件，则下跌到 8 万会被判断为异常。异常检测算法的工作过程是通过传入一段时间序列曲线和需要检测的时间段的信息，由服务返回检测的时间段的每个点的异常概率 a（$0 \leq a \leq 1$，概率大于 0.5 即可视为异常点），在没有指定阈值的情况下实现智能检测曲线的异常程度。我们实现的智能告警模型支持传入最近一个周期（5～7 天，粒度为 1 分钟，每天 1440 个点）的数据进行实时的时间序列异常检测。针对流量型曲线，每分钟为一个周期，不断传入数据做实时的异常检测。

4.3.5 根因推荐与排查诊断、决策

在告警诊断中，通过对诊断对象相关指标、日志、调用链、事件等的自动化分析，推荐出可能的几个原因，可以帮助缩小排查范围甚至直接定位异常。

1. 初因推荐和辅助定界

自动分析技术可以给工程师推荐几个最为可能的原因，并按概率高低进行排序，进而找到相关性最高的几个指标，避免通过工程师在多个监控系统中肉眼观测海量的指标。多维度根因定位算法可分为两类：可加和指标根因定位与不可加和指标根因定位。

（1）可加和指标原因定位

可加和指标是指在总量异常中找到异常的分布特征，分析其聚集性和相关性。如DAU、支付订单数量、失败数量、在线数等，当总量出现突增或突降异常时，要分析异常部分的来源，找到与异常相关性最高的维度。举例来说，某次出现密码登录失败的数量突增的情况，经过程序自动分析，发现异常聚集在几个维度，大概率是 appid 为 5008 和 5010 的两个服务出现了异常，如图 4-20 所示。

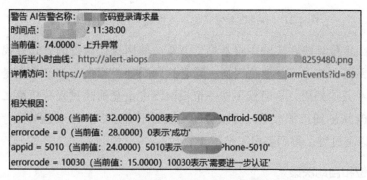

图 4-20 可加和指标的原因定位，通过告警信息直接感知

建议工程师跟业务研发人员合作，同时建议在告警信息中带上返回码/错误码的具体含义。这些辅助分析信息可以有效提升工程师的分析效率，帮助工程师快速确定原因和影响，更加高效地跨团队沟通。

（2）不可加和指标的原因定位

不可加和指标是指所关联的维度不可进行汇总的指标，如卡顿率，失败率、可用率等指标数据。举例来说，线路 1 的卡顿率为 2%，线路 2 的卡顿率为 4%，这两者相加是没有意义的。当不可加和指标（如卡顿率）突然上升时，需要进行原因定位，确定是由哪个或哪些维度（及组合）的指标异常导致的。在多维度异常定位场景，当总卡顿率出现问题时，我们需要确定是由哪个维度及组合中的哪个指标（集合）导致的。全平台卡顿率指标按某个维度可以分为多条曲线，当发现其中一条曲线异常趋势跟总体异常趋势拟合时，则基本可

判断是这个维度出现了问题，这是通过人工观测很容易做出的判断。有时候能定位到某个维度还不够精确，可以在多个维度上进行同样的分析，从而获得更精确的多维度根因定位。如图 4-21 所示，可以判断其根因组合是码率与 P2P（码率 =1200&P2P=1）两个维度，排除线路问题的可能性。

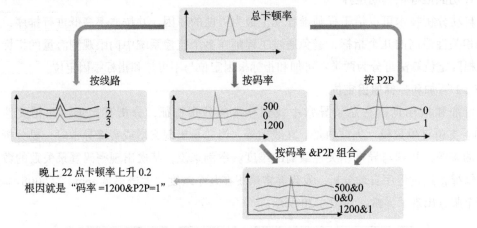

图 4-21 多维度异常定位：不可加和指标的原因定位

多维度根因定位算法在实践中很常见，该算法使用迭代恢复的方式寻找可能的多根因集合，基本思路是：选取一个单根因，去除它的影响，查看余下 KPI 数据是否正常，若不正常则说明存在其他根因，这时候再换一个根因维度重复前述过程分析第二根因，循环迭代直至整体 KPI 恢复到正常水平。所以这样的根因不宜过多，一般选取推荐的前 5 个单根因，分别进行以上过程，得到多根因推荐。

2. 根因定位和自动决策

工程师最头痛的是较为复杂的场景，无法一下子确定问题所在，只能先进行假设然后观测、发现线索后进行探索式分析。根因分析（Root Cause Analysis）是一种结构化的问题分析方法，其目的是找到系统异常的主要的、根本的原因，而不是仅仅关注问题的表面现象。决策树是做根因分析的重要方法，其实质是多个 if - else 的判断结构。通过逐步判断确认和排除，总能找到异常的生成路径，或是把异常原因缩小到较小的范围。例如网站打不开的根因分析，如图 4-22 所示，可能是用户到 IDC 网络异常、服务器及后端软件异常等。又如服务到数据库连接失败的原因可能有很多种，可能是数据库服务停止了、数据库所在服务器挂了、服务到数据库的网络断了等，此时可以依据决策树逐项分析，通过人工或自动化程序分析检测出可靠结果，确定问题环节、集群、部位、节点，并判断问题对业务产生的影响。在众多相关的异常因素中找到根本原因成为自动化预案的决策依据。在误判根因的情况下执行自动化预案不但不能解决问题，而且有巨大风险。如发现节点异常就直接摘除可能会造成更严重后果，当发现某线路异常时直接切换线路然后发现其他线路也是异常的。所以自动化的预案执行都需要有准确的决策。

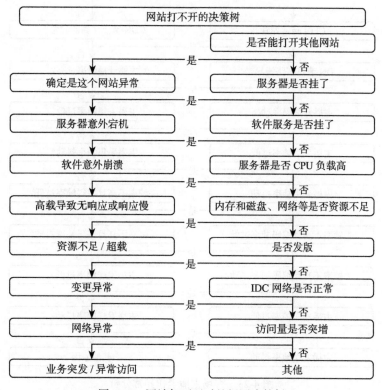

图 4-22　网站打不开时的根因决策树

根因分析可直接给出明确的事件：如最近的发布版本、某个主机的宕机事件、某个节点的多个指标聚集性偏高，或某个根源问题如 DB 出现问题等，这在一些特定场景非常有用，也是 SRE 宝贵的经验。以直播主播端的问题为例，如图 4-23 所示，当某个秀场主播出现卡顿时，在复杂的流程中分析上行问题，可能是主播端、中间网络、上行后台服务的问题，待判断出问题原因后，及时做出有效决策，比如切换上行、降低开播码率、开关某个选项的技术动作。

3. 综合诊断

综合诊断是指通过综合考虑的全部要素，使可靠性相关的诊断能力达到最佳状态的设计和管理过程。综合诊断利用一切可以分析的工具、数据、人的经验，利用模式化的多种方式、方法进行分析，以判断是否有异常及确定异常部位、原因。综合诊断的目的是弄清楚故障现象、业务影响/用户影响，确定软件系统的故障边界、点位，分析有哪些可能的原因、有哪些相关性，有哪些因果性等。

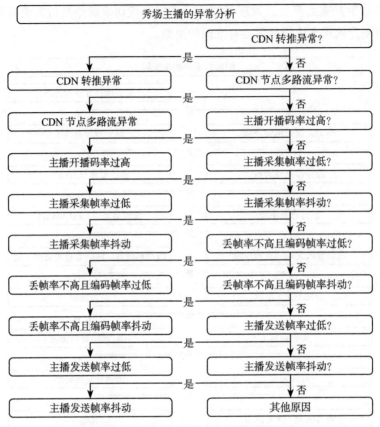

图 4-23　秀场主播卡顿异常分析

综合诊断方法应尽可能通过自动化系统进行诊断，综合诊断最重要的是编写综合分析程序，这些程序能够编排整合多种分析方法。前文已经介绍了几种常用的方法，这里再简单回顾一下。

❑ 决策树方法：利用决策树方法排除大部分原因，把根因确定在一个较小的范围。

❑ 关联分析：利用链路追踪或人工维护的关系模型找到上下游相关服务、模块、组件的相应监控数据，进行自动化探索式的对比分析。如某核心业务服务成功率下降，找到对应的核心调用链路，在接入层监控、应用层监控、基础监控、接入层监控、中间件监控等监控数据中进行自动化分析，找到可能的异常。如先确定是哪个中间件环节的耗时上升，再看负载、数据库负载上升，最后通过慢日志定位异常是因为一条 SQL 未加索引导致的。

❑ 对照对比：分析过程包括与过去对比、与经验知识对比、与正常样本对比等，如将10 台服务的相同指标数据放在一张图，如果某一台异常则能很直观看到。比如通过对比，确定在微服务架构的 10 个调用环节的其中一个环节的 100 个实例中有一个实例出现部分失败，从而造成整体服务有 1% 的失败。

❑ 接口拨测：对已知接口做拨测，以验证是否正常。

❑ 日志模式分析：对日志模式加以识别分析，从中读出内存、线程状态、错误信息等。

综合诊断是在各环节的监控中，把日志、指标、调用链等相关指标放到一起进行自动化、程序化的分析，而不是割裂的人工观测。

4.3.6　容量感知与弹性

大多数互联网平台业务都有规律性的高峰和低谷，比如大型活动带来的高峰、每天的午高峰和晚高峰、每周的周末高峰等；当然，偶尔还有一些计划外的突发高峰；其他时间则相对是平峰或低谷。系统负载过高会影响业务性能体验甚至造成故障。业务承载能力的容量，与它的底层的算力、存储、网络等资源紧密相关。资源越多承载能力越强，但浪费的可能性也较大。所以在常态化时保证资源够用且保持较低的冗余量，没有过多浪费，会是一个比较理想的状态。毕竟，资源总是有限的。同时，为了节省成本，我们不可能一直按最高峰业务流量来准备资源；而且弹性云计算已经实现按小时甚至分钟计费，在节省成本上有重要价值，必须充分利用云资源的这个特性。

1. 容量感知与副本推荐

在常态化和活动突发时，流量入口、后端各模块负载是不同的，要做好评估不太容易。以上几种情况在过去更多是靠人工运维，也可以通过强大的负载与容量感知能力来自动实现。业务增长体现在请求耗时增加、系统负载上升、处理性能下降、错误率上升等方面。实时容量感知是指感知运维资源与业务负载的关系及趋势，确定当前容量能否支撑业务量，以及流量上升时需要扩容多少副本，流量下降时需要缩容多少副本。

举例来说，我们在某业务制定了多种容量感知与弹性条件的方案。根据服务负载、耗时、业务 QPS、等待队列长度的感知进行被动触发扩容。部分服务实现了算法预测，即通过算法拟合 QPS 与资源消耗，预测接下来 10 分钟的 QPS 和负载，转化为弹性需要的副本数并提前扩缩容。多种容量感知与弹性条件的方案的实现效果是每月有上千次上弹动作，顶住了多次计划外的突发活动，保证了稳定性，也节省了成本，如图 4-24 所示。

2. 容量规划

容量规划是指在业务量变化的情况下，提前规划需要的算力、存储等资源消耗。举例来说，直播平台经常会有大型赛事活动，为活动扩容是份复杂的工作。大河涨水小河满，业务请求增长后整个系统都会感受到 QPS 上涨、系统负载上涨。干流和支流的水位上升速度是不一样的，关键服务和旁支的辅助服务也是不一样的。比如我们有数千个微服务，一部分与观众同时在线相关，另一部分则不相关。赛事活动经常是 BO3 或 BO5，在每一场比赛开始时，直播间的人数会逐渐上涨，结束时人数会迅速下跌。其表现在 PCU（峰值同时在线人数）曲线上就是不断出现波峰和波谷。

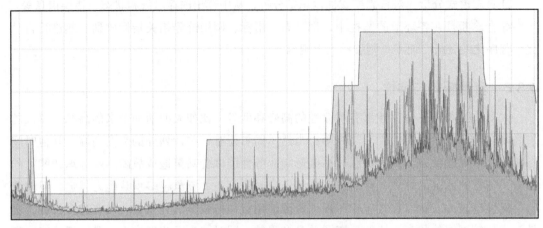

图 4-24　容量感知与弹性扩缩容

在扩容或做弹性时都需要有准确的感知。一般流程是梳理出哪些服务需要扩容，由各个服务的研发工程师或 SRE 进行扩容。扩多少又是个复杂的问题。活动扩容经常是一项"全民运动"。我们进行了一些有益的探索，通过过去多次活动的历史 PCU 数据、负载数据以及实例副本数据，计算出微服务与 PCU 的相关关系。以直播平台为例，后台负载与业务的关系可分为三类：一是负载与观众 PCU 正相关；二是负载与主播 PCU 正相关；三是负载与两者都不太相关。据此制定多个扩容预案，根据活动报备的 PCU 计算出各个相关服务应该扩容的副本数，在活动开启前的一小段时间执行一键扩容预案程序。这样就把所有服务都纳入了容量规划，而且扩容过程只需要少量 SRE 参与。如图 4-25 所示。

应用名	业务组	PCU相关性	分组数	副本数	副本核数	副本内存	容器总内存	总核数
llstreamserver		观众PCU相关	1	78	2	2	156	156
atureserver		观众PCU相关	2	32	8	4	128	256
atewayserver		观众PCU相关	4	20	16	8	160	320
server		观众PCU相关	4	20	8	8	160	160

图 4-25　容量感知与辅助规划，根据 PCU 计算需要的副本数和核数

3. 定位负载异常和性能瓶颈

服务性能分析是困难的。端侧软件和后台服务通过 HTTP 进行端到端的交互，这些 HTTP 请求的成功率和性能体现了平台服务的可靠性和质量。一个服务依赖于很多个服务，如果某接口的耗时突然增加，若逐个分析各依赖接口的耗时情况，效率非常低。当出现部分请求失败率上升、性能变差、耗时上升的情况时，常见方法是通过服务端访问日志、错误日志进行分析，但这种方法效率低、不准确、不细致，较难准确定位到问题。观测能力能帮助工程师在 Web 性能分析场景定位负载的异常和性能瓶颈。建设 Web 性能的可观测性可以大大提升定位效率。如图 4-26 所示，Web 加载过程涉及 14 个阶段，通过浏览器或 App 端侧实时上报所有环节的质量数据，然后分析所有请求错误和耗时情况，快速定位到性能较差的部分。Web 请求还可从返回码的数量指标进行异常定位，如通过分析 404、502、503 等错误返回码数量的异常变化，工程师能快速发现、定界、定位后台服务的异常。

page_type	unload	redirect	dns	ssl	tcp	ttfb	trans	dom	res	network	fpt	fcp	ready	load	count
	6 ms	91 ms	72 ms	84 ms	168 ms	244 ms	68 ms	665.73 ms	3.30 s	394.64 ms	690.77 ms	736.34 ms	1.10 s	4.42 s	
...comment	2 ms	-	199 ms	186 ms	270 ms	113 ms	28 ms	866.27 ms	1.05 s	279.98 ms	2.85 s	1.48 s	1.30 s	2.36 s	
n...x	12 ms		75 ms	92 ms	187 ms	165 ms	23 ms	862.96 ms	1.71 s	363.32 ms	701.65 ms	707.64 ms	1.25 s	2.97 s	
pe...center	7 ms		49 ms	125 ms	175 ms	118 ms	14 ms	417.79 ms	796.69 ms	165.94 ms	456.09 ms	459.04 ms	672.40 ms	1.47 s	
pa...rtune-gift	-		100 ms	111 ms	170 ms	89 ms	17 ms	1.37 s	2.13 s	238.96 ms	2.46 s	2.07 s	1.84 s	3.97 s	
...er-fans-festival-rank			137 ms	118 ms	175 ms	86 ms	20 ms	870.73 ms	2.35 s	212.80 ms	2.42 s	2.15 s	1.17 s	3.54 s	
...rerecharge-activity			107 ms	119 ms	171 ms	80 ms	25 ms	682.55 ms	3.10 s	239.58 ms	4.64 s	4.05 s	1.17 s	4.28 s	
...ucky-gift			101 ms	117 ms	183 ms	97 ms	16 ms	1.70 s	1.96 s	221.23 ms	2.82 s	2.17 s		4.74 s	

图 4-26　Web 性能瓶颈定位（从 Page API 的维度）

好的观测能力不仅用于分析异常，也用于分析性能，如分析 IO、内存、CPU 负载等。Profiling 是传统性能分析的利器，如利用火焰图（Flame Graph）分析 Linux 系统性能、利用 JVM Profiler 分析 JVM 的性能问题、利用 PHP Xperf 观测 PHP 性能等。

4.3.7　人的感知与决策能力

本节讨论人的感知与决策能力。在故障出现时，通过自动化诊断程序或告警条件判断发生了异常，错误信息不仅要被监控系统"记录"到，还应该被及时准确地告知对应的工程师，辅助工程师感知系统的状态和问题，最后通过人去解决问题。

1. 告警信息应及时、准确、详尽

海量监控的信噪比也是极高的，没有人会时时刻刻盯着数以万计的指标，靠人去看大盘是极其低效的，对指标麻木也是一种常态，所以需要建立一种有效的人的感知能力。感知能力帮助工程师发现异常后及时准确发出通知，尽量给出故障部位和可能原因，把异常信息尽可能详细告知，帮助收到告警的工程师做出预判断和决策，而不是等着人来登录监控系统、查看 Web 页面以发现异常。

2. 告警不能漏，漏了就没人跟进处理

告警信息要准确发到对应的能处理问题的人，不能发错人，不能漏发。为了确保不发错人，可建立自动化的告警订阅能力。建立应用服务与人的关联，其他资源与应用服务的关联，所有告警能通过这些关联找到对应的人。为了确保处理人能收到告警，确保所有问题都有人处理，需要建立告警升级制度，如工单超时未处理则告警联系第二负责人，一线负责人未处理则升级到领导层。我们把 L1 定义为 SRE 和一线运维，L2 定义为具体服务的研发工程师，L3 定义为 SRE 组长、研发组长、值班组长，L4 定义为总监级别，L5 定义为总经理级别，L6 定义为 CTO 级别。告警升级能保证告警的有序处理，不会让重大故障因人的疏忽而遗漏。

3. 告警不能多，多了会麻木或警惕性不足

通过告警合并可以大幅减少相同的告警。告警合并的方式有以下几种：把相同位置（如机房、机架、服务器、集群、服务）的告警合并为一条；把链路前后相关的告警合并为一条；把时间周期内的告警按一定策略合并为一条。注意，告警内容应尽量是问题及原因，而不仅是异常现象。通过告警合并能把数千条的告警减少为十几条甚至几条。告警系统示意图如图 4-27 所示。

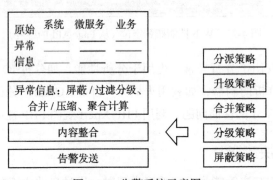

图 4-27　告警系统示意图

前面介绍的几种感知方式都是以目的为场景的感知，还有一些以方式为场景的感知，包括固化大盘、巡检分析等。

4.3.8　场景化的固化大盘

固定大盘的观测分析方式是指根据工程师的领域经验，根据问题场景把多个观测对象的相关监控数据开发为可观测的固定的 Web 页面，通过一定条件相互关联、统一筛选各个模块的数据，让工程师可以肉眼查看并分析服务的监控信息。相比传统的单一对象多指标监控，这种方式的效率大幅提升。监控大盘可利用调用关系和部署关系信息，逐步探索需

要的监控信息。探索未知是所谓观测性建设中的重要能力。

1. 全链路监控大盘

全链路监控大盘是指工程师根据排障经验或对业务、软件系统的理解，把某个业务服务所经过的链路的所有节点的监控信息配置为固定的 Web 页面。常见的全链路监控大盘有音视频传输链路监控大盘、支付链路监控大盘、订单链路监控大盘等。举例来说，将主播开播端侧、上行网络、音视频传输网络、下行网络等指标配置为全链路大盘。又如在直播场景，按观众地区、运营商、线路、移动端平台、是否 P2P、是否 AI 算法等维度配置固定面板，工程师打开监控大盘即可一眼看到异常趋势或抖动指标。图 4-28 是观众音视频质量全链路监控大盘示意图，把所有监控信息展示在一个监控页面，这些监控数据来源于十几个工程师团队，也能被所有工程师查看和分析。

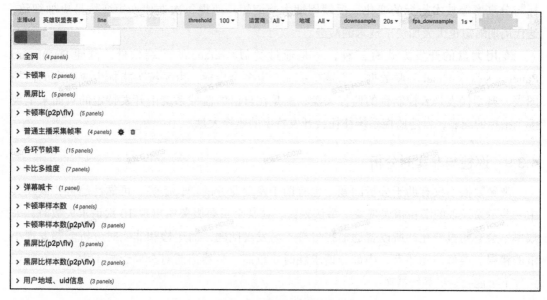

图 4-28　观众音视频质量全链路监控大盘

2. 特定对象的集群监控

一个大型的平台会用到数以百计的 Redis、MySQL 服务，这些服务往往是集群化的。特定对象集群监控是指为某些特定的软件系统或集群配置观测大盘。

工程师在分析问题时需要从数百或数千个集群对象中快速找到某个集群对象并分析此集群的所有相关信息。如对于某个中间件的集群监控，分析集群或某个实例的请求数量、性能、错误和异常等。又如缓存软件的内部状态、集群的状态、服务主机的状态等。常用的开源组件、中间件都具备了较为完善的监控指标。常见的监控系统也提供了对接这些组件的监控方法，如 Prometheus 提供了 MySQL Exporter 等、Zabbix 提供了 Redis 监控模板。

常见的集群监控场景有 Redis 集群监控、MySQL 集群监控、负载均衡服务集群监控、转码集群监控、图片处理集群监控等。

3. 场景专用大盘

场景专用大盘，即特定场景大盘化。特定场景排查是指工程师在多次分析某个特定问题后沉淀下来的完整的问题分析流程，该流程会把观测的对象、指标，以及过往散落在多个系统的图表集成到一个独立的监控页面。监控大盘使运维人员能够在一个屏幕直观地了解系统运行状态、资源使用情况、服务运行状态等。举例来讲，视频团队希望在保证质量的前提下通过 P2P 技术实现尽量节省带宽的目标。P2P 技术涉及数百个技术指标，同时跟卡顿等质量指标也是有相关性的。我们通过指标实时感知把改版反馈周期从天级缩短到分钟级，这样就可以在改版、发布、灰度等操作后数分钟左右收到指标反馈，感知到质量指标与分享率等技术指标的变化。反馈周期大幅缩短，使得每次迭代变短变快且更加细致，迭代周期缩短也大大加快了技术的演进。

专用大盘的开发方式有三种，一是通过类似 Grafana 的前端软件，创建 Dashboard Panel，为每个 Panel 关联数据；二是在系统选定多个指标，由系统为指标生成固定的监控图表，典型代表是云控制台的监控大盘；三是在自己的监控系统中开发特定的页面来呈现多个指标的图表，自建监控系统往往会开发特定的监控大盘。

4.3.9　巡检与非实时分析

观测数据不仅有助于分析问题，也有助于发现业务的增长趋势、可靠性趋势，以及其中一些不易发现的潜在错误现象。举例来说，在某个重要服务中出现 10 次请求失败时，失败率不会有明显变化，所以普通监控告警不易发现问题，而巡检和非实时分析能够发现小量的错误。类似问题还有，小部分请求耗时比较高，虽然当前对全局影响不大，但在特定条件下可能会造成系统故障。

1. 通过巡检分析发现风险

随着系统迭代、业务增长，可能出现某些不易觉察又需要被关注的风险。如有少量边角的场景会失败但是在指标曲线中体现得不明显，仅影响少部分用户但没有达到严重级别，或是请求量趋势缓慢变化不易察觉异常。这些风险经过时间积累可能导致重大故障或是部分用户的质量长期被忽略。通过周期性的巡检分析，可以进一步理解软件运行的状况、存在的风险、存在的小量被忽略的错误，如某些服务、某些节点负载偏高，某些版本、某些地区的用户运行失败率偏高、某些返回码偏多等。比起监控告警，周期性巡检对处理时间更加不敏感，可以对更大量的数据进行分析，包括对指标的长期趋势进行分析、对指标进行更多维度的分析、关联更多数据进行分析等，有利于全面深入地发现问题，进行风险感知与故障预测。如感知到指标发生量变又尚未达到质变临界值的风险。

2. 通过巡检进行周期性度量

巡检是指周期性地分析观测数据。常见的场景有以下几种，当然不限于这些场景。

- **SLA 指标的错误分析**：以天为周期来度量所有服务的可靠性，包括错误数、错误率及趋势等。

- **负载、资源利用率分析**：分析前一日所有 CPU 出现过超载情况的服务器、微服务实例；分析前一日所有磁盘空间 /IO 出现过超载情况的服务器；分析磁盘空间 / 内存趋势推测未来几天将超过预警值的服务器 / 实例等。

- **宕机分析**：分析过去一天内的宕机事件，分析最近的趋势、现象或原因的聚类，如故障集中在某个品牌的服务器，或配置了某个型号内存、安装了某个内核模块，甚至是归属于某个云的主机、运营商、交换机、机房等。

- **告警分析**：分析过去一天或一段时间的告警数据，然后按告警类型、软件服务、集群、团队等进行分类，从中发现告警的规律。

- **可用性破线的时间分析**：通过巡检可以分析 SLA 指标的达标情况。假如 SLA 目标是99.9%，我们分析最近一个月内每天的 SLA 指标是否达标，有几天处于目标值之下。统计方式根据实际需要选择，如可以统计一个月内的达标天数，也可以统计一天内的达标小时数，甚至一天内的达标分钟数等。举例来说，大数据服务被要求在 $T+1$ 天的 9 点前跑完重要任务，大数据团队就把月度破线天数作为其工作目标，设定一个月只允许 $n(n \leqslant 3)$ 天破线。

前面讲的是具体的场景，接下来我们讨论如何设计观测能力。

4.4　观测能力设计

上述的定性和定量要求是需要通过设计才能实现的。观测能力的设计与分析涉及的工作包括设计原则设计、软件自身的设计、配套系统的设计、能力分配、能力预估、故障模式设计、诊断设计等。互联网软件框架中一般都会或多或少地考虑这些相关设计。

4.4.1　设计原则

观测能力的建立依赖软件自身的固有监控能力的设计，也依赖采集、上报、存储、告警、分析、定位、诊断等配套能力的设计，缺了任何一个都会降低观测能力。同时，要求这些观测能力的设计与软件的业务功能设计同步进行。也有先设计软件业务功能然后慢慢设计观测能力的做法，这样做的后果是在软件出现质量问题或出现故障时，没有办法很快定位故障边界和原因，导致系统稳定性差，故障较长时间无法修复。

1. 软件生命周期的各个阶段与观测能力

1）在规范/方案阶段，收集同类服务的可靠性数据，对可靠性目标和异常的临界值进行预设。评估结果可以用来进行方案的对比与选择，也可以作为判断异常的阈值。

2）在架构设计阶段，一方面要设计软件自身暴露各种质量参数、监控指标的功能，另一方面要设计配套功能，如设计收集数据的功能、采集的范围、采集的方法、数据规范、存储方案等。当然配套功能往往由可靠性工程师团队来设计和建设，业务研发人员去对接使用即可。架构设计中包含上报设计、错误输出设计、拨测设计、性能数据收集，需覆盖必要的监控点等。上报过程要充分考虑上报并发和上报带宽的规模，否则上报集群的性能很容易达到瓶颈，影响系统整体性能。

3）在开发阶段，尽量按要求完善数据再上报，因为越到后期，改进越费时费力。除了采集、存储，监控分析能力也要跟上。上报、存储、分析的相关服务同样要做好准备。

业务上线前要进行压力测试、全链路测试、验收测试（这里不包含功能测试，仅针对观测能力）等一系列测试工作。一方面要通过观测数据来分析测试的效果，另一方面也要关注观测数据是否达到观测要求。

4）在持续运行阶段，需要验证收集的数据是否符合要求，是否能代表实际水平，是否达到同类服务的水平。

5）在异常阶段，需要按照感知方式方法进行设计，并模拟验证，评估是否达到感知要求等，还需要在运维系统设计时考虑数据的利用、分析、观察展示、快速计算的能力。

在团队组织中也需要考虑人的感知设计，需要有人能快速并准确接收、响应质量的变化，有必要时需要安排 7×24 小时值班。

2. 多种能力综合建设

（1）软件在运行过程中尽量暴露观测相关数据

暴露的方式有几种，过去多直接用日志的方式，也有从软件内部通过日志 SDK 等将信息打印到远程的方式。例如，或在本地打印为规范的 KV 形式的日志，由本地采集程序转为指标再推送到监控系统；或是在本地打印调用链的日志，由采集程序推送到调用链的系统；或是软件提供了探测/拨测接口，如通过 Nginx 的 /status，PHP 的 status、MySQL 的 show status 等指令，通过外部程序访问程序接口来获得软件内部的运行状态，再将其转化为监控数据。

（2）打破传统多种能力的边界

在很多项目中，负责日志系统的是一拨人，负责调用链的是一拨人，负责监控系统的是一拨人，负责数据分析、AIOps、告警系统的也各是一拨人，SRE 又是另外一拨人。这些项目可针对性地解决一类或者几类问题，但真正用起来还会出现各种问题，比如维护困难，至少使用指标、日志、追踪 3 种方案，维护代价巨大；数据不互通，同一个业务组件和系统产生的数据在不同的监控观测系统，数据仍然割裂难互通，无法做到全局感知和关联分析。所以，我们需要打破数据的边界，理解所有监控与观测数据都是软件系统产生的，应该从软件系统的角度去观测感知，而不是从各种数据本身出发。

（3）以业务服务作为整体进行观测

传统监控以主机、系统、网络质量等基础监控为主。发展到微服务架构后则以微服务为主要监控对象。传统监控中把部署相同服务的主机归为一组进行批量观测，微服务监控同样可以把同一服务的多个实例归为一组进行监控。微服务监控以规模庞大的微服务作为监控对象，除了要对微服务自身状态进行监控，更重要的是对应用服务整体进行请求级调用链的追踪监控，实现端到端的观测感知。

4.4.2 设计方法

感知就像是人的神经元，能采集到数据，并产生神经感知、判断。观测能力设计本身也是个系统工程，涉及产品的整个生命周期，涉及架构师、研发、运维等各个团队。一个典型的监控系统示意图如图 4-29 所示。下面对其中一些关键点展开介绍。

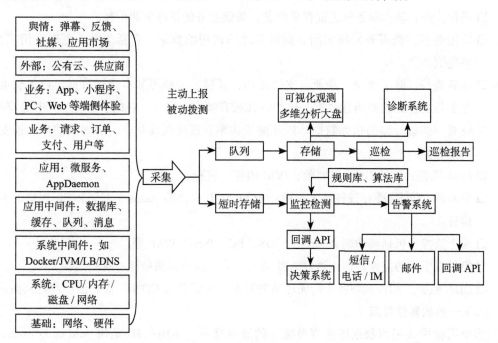

图 4-29　监控系统示意图

大多数公司用开源软件搭建自己的监控系统，各种开源监控系统的架构是类似的，业界也正在形成以 OpenTelemetry 为统一标准的可观测性规范，这里不展开来讲。下面讲述观测数据的规范、采集、传输、存储和展示的建设思路。

1. 数据规范：观测数据的归一化管理

数据规范是指在整个团队甚至公司内部形成统一的与数据生产、使用相关的约定，以方便各端团队、上报处理团队、后台团队、运维人员、分析人员、数据存储团队等所有团队用一种统一的方式来生产、使用数据。规范包括采集时间、采集数据格式、聚合时间粒度、上报方式等，采集到的大量数据需要根据一些规则关联起来，需要互相对照、统计口径，且技术规则一致。建议尽量提前定好规范，如明确要采集哪些数据、数据维度、时间戳，明确各个维度、指标值、返回码的含义，设置数据限制等。

（1）监控对象与数据来源

观测能力是以数据作为基础的，收集数据是观测能力的开始，要观测基础设施、运行环境、应用性能、业务可用性、第三方质量等就要收集服务器、操作系统、中间件、应用的全面的观测数据。观测数据来源主要包括以下几类。

- ❑ 硬件监控：温度、电力、风力等。
- ❑ 主机/容器：CPU、GPU、负载、内存、磁盘、IO、内核参数/状态、端口。
- ❑ 网络：丢包、延时、带宽、包数。
- ❑ 进程监控：核心服务的进程存活信息，关键业务的进程资源消耗。
- ❑ 应用监控：微服务模块之间、微服务之间调用的数据，包括失败、耗时、请求量、容量饱和度。
- ❑ 业务监控：除了登录、注册、支付成功、开播、卡顿等基本指标数据，业务层也有更多与业务相关的指标数据，比如音视频有帧率、码率、耗时、带宽、P2P分享率，还有一些统计型的指标数据，如开播成功率、进房间成功率、页面成功率、连麦成功率等。
- ❑ JVM监控：比如GC、类加载、JVM内存、进程、线程。
- ❑ 中间件/存储/缓存各种技术指标：如MySQL提供的status信息，Redis提供的Info信息。
- ❑ 端上监控：包括移动端Android、iOS、PC、Web、WAP等。
- ❑ 第三方应用的监控数据：通过API与第三方打通并采集数据，统一监控。
- ❑ CDN数据：如音视频各个传输环节的数据，也需要与CDN厂商、云厂商打通数据。

（2）一致的属性规范

多个指标中共用的数据应该遵循统一的属性规范，如用户ID是用 _uid 还是 userid 表示，IP、日期时间、应用名、接口名等都应遵循一致的约定，以减少很多后续处理工作。这里列出常见的几个需要被约定的规则。

- ❑ 数据编码方式：用JSON、二进制或普通文本格式。
- ❑ 指标名称的约定：数据会越来越多，如果名称不加以规范也可能引起混乱。尽可能采用命名空间的方式，如音视频类的指标可以采用 { 业务名 }.{ 服务名 }.{ 指标名 } 的命名方式，卡顿率可表述为 huya.video.blockrate。

- 返回码的约定：对于一些固定的返回码，可以提前与研发人员约定好，以便在告警阶段根据返回码快速确定原因。如正数表示逻辑错误，负数表示技术错误等。

观测数据应遵循简单原则，精度适中而不是越细越好，应综合考虑观测能力的要求、性能及成本等。

一个通用的时间序列数据格式包含如下几种。

- Metric ：监控项，也叫监控指标，比如 CPU 利用率、内存空闲、每秒请求数、网络延迟等。
- Tag ：标签 / 维度，每个度量指标可以有多个标签，如一个微服务请求可以带上主调服务名、被调服务名、主调 IP、被调 IP、集群、机房等信息。在后续的监控分析展示中可以根据这些标签做不同维度的分析。
- Timestamp ：监控采集发生的这个时刻的时间戳，一般精细到秒，有些可以精细到毫秒。
- Value ：监控的值。可代表不同意义的数字或字符，如返回 0 表示成功，返回其他值则表示失败。

有些指标是所有公司通用的，如 CPU、内存等监控指标，有些是企业内部自行定义的。自定义的指标需要明确负责人，对每个指标清晰定义并准确描述，组织工程师采集上报，规定统一的度量数据的方法。如果有多条产品线，每条产品线都应该有完整的质量与稳定性指标体系。

企业内也有一些通用约定规则可遵循，如在多个业务服务中，指标可通过命名空间进行区分，如将上报指标明确定义为："业务名 . 产品名 . 指标名"。如虎牙 iOS App 将其开播指标命名为 huya.appios.stream_connect，各字段及其说明如图 4-30 所示。

2. 统一采集上报

应建立统一的数据采集和上报服务。

监控系统是基于对数据的分析、处理、报警进行监控的，所以数据采集是监控系统非常重要的一步。采集监控数据和日志看起来简单，可是数据规模大了也不好处理，如并发量达到百万级 / 秒，数据量每天超过数十太字节时，数据采集、传输、存储、使用会面临很多挑战。由于数据来源众多，所以必须使用多种采集方式，如有些由 SDK 直接采集并上报，有些是先写本地日志再采集日志上报，有些是由监控系统主动抓取。常用的监控采集架构如图 4-31 所示。采集粒度（有时也叫数据精度）是指采集数据的间隔时间，一般为分钟级，关键指标可以做到秒级。采集粒度决定了数据精度和数据规模。上报是指将采集来的数据提交到上报服务。

字段	类型	说明
_ip	string	客户端 IP
_uid	Int64	用户 uid
version	string	版本 version
platform	string	区分不同的主播端平台：ios/adr/web/pc
room_id	string	房间 ID
stream_name	string	流名 key
stream_url	string	转流域名
stream_cdn	Int32	转推 cdn
protocol	string	推流协议
code_conn	Int32	返回的 code
code_forward	Int32	转推阶段，失败返回 code
code_finish	Int8	是否成功，0 失败 1 成功
stream_sdk	Int8	开播 SDK
latancy	Int64	耗时

图 4-30　某服务的上报字段设计

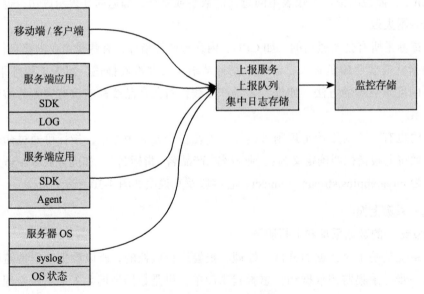

图 4-31　监控采集架构图

3.数据预处理、数据聚合

（1）数据预处理

很多数据需要经过预处理才能成为观测数据。有些数据可以直接上报，有些数据需要在本地做些处理再上报，还有些数据需要在上报的后端程序做些加工处理再进行存储。

本地预处理：在本地上报前先清洗掉脏数据、重复数据、无效数据，也支持增加规范字段、字段转化、字段去除、丢弃消息、脱敏处理等预处理操作。

数据转化：有时需要通过实时分析将数据转化为另外一个数据。比如有些统计条数可转化成一个计数的指标。

数据关联汇总：将同一条调用链的日志汇总在一起。

增加维度：为了补充某些维度，在处理层可以加一些标识。如直接把 IP 转为国家地区信息，以便后续查询或存储。

减少维度：对于有些数据，当前只需要分析部分维度，这时可以把不需要的维度信息忽略，只处理需要关注的维度。

规格化：对从数据收集层获取到的数据进行规格化和过滤处理。

队列：大量数据同时上报可能会造成系统处理性能跟不上，为了缓解数据突发带来的影响，上报程序可以把接收的数据先写入队列存储，通过队列进行缓存，由队列的消费者程序处理后再写入监控系统。也可以由不同消费者程序按需选择数据的中间件。上报数据不仅能被监控系统使用，还可以转发到其他地方。如转入大数据集群供更多人分析使用，部分数据可能存入日志系统，直接分发到监控报警模块等。

（2）数据聚合

数据聚合是指在数据进入存储系统之前对原始数据进行计算处理，形成新的字段或值。

按时间粒度聚合：时序数据是按产生的时刻上报的，会分布在任何时间刻度上。对数据按需要的时间粒度进行处理，比如按分钟级聚合，就是把这一分钟内的数据合并为一条。这里的时间粒度可能是 1 分钟，5 分钟，当然也有可能是 1 天或 1 个月等。数据聚合需要有一个明确的时间粒度。不同的数据应该用不同的精度来度量。

聚合算法有多种，如一分钟内 60 条数据，通过聚合算法形成一个值，可以是求平均值、最大值、最小值等。

4. 观测数据的存储

在面对海量观测数据时，数据存储面临非常大的挑战。首先系统必须支持海量数据的存储，支持海量数据的实时分析，可以进行离线 / 在线处理。大部分公司采用时序数据库来存储观测数据，有时需要采用大数据集群来做某些数据的存储和离线分析，日志类的数据会用日志系统进行存储。常用的时序数据库有 OpenTSDB、ClickHouse、Graphite、InfluxDB、Prometheus、Druid，也可以使用 Hadoop、MySQL，ElasticSearch 进行存储。

在存储海量数据时，工程师要注重数据治理，在数据量很大时，不同数据的价值和需要存储的时间是不一样的。有些实时的数据最好被保存在内存中，如最近 30 分钟需要被频繁使用的数据，有些数据并没有长期保存的价值且长期保存会增加存储成本，可以按需设定好数据的存储时长，如 30 天、半年、1 年等。

5. 统一的展示观测与分析

监控系统都有监控台（Web UI、Dashboard），一般是 Web 界面，主要是对获取到的数据进行统一展示，展示的方式可以是曲线图、柱状图、饼图、表格等。通过将数据图形化，SRE 可以一目了然地查看业务的运行情况，分析一段时间内软件系统、主机、网络的运行状态，快速排查并解决问题。常用的展示工具有 Grafana、Kibana、Graphite 等，也有公司自研的 Web UI，做比较固定的页面展示。监控页面需要具备开发监控大盘以及监控分析的能力，具体分析如下。

开发监控大盘：根据特定的场景或监控对象，把核心指标图表展示在一个 Web 页面，使工程师一眼就能看到出现问题的环节。观测展示系统需要具备灵活的开发大盘的能力。

监控分析：观测展示系统要能帮助工程师进行监控分析。监控下钻是指从高级的维度向更小的维度不断探索，更细致地分析存在的问题。一种是按单维度下钻，如按时间维度下钻，可以有天级、小时级、分钟级，甚至秒级的指标精度。另外一种是按多个维度下钻，如知道华南区出现问题，可以按省、市（即地区维度）下钻，也可以按地区 + 运营商维度下钻，还可以按地区 + 运营商 + 线路维度下钻。

4.5 观测能力要求与度量

观测能力不完全是软件系统自带属性，还需要架构设计人员、开发人员、运维人员、SRE 等在过程中进行赋予。只有完善感知数据，及时上报，做好监控，并充分利用好数据，同时通过工具观察、分析来洞察软件对用户服务的状态以及软件内部状态，才能说系统具有了较好的观测能力。所以要对各系统、模块、应用、各团队人员提出观测能力方面的要求，并清楚地分配下去。软件系统的监控大多都是在故障后才发现在某个点上缺了监控，有没有办法在事前就能知道应该加什么监控，哪里还缺了监控呢？本节围绕观测能力提出定性和定量的要求。

我们先来对观测能力分级，可以按各个服务、系统、模块的层级进行对照，确定目标系统所在的层级，进而了解系统在观测能力方面的水平，特别是短板。大多数监控系统具备从数据到定位问题的整个过程的完整能力，当然也有些能力是需要各个公司自行设计的。

4.5.1 定性要求与分析

那么，如何评估一个互联网软件系统的观测能力的水平呢？我们可以从定性要求和定量要求两个方面进行评估。先来看定性要求。

1. 建设软件系统的观测能力的定性要求

要建设软件系统的观测能力，首先要明确一些定性要求。定性要求是指提出一些难以定量描述和测量但又应该考虑的设计要求。定性要求是从原则、方法和实践经验方面，提出在设计产品时应该采取的技术途径和措施。

1）合理划分模块单元并对各单元增加关键性能指标的监控，有明确的指标负责人，各个模块 / 接口应该提供可测试性 / 可观测性：如模拟拨测、状态探测，实现拨测和内部上报，要设置充分的内部外部监控点，以满足感知要求，特别是关键性能的监测，必须有而且是及时的监测，并配有告警。

2）建立观测分析的平台。如监控系统、告警系统、监控大盘等，设计全链路监控，实现快速判断。

3）制定上报规范，提供上报的通道、系统、存储等。确定关键上报点，完善可观测性的三大支柱来源：日志、追踪、指标。

4）实时分析和离线分析相结合，建立大数据分析系统，建立较强的分析能力，提升分析效率等，建立分析定位排障诊断系统，要有异常检测机制。

5）增强人的感知能力：要有告警机制、电话通知、升级机制，不能只由专家排查，要安排值班人员，做到普通开发人员也能快速分析定位等。

6）实现架构可视化、性能容量可视化，提升可观测性。

7）提供一致且有效的诊断能力，诊断平台、系统的自动化程度应该与人的诊断能力一致，而不能完全靠人去进行诊断。

2. 定性分析评级方法

按照感知设计、在设计中可感知的可能性、感知可能性，可以把观测能力分为 7 个等级，如表 4-1 所示。

表 4-1　观测能力分级

感知设计	在设计中可感知的可能性	感知可能性	观测能力分级
没有感知设计	没有现成的设计，也不能探测、监控和分析	几乎不可能	1
在任何阶段都感知不到	设计中只有极少机会找到潜在的起因和机理	很微小	2
上线后有故障才补，加入感知设计	设计中有很少的机会找到起因和失效模式	微小	3
开发完成后再考虑监控，加入设计	有中等机会	低	4
开发过程有考虑感知设计，能实质性感知	有很多机会	中等	5
有立体的观测能力	有很多机会，几乎没有缺漏	高	6
通过感知做出准确决策并预防失效	已经能感知绝大部分，并能自动做出决策	几乎一定	7

4.5.2 定量要求与分析

观测能力的定量要求是指管理人员和工程师提出的量化的观测能力要求，通过具体的指标及对指标提出具体的量值要求和目标。定量分析是指能够用量化指标来描述软件系统观测能力的现状水平，从而分析观测能力的短板、找到改进方向。下面列出观测能力的常用的三类量化指标。

1. 与监控告警相关的结果指标

（1）监控首发率

监控首发率是指对一段时间的故障事件进行统计，分析有多少故障是通过监控告警系统首先发现的，而不是由老板、用户、非开发/运维人员首先发现的。复盘新发生的故障时也要问问是否是通过监控告警首发的。在生产实践中，很多故障是影响了较多用户，其中小部分用户通过某种途径反馈后，工程师才知道发生了故障。这种情况让工程师很被动，我们应该让监控系统发挥最大作用，尽量做到比用户先发现问题。

$$监控首发率 = 监控首发的故障数 / 总故障数 \times 100\%$$

监控首发率是 1 个结果指标，它在很大程度上依赖告警准确率、监控告警覆盖率和告警及时性。例如根据统计我们在某个时间段的首发率达到 65%，如图 4-32 所示，说明还是有部分故障是人工报障发现的，监控告警能力还需要改进。

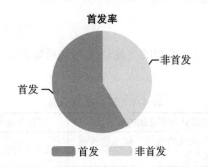

图 4-32　观测能力度量指标：监控首发率

（2）告警准确率

告警准确率是指在所有的故障事件中，通过监控告警系统发出告警信息，帮助准确定位系统故障的比例。告警准确性要求告警信息是有效的，告警所指向的故障对象、故障部位/点位是准确的，告警指标是正确的，告警接收人是正确的，推荐故障原因是准确的。

$$告警准确率 = 故障强相关的告警数量 / 总告警数据 \times 100\%$$

从理论上讲，可以通过压测、拨测发现监控告警是否准确、有效。实践中我们会在故障报告中标注本次故障是否有监控、是否有告警、告警是否准确。在回顾分析时，我们会统计所有故障中无监控、无告警、告警准确的比例。如果无监控、无告警、告警不准确的比例高或数量多，说明观测能力存在较大问题。

（3）监控告警覆盖率

监控告警覆盖率是指在过往所有的故障事件中，统计所涉及的监控对象及其观测数据的覆盖情况，如图 4-33 所示。监控告警覆盖率要求全面采集观测数据、配置监控页面、配置告警、有观测分析 / 综合诊断的相关能力。此指标考察的是观测能力的全面性，要求在所有故障所涉及的监控对象的基础、应用、业务等各层面，能通过调用链、日志、指标等观测方式发现异常，能跟故障对应上。

$$监控告警覆盖率 = 有监控告警的故障数量 / 故障数 \times 100\%$$

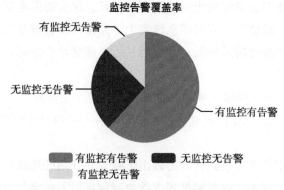

图 4-33 观测能力度量指标：监控告警覆盖率

与监控告警覆盖率相反的指标是告警误告率和漏告率。

（4）告警误告率和信噪比

误告率是指监控告警系统所发送的告警信息中虚假告警的比例。虚假告警是指系统没有发生实际故障却发出了的故障告警。没有明显异常的告警有时也叫故障虚警、无效告警。告警信息多了会让工程师成为惊弓之鸟，或让监控系统成为"狼来了"中的小孩。

$$告警误告率 = 无效告警数 / 故障告警总数 \times 100\%$$

可以用告警信噪比来统计有多少告警是有用的，多少是告警噪声，有用的告警信息可以由接收人确认告警准确有效后人工做出标注。告警噪声数量是指可以忽略的告警的总和。

$$告警信噪比 = (告警信息总数 - 被标记有效的告警数) / 告警信息总数 \times 100\%$$

（5）告警漏告率

漏告率是指有多少应该告警但是没有告警的告警的比例。告警被漏告会错过很多异常，这是比较严重的观测能力不足。漏告可能是由于没有配置监控、没有配置告警、阈值不合理、或告警系统自身某个环节出现故障导致的。

$$告警漏告率 = 应该告警但未告警的数量 / 故障数量 \times 100\%$$

（6）人均收到告警的条数

如果接收人在一天中收到300条告警信息，若逐条查看则他将没办法做其他正常工作。每天收到5条左右是比较科学的。收到告警的条数在一定程度上说明了人的观测能力，也即说明了人的敏感性。在告警条数超过一定阈值后，再发更多的告警信息反而会降低接收人的观测能力。这也可以理解为人接收告警的饱和度。换句话说，一个人能关注且处理的告警数量是有限的，超过则无意义，这个值一般应该是个位数。

2. 与观测分析能力相关的指标

（1）故障发现时长

故障发现时长是指在从异常发生到被发现的时长，这个指标考察的是监控指标的覆盖全面性、告警实时性、敏感性。有时候系统发生了异常却没有被及时检测出来，或没有监控对应指标，都会导致故障时长延长。发现时长可以度量单个故障，也可以统计度量多个故障的平均时长。

单次故障发现时长 = 处理人收到告警时间 − 故障发生时间

平均故障发现时长 = sum（处理人收到告警时间 − 故障发生时间）/ 总故障次数

（2）应急响应时长

应急响应时长是指处理人收到告警后做出了响应并开始处理故障。故障发生后正常发送告警信息给对应的处理人，有时候处理人接收到信息后不一定马上响应或是为了处理故障需要做较长时间的准备工作。为了保证高效响应，应建立告警升级机制，即如果灾难故障在一定时长未被响应，则升级到备份负责人、二线处理人，在灾难告警持续较长时间后，值班工程师还应电话通知对应处理人。

单次应急响应时长 = 故障响应时间 − 收到告警时间

平均应急响应时长 = sum（故障响应时间 − 收到告警时间）/ 总故障次数

（3）故障定位时长

故障定位时长是指工程师开始处理故障到确定故障点位的时长。工程师收到告警信息后，在监控系统、调用链、日志系统、诊断排障系统等不断探索分析，直到找到准确故障点。故障定位时长指标很能考察观测能力的强弱。在实践中，我们在告警时做些初步自动化诊断，在告警信息中附带可能的故障原因及能快速跳转到相关观测系统的链接，以协助工程师缩短定位时长。

单次故障定位时长 = 确定故障点位的时间 − 故障响应时间

平均故障定位时长 = sum（确定故障点位的时间 − 故障响应时间）/ 总故障次数

下面以某次故障来举例说明。

某故障报告中关于故障开始、发现、响应、定位、修复时长的描述

故障时长（实际影响业务时长）15分钟

10:52:00 故障开始时间点

10:52:00 Cache 业务 SRE 将"生产环境 -stage2"的 svcnode 升级到 v3 版本，升级工作在之前已在其他环境上的 600 多个实例上升级成功，按照安排，继续对其他实例进行升级

11:25:00 SRE 团队陆续收到 B、C 业务研发工程师关于 Cache 调用失败告警的反馈

发现：33 分钟

11:26:00 故障响应时间点

11:26:00 SRE 收到反馈后马上开始响应处理

响应：1 分钟

11:27:00 SRE 高度怀疑可能与正在进行的 svcnode 升级有关

问题定界：2 分钟

11:28:00 SRE-A 停止 svcnode 升级工作，排查已升级的节点，确定问题，决定执行回滚

11:33:00 已升级的实例执行全量回滚

修复：5 分钟

11:35:00 故障根因定位时间点

11:35:00 SRE 发现升级操作中的启停方式为"先启后停"，与预期不符

11:35:00 故障恢复时间点

11:35:00 节点的 svcnode 进程已经重启完成，故障恢复

根因定位：3 分钟

分析此故障，发现观测能力存在严重问题，工程师升级实例失败竟然没有发现，也没有告警，而是通过调用此服务的上游业务告警后才发现。

3. 与观测算法相关的指标

观测算法是指在故障告警、根因推荐、故障诊断、自动化决策的过程中，通过算法能力从大量数据中获得准确信息。算法能力是可观测性中的重要能力，常见的应用场景有阈值推荐、故障预测、异常检测、文本识别等。

（1）预测故障准确性

通过算法预测故障的准确性。如果在故障还没达到灾难时能通过预警提前发现，这是比较高级的观测能力。

（2）根因推荐准确性

通过快速诊断程序得出诊断结果并准确定位到问题的次数。如通过一键执行诊断程序或通过智能告警信息准确判断问题。可以要求处理工程师确认标记来评估根因推荐的准确性。

（3）算法决策准确性

此处的算法决策是指故障发生后通过算法做出准确决策，触发预案执行，且正确解决

问题。如之前依赖人工分析处理的场景，实现算法决策后可以做到自愈。自愈场景个数、执行次数、成功解决问题的比例都可以作为能力评估的指标。

4.6 观测能力建设实践

本节介绍 3 个观测能力建设方面的具体案例。

1. 实践 1：黄金指标

（1）背景和问题

在以前，工程师主要依靠对基础软硬件和后端服务的监控发现故障，但这些不能完全监控用户访问业务的质量，经常出现告警信息很多却没有发现业务问题，知道后端出现故障却不知道影响了哪些业务及用户，甚至老板／用户／运营先发现业务不能用，工程师却找不到异常监控指标的情况。在以后端监控为主的情况下，工程师需要配置和维护大量指标的监控阈值、告警条件、人员信息，在软硬件及人员都频繁变化时很难保证不出差错。

（2）改进方法

我们提出了基于业务黄金指标的观测方法。为了发现业务质量问题，我们先梳理出用户最关心的业务核心服务，从用户端侧上报这些服务的关键质量指标，这些指标能代表用户的真实体验。主要做法是把影响用户的关键服务的指标作为业务黄金指标，与业务研发人员、业务负责人达成共识；为每个黄金指标配置完善的监控告警，这些告警是最重要的告警，为每个指标制作专用的质量监控大盘，并建立配套的根因推荐、故障诊断、定界定位等观测能力；通过黄金指标建立起度量业务稳定性和质量的指标体系。

以直播业务为例，把关键业务指标如主播开播成功率、观众进直播间成功率、送礼、支付、订阅、登录、注册成功率等作为黄金指标。通过基于算法的 AIOps 能力，实现无阈值告警并提供根因推荐的能力。把全局用户质量指标按直播间、端侧平台、用户地区、用户网络运营商、CDN 厂商等维度进行细分，在全局指标异常时快速自动化分析所影响的用户范围。在告警信息中附带指标曲线图以及到监控大盘的对应链接，从而提升从发现问题到快速定位的效率。同时梳理出支撑指标的后台架构及后台服务的指标，并形成监控大盘及下钻分析页面，当质量大盘发现某指标异常时可以进入下钻分析页面。下钻分析监控包括微服务监控、基础监控、网络监控等。还可以根据经验不断补充，把对该核心指标影响较大的监控指标都整合进来，帮助实现在几分钟内定位大部分问题的原因。

当黄金指标抖动幅度超过阈值时，必然是业务出现故障，所以这些指标可用于度量业务可靠性，且这种度量可以是自动化的。黄金指标已成为对质量和稳定性进行量化评估的主要工具。

（3）实践效果

目前虎牙的黄金指标告警数日均 5 条左右，比普通告警少、定位能力强。黄金指标成为质量的趋势线，所有人都能看到质量的变化，也成为稳定性的衡量标准，当质量下降到一定程度时表示出现了故障。故障发现、故障最终评审和复盘都能以黄金指标作为依据。

2.实践2：音视频全链路监控系统

（1）背景和问题

直播是众多互联网行业中技术比较复杂的业务，主要体现在以下几个方面。

1）传输链路长：视频在从主播端采集、编码、推流、转推环节、转码环节、传输分发网络，到观众端拉流、解码、渲染播放的链路和相对复杂的链路环境中要保障音视频的流畅直播是很有挑战的。

2）音视频技术复杂：用户观看端的平台多需要兼容，主播开播方式有十几种。为了追求极致的画质、性能、成本，音视频编解码技术、P2P 技术也是层出不穷。音视频从主播端到观众端的整个链路是实时的。视频失败无法通过重试补偿用户体验的损失。

3）影响视频质量的指标很多：包括主播开播质量、观众视频卡顿、视频传输延时、视频加载质量等，以上这些指标都会影响到用户体验。直播还涉及后台微服务的质量，数千个微服务的成功率、调用次数、延时等，这些都可能会影响观看直播时的质量和稳定性。

（2）改进方法

基于以上问题，我们建立了一套全链路的监控体系。工程师负责开发质量数据上报、预处理、存储、展示平台。由于是实时采集且数据量巨大，上报服务被设计为容易扩展的微服务架构。海量原始信息全部直接写入存储行不通，为了兼顾数据上报实时性和性能，所以我们通过流式计算对原始数据进行过滤、聚合、预计算等预处理工作。

SRE 与移动端团队合作开发专用 SDK 以采集端侧质量数据并保证上报性能和可靠性。与音视频传输全链路软件团队合作，采集音视频及后台服务，包括转码、切片、CDN、中间流转推、业务后台的观测数据，通过直播间和音视频流信息串起来，形成全链路的可关联的观测数据体系。

前端读取统一存储的观测数据并通过 Web 后台进行展示和分析，分析工具提供了强大又灵活的面板增减、数据探索分析、定制条件查询、灵活的聚合时间粒度等功能。此外我们还做了一些工作，如告警时的根因推荐、传输链路快速摘除节点、告警自动打通 CDN 厂商、在告警信息中自动定位并带上原因和排查页面链接、智能诊断主播上行原因并自动切换等。

（3）实践效果

基本做到大主播在音视频全链路发生故障后在分钟级被发现，新人在经过简单培训之后能通过分析大盘很快找到问题原因，解放了音视频专家，一线值班解决率达到 95% 左右。

3. 实践 3：AIOps 与观测能力

下面简单分享 AIOps 根因推荐的案例。

（1）背景和问题

直播平台中与音视频相关的故障更多是某个直播间音视频在主播上行、传输链路某个节点出现问题，或用户侧某些地区、运营商、软件版本、CDN 线路出现集中性的问题。虽然观测数据中已经有了这些维度，但传统排障方式是要工程师打开大盘去看，发现疑似原因后再一步步摸索分析。当直播卡顿后观看人数会迅速下降，并需要较长时间才能缓慢恢复卡顿前的并发数。依赖工程师人工去分析需要一定时间，在问题较为频繁时还是会消耗工程师不少精力。如果能自动化定位原因并快速解决则能减少观众流失和节省工程师的精力。

（2）改进方法

我们通过引入 AIOps 算法来分析数据规律能大幅提升工程师排查故障的效率。SRE 根据主播网链路架构和过往排障经验，研发了卡顿多维度根因定位算法，并协同多个工程师团队，开发自动化切换工具闭环解决主播卡顿的问题。

首先，在卡顿时通过算法在多个主要维度中下钻分析各个维度的贡献值，评价每个维度的影响度和贡献度以判断它和异常突增之间的相关性。在多个维度中采用加权关联规则挖掘的方式自行挖掘维度之间的关系。采用迭代定位分析有多个维度贡献度都较大的情况。通过在总体指标出现异常波动时，自动地对导致异常的多个维度进行定位，并对推荐结果进行自我评价，如果定位准确且原因唯一则执行对应的自动化预案，如果原因是有几种可能性，则生成告警信息和工单把几个根因推荐给工程师去分析。

（3）实践效果

应用了多维度根因定位算法进行根因推荐后，大大加快了查找问题的效率，很多告警甚至能够准确定位并自动处理，不用人工再介入排查。图 4-34 是根因推荐后的告警信息，会把根因定位结果和一些关键信息附在告警信息中。

图 4-34　AIOps 根因推荐的智能告警的例子

4.7　本章小结

本章较为全面地讨论了互联网软件观测能力的相关话题。首先总结回顾了监控技术的发展，较为全面地介绍了互联网软件观测的具体场景。然后简单介绍了如何设计观测能力，从数据采集、上报、预处理、存储到展示分析等全过程，从多个方面讲述如何建设观测能力。最后介绍了如何评估监控和观测工作的效果。业界讨论监控观测的技术较多，如何评估效果讲得较少，本章给出了一些定性定量度量的方法和具体的指标，希望能供工程师参考，还附带了黄金指标、音视频全链路监控、AIOps 等 3 个实践项目案例。

故障修复、综合保障能力建设与实践

软件可靠性工程是与故障做斗争的学科。软件代码写得再好也不能保证没有 Bug，服务器宕机也是难以避免的事情，所以软件系统不可能完全可靠。工程师如果能在出现故障时快速、经济地恢复系统运行，可以提升互联网平台服务的可用性和持续性。在软件可靠性的基础上，还应该设计一种工程能力，那就是在软件系统发生故障时，要尽可能用各种方法使系统恢复到正常状态并继续提供服务。本章将较为全面地总结互联网软件系统的故障规律，讨论如何建设互联网平台的快速修复故障的能力，考虑到应急保障能力在故障修复过程中也非常重要，所以将其合并在本章一起介绍。

5.1 软件故障修复能力概述

本节我们从概念、重要性、故障规律三个方面来概述软件故障修复能力。

5.1.1 什么是软件故障修复能力

软件故障修复是对已经发生的故障采取修复动作把系统恢复到正常运行状态。软件故障修复能力是指在规定时间、规定条件下，按照规定程序把软件系统恢复到规定的正常状态的能力。有些场合也把修复能力称为"快恢能力"。修复能力定义中的"规定条件"是指某些特定场景、背景、技术条件，包括相应环境场合、人员、软硬件设备、系统工具、技术资料等；"规定时间"是指故障修复是有时间要求的，在某个阶段能达到一定水平；"规定程序"表示对特定故障的处理方法、步骤等组成的预案；"规定的正常状态"一般是指故障前的状态，有时也包括从严重不可用恢复到基本可用的状态。

如果没有准备充分的条件，没有既定的预案，缺乏对故障的了解，那么在碰到故障时我们就只能惊慌失措、焦头烂额、手忙脚乱。举个例子，Facebook公司在2021年10月4日出现持续7小时的重大故障。当时连内部沟通工具也都失效了，导致员工只能通过邮件进行沟通。故障切断了数据中心与互联网的连接，导致工程团队无法在线处理，在派人前往数据中心重置服务器后才恢复访问。可以想象故障的紧急程度和当时的混乱情况。

5.1.2 修复能力是现代软件系统的重要能力

软件系统必须具备良好的修复能力。因为大规模分布式的互联网平台的软件系统出现故障是必然的。

首先，虽然我们强调在设计阶段尽可能做到可靠，但现代化软件架构都趋向敏捷化、微服务化，甚至无服务化，粒度越来越细，架构的变化导致设计步骤被弱化，微服务的早期设计工作不会特别细致。其次，软件的迭代速度越来越快，变更次数越来越多，参与的人的分工也越来越细。软件开发是在有限的时间、资源、成本的情况下进行的，可靠性是在有限成本和可靠性目标之间的平衡，所以软件Bug无法彻底消除。最后，软件运行所依赖的基础硬件、公共软件环境、公共网络、服务等设施规模庞大、复杂，同时也在不断迭代、升级，随着时间的推移和随机性的影响，这些设施也可能会出现一些问题，进而影响依赖它们的软件服务的可靠性。

既然故障无法避免，那就有必要建设能快速且低成本地修复故障的工程能力。如果没有系统性的修复能力，每一个故障来临时都像是一场战斗。前面列举的Facebook的例子是一种极端情况，在较差的情况下，可能一台服务器宕机都需要十几个工程师参与修复。故障会造成巨大的经济损失、品牌损失，而故障修复能力就是挽回这些损失的最重要的能力。

5.1.3 研究故障规律是修复能力的基础

要实现故障修复过程的"快速"，就需要研究并了解故障的发生发展规律以及制定对应的修复预案和工程方法。"先止损再修复"已经成为业界共识，在故障发生后，应该优先执行止损动作，当资金安全、数据安全、用户安全等重大风险被排除后再彻底修复。

可靠性工程中的一项重要工作是研究故障的规律，包括研究故障发生发展规律、故障诱发因素、过程表现特征、故障模式，也包括识别当前系统的风险并了解其潜在诱因、发生概率及影响，进而有针对性地设计处理预案。修复能力离不开应急排障过程，也离不开人和修复工具，还离不开快速协同、快速排查和分析问题、排除故障的方法。我们在本书1.5.1节中讨论了引发软件故障的几类因素，感兴趣的读者可自行回顾。

我们会周期性回顾故障原因，工程师在分析了所在公司过去一段时间的故障历史后，得到如图 5-1 所示的故障原因分布图，其中变更原因在所有故障原因中的占比为 67%，灾难原因为 23%，流量原因为 10%（突发流量导致系统承载能力不足）。对排名第一的变更型故障进行细分，如图 5-2 所示，原因分布可细化为软件代码逻辑变更（占比 40%）、不符合规范的运维变更（占比 30%）、外部依赖变更（占比 19%）、数据库缓存类变更（占 11%）。

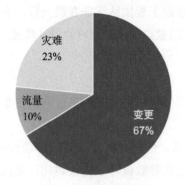

图 5-1　某公司一段时间内故障原因分布图

图 5-2　变更型故障的细分原因

变更、灾难与流量这三个因素不是相互孤立的，往往互为因果，如变更操作可能引发灾难，性能下降可能引发整个机器宕机，变更操作可能引发性能下降等。在修复故障时，我们往往要从多个视角去分析故障原因。研究故障的规律也要研究如何应对这些故障，研究故障是如何发生的以及过去是如何修复的，并设计相应的能够快速修复故障的预案。

在故障刚出现时我们往往不知道是什么原因，判断过程是把未知变成已知的过程，需要分析、诊断、排查后才能确定问题，所以综合应急能力非常重要。如何诊断故障原因、如何改进软件设计以方便快速修复、如何设计开发修复工具以尽可能在短时间内修复，以及如何预防已知因素造成的故障等都是修复能力需要考虑的。

接下来讲述如何进行修复能力的设计与实现。

5.2　软件故障修复能力设计与建设

修复能力也是设计出来的。修复能力是感知、修复、应急响应和综合保障能力的综合体现。为了修复故障，工程师需要做到监控告警及时、观测定位准确、软件可修复、有对应的修复预案、能快速有效执行、资源及时到位、管控平台有力保障等。修复能力设计要求软件架构被设计为可修复的，如具有容灾、扩缩容、限流降级、阻断等可控能力，也需要对修复工具、修复方法、修复流程进行设计。

5.2.1　设计原则

修复能力设计原则包括修复过程和修复相关能力设计的建设原则。为了更好、更快地修复故障，需要设计开发修复工具和强调工程师的修复技术及经验。也需要在软件系统中加入便于故障修复的相关特性。这种特性也叫作软件可修复性，它是为了便于故障修复而在软件架构中加入的适应性设计和功能设计。还需要设计和组织便于故障修复的配套能力，如人员、运维资源、工具/平台、文档资料必备的配套的保障能力。

1. 强调故障修复的工程设计

如果修复过程不够快，那么更应该从软件系统设计、修复工具平台设计方面找原因。设计能力决定了恢复能力的强弱，修复能力应该是软件架构特性之一。对于大部分故障，我们都应该组织事后复盘，复盘的目的是厘清故障模式，根据故障模式制定和改进故障预案以实现软件自动修复或加快人工修复。制定的预案应该包括预定条件下的预定方法流程，开发对应修复工具。改进的预案应该包括对软件自身设计、基础设施架构、修复过程/方法/工具、观测与诊断能力的改进，以及对故障规律的进一步了解等。举例来说，在 MySQL 的主从架构中，当主库出现异常时，我们应该把从库升级为主库。通常这种情况需要 DBA 登录 MySQL 控制台做多步操作，确认同步延迟、暂停 IO 线程、重置主从、切换主从角色等，也需要在应用微服务侧切换连接到新的主库。此外，DBA 还要执行建立新的从库等动作。主从集群的完整切换操作需要较长时间，而且步骤较多，容易出错。我们不能要求每个 DBA 都熟练到每次均一气呵成还从不出错，但可以改进修复工具来实现同样目的。在 DB 管控系统中开发 API，通过 API 编排把多个步骤串联起来，用自动化提升操作连贯性，使得多次操作完全一致，且能复用在所有的主从集群中，还能被所有工程师轻松使用。缓存集群的代理、数据分片、负载均衡接入、DNS 接入、微服务集群、容器集群中都可实现类似的功能。

建设故障快速修复能力的目的是缩短故障处理时间，最大限度减少损失。故障修复过程涉及修复工具、负责修复的工程师、修复相关的资源。一个完整的修复工具需要实现软件系统可切换调度的功能并暴露 API，由预案平台对这些 API 进行封装，从而完成特定故障场景的修复任务。负责修复的工程师需要具备相应的技能、知识，能够熟练操作。还需要准备与修复相关的软硬件资源。

2. 设计便于修复的软件架构

在架构中增加为故障修复考虑的设计。 面向故障设计也是分布式系统设计中的一个核心思想。面向故障设计有两种方法。第一种是软件系统实现自身容灾容错和故障自愈。如实现流量请求的准入控制功能，当突发涌入超过自身服务能力的请求时，系统能主动拒绝或优雅地降级处理，从而保证服务的稳定性。第二种是为修复而设计，当软件无法实现完全自我容错和修复时，在软件系统中设计可供外部工具控制集群进行故障修复的功能和接口，如设计某些修改配置、降级开关、流量调度等功能。这种设计被称为可操作性。一个典型的例子是，在直播过程中主播上行的推流节点发生故障时，可以通过后台工具切换其他推流节点，这就需要在客户端设计支持自动切流或后台下发切流操作的指令。可操作性从设计伊始就要加以考虑，它是产品特性的一部分。比如设计可通过修改配置文件或提供API直接改变软件运行参数。

设计标准化与无状态化的软件架构。为了能在修复故障时放心地处理单点问题，软件模块要实现标准化和无状态化。首先，基础设施硬件要通用和标准化，尽量能够统一化，比如设计标准的机型/套餐（按照相同规格设计CPU、内存、磁盘、网络），在同一集群使用同一机型。同时，操作系统、基础软件环境、软件版本要保持统一，否则工程师执行自动化程序时很可能因节点间的差异导致部分节点执行失败；自研软件服务尽量只提供一个或几个稳定运行的版本，这样在摘除、替换、扩容时能够更加高效，版本越多，失败概率越大；分布式系统中的节点要无状态，即当停止系统中任何一个服务节点时，系统还能正常服务，当增加一个节点后能平滑地加入集群。应避免使用IP端口等直接提供服务。把IP写死在配置文件中时，如果IP对应的服务器出故障了，迁移切换后其他写死了IP配置的服务器都要修改配置并且重启生效才能恢复。

3. 配套工具需要具有可靠性和良好的可达性

可达性是指人或工具可以触达、控制软件集群。应急过程需要由操作人完成，修复过程中也需要工程师通过网络操作修复工具来控制要修复的软件系统。整个过程会涉及如下内容。

- ❑ 办公网络：办公网络是快速接触到故障点、处理线上问题的前提。
- ❑ VPN网络：很多公司要求从办公区外通过VPN接入办公网络。
- ❑ OA系统：工程师在登录运维系统时往往需要先登录OA系统或特定账号系统。
- ❑ IM系统：用于处理故障的信息沟通。
- ❑ 跳板机/堡垒机：为了运维安全和可靠，大多数公司要求通过跳板机/堡垒机登录服务器。
- ❑ 运维系统：处理故障需要快速登录运维系统，但是很多运维与业务系统部署在相同的IDC和网络环境中，这样当业务服务出现故障时，运维系统也可能出现故障，导致无法进行修复。

修复过程也依赖工作网络。例如，工程师在办公室时，需要通过办公网络登录服务器和运维系统。在非工作时间或在办公室外处理问题时，工程师需要依赖稳定的VPN、跳板机等网络及工具登录服务器和运维系统。在要求高一点的情况下，服务器应该提供带外网络，该网络独立于生产网络，在生产网络出现故障时也能登录。如曾经出现当业务出现故障时OA系统也出现故障，导致工程师登录不了运维系统的案例，也出现过故障时办公网连不上IDC生产网的情况，甚至连工程师沟通的IM软件也不能用了。这些故障让工程师无法触达故障现场，也无法获取故障信息和沟通修复方法。

需要具备良好的检测工具和监控系统。修复故障时必须要通过观测去发现、分析、定界/定位问题，有些数据可能并未形成监控指标，需要通过检测工具去分析挖掘问题。检测工具能够帮助进行快速健康检查，在系统部署、升级等各类运维操作完毕之后，进行一个快速的健康检查以确认系统核心服务没有问题。这种快速的健康检查方式类似回归测试。

接下来讲述如何建设快速修复的能力，首先会讲述预案平台的设计思路，然后针对具体引发故障的原因分别讲述如何进行修复。

5.2.2　预案平台的设计

可修复性设计是指产品的设计特性支持通过修复方法去改变软件的运行方式。预案是针对总结出来的故障场景，将经过验证的修复流程和运维操作编排成可快速执行的程序。预案平台是指提供执行程序、开发工具和编排执行流程的系统。

预案是非常重要和必要的。成熟的预案有很多好处：它能大大缩短故障的处理时间，避免每次都需要投入较多时间查找问题和修复故障，不需要半夜时十几个工程师紧急排查故障；预案还能减少对专家的依赖，把专家修复能力沉淀到平台，让普通工程师或值班工程师就能把问题处理了。

预案平台是缩短故障修复时间的关键，作为处理故障的入口门户，它把多种处理故障预案集中到一个平台，通过异常告警信息等引导处理人直接到达预案平台，快速执行对应的预案。

预案平台管理所有故障场景及其对应的预案，预案程序需要经过测试审核，应与产品研发团队的代码进行配套测试和修改；预案必须经过演练，确保每个应急预案的有效性、决策的准确性，以便工程师能更轻松地做出判断并执行。

接下来讲述如何设计一个预案平台。

1. 抽象问题和故障场景，形成固定的处理模式

资深工程师意味着这位工程师处理过很多故障，有丰富的经验。抽象故障场景做预案是指对过去的故障处理方法和经验进行总结，形成固定的处理模式，使得所有工程师都可通过平台执行预案来修复故障。抽象的过程其实是把团队的经验、最优秀工程师的经验沉淀下来的过程。

举例来说，简单的磁盘写满问题的处理流程如图5-3所示。

由于运维工程师经常面对各种故障，因此总结经验、抽象场景要有针对性，以高频、高危场景和重要服务为主。高频场景是指根据过往的告警和故障记录，分析对业务、工程师影响最大的故障场景，如磁盘写满、网络抖动、服务器宕机、应用内存泄漏、发布故障等。高危场景是指可能导致业务全局性不可用的重大灾难场景，如机房级故障、DNS级故

障、云厂商级故障。重要服务是从业务的视角看服务的重要性，如登录服务、支付、送礼、看直播视频等属于核心服务，对这些服务的高危风险或高频问题，要设计针对性预案。

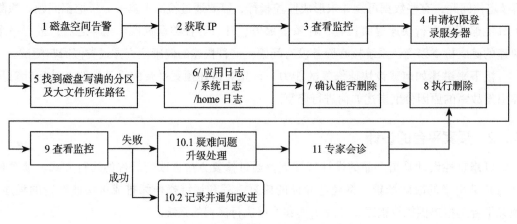

图 5-3　简单的磁盘写满问题的处理流程

2. 实现原子操作接口化

原子操作是指针对软件系统的各个部分，在软件研发设计中加入可操作修复的能力。常见的原子操作列举如下。

- ❑ 运维命令通道：可以通过 API 使用这个通道在特定的服务器或其他基础设施执行运维命令。
- ❑ 运维管控系统的原子操作：如可从资源池申请服务器，在 DNS 系统修改域名的解析等。
- ❑ 集群操作：如从负载均衡集群摘除某个节点、从集群摘除某个节点或隔离。每个集群都应该具有相关的能力，如负载均衡、应用集群、缓存机器、队列集群等。
- ❑ 调度系统：切流量，如 CDN 回源切换、接入负载均衡切换、应用集群负载均衡切换、DB 主从切换等，直播间线路、直播间码率档位、主播推流上行节点切换等。
- ❑ 发布系统、配置系统：发布系统可实现灰度、回滚的能力，通过打通配置系统的原子操作，可修改配置，实现对系统行为和策略的修改。
- ❑ 元数据系统：打通各种系统的元数据系统，可实现查找软件模块间关联关系的能力。
- ❑ 监控系统：实现从监控系统获取个别指标的数据能力，进行自动化诊断与决策。

SRE 需要和服务研发人员深入合作，与基础设施团队、各个管控平台团队深入合作，根据可靠性的需要提出和实现原子操作的接口。这些团队往往也实现了各自的一些能力，SRE 可进行整合编排。

3. 观察、诊断、决策能力与经验

预案平台应该能帮助诊断并做出准确判断，准确的诊断是执行预案的前提。判断一旦

失误，不但修复不了问题，而且会带来负面影响。举个例子，在服务性能下降造成响应延迟增大并出现部分请求失败的场景中，工程师在收到某个节点的告警信息后直接摘除了这个节点，使得服务整体容量下降，进而造成整体耗时更高，失败的请求更多。因此，预案平台必须准确判断是哪个节点、副本、集群的问题才能通过隔离摘除的预案实现容灾，如果判断失误，摘除了正常的节点，那么不但不能修复故障还会缩小集群容量。大多数公司通过监控系统来观察、诊断、决策，不过监控数据和诊断能力也可以被集成到修复预案平台，帮助工程师做出诊断、确认问题。比如可以将各类基础指标、事件、关键指标、业务请求量、服务质量指标数据等集成到预案平台上。

预案平台应该提供尽可能丰富的决策数据，降低信息沟通成本，减少跨平台的来回分析，帮助修复人员在简单判断的情况下执行预案程序。举个例子，在判断问题是单节点问题还是集群问题时，综合对比后才能确定具体的问题，决定是执行扩容预案还是摘除异常节点预案。一般情况下工程师需要在监控系统查看多个节点的指标，所以预案系统应尽可能提供读取监控数据的能力，不用跨系统就能诊断问题。如图5-4所示，系统能自动在短时间内诊断异常节点的聚焦性。预案在被执行前都可以进行一次诊断来分析、验证问题。

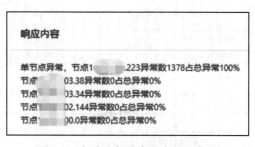

图 5-4　自动诊断异常节点的聚集性

预案除了可整合一键执行或多步执行的预案工具外，还可整合所对应问题的运维资料，如排查流程、架构图、联系人、关键监控大盘链接、调用链链接、日志系统链接等，以及一些常见错误的判断逻辑（如返回码 / 状态码含义），常见的诊断过程和工具及处理方法。预案平台不仅是自动化工具，它作为文本预案对工程师的帮助也是很大的。图5-5是一个通用的排查问题的流程，这个流程也是很重要的，毕竟故障场景很难穷极，还有很多无法做成预案或未知场景的情况，把通用排查方法和经验做成预案集成到预案平台，可辅助工程师进行快速应急和排查修复。

4.可开发、可扩展、可编排能力

预案平台应该是一个可持续沉淀经验和工具，不断整合更多预案的开放平台。它应该提供可开发的能力，可以为新增场景开发新的预案；也可以扩展新的原子操作，整合更多的管控系统、软件集群；还可以把运维操作步骤合成到一起，如切流、调度、扩缩容等，对多个零散的原子操作进行编排。预案平台设计中集成了多种类型的原子操作，如DB主从切换、直播频道切换、摘除微服务故障节点、关键链路扩容、监控指标的查询诊断、负载均衡切换，以及多种容灾切换等。

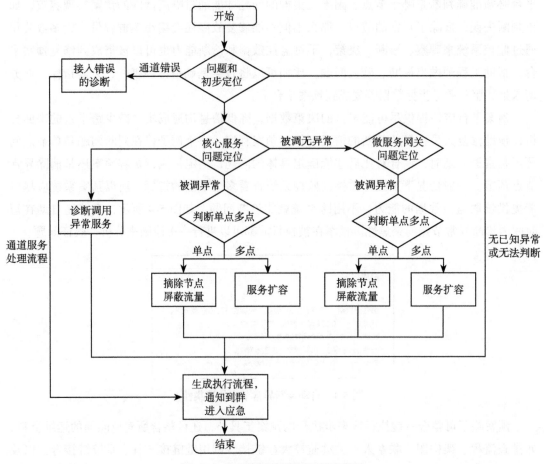

图 5-5　排查问题的通用流程示意图

编排能力是通过API调用，把上述原子操作按需组合、按指定顺序执行，将原本需要多步操作的任务组合为一键执行的程序。编排能力包括可新增删除步骤、可调整顺序、可按需指定执行对象（输入参数）等。相同的操作可在不同的运维对象上执行。输入参数是指在执行时才知道的参数，如清理磁盘需要指定的IP，切换流量需要知道具体的直播间，容灾需要知道具体的集群等。SRE也可对多个原子操作进行编排，以设计较为复杂的故障修复预案。

5. 预案执行能力

分布式系统常常需要提供7×24小时服务，系统如果出现故障，就需要运维人员干预才能恢复，而运维人员在执行紧急操作，特别是在执行影响重大的操作时往往可能出现错误，反而对系统服务造成更大的影响。俗话说，常在河边走，哪有不湿鞋，操作多了总会有概率出现人为差错。预案平台提供 Web 化执行运维操作的机制，而非传统的命令行窗口黑屏操作。预案的执行过程、执行结果也提供实时查看功能。同时，预案系统会记录执行结果，定期统计预案的有效性，帮助平台使用者对预案进行迭代改进。

预案应该经常性执行，否则在紧要关头也是不敢放心执行的，即使没有实际故障，也应该进行定期演练，以保证预案本身的可用性和可靠性。

6. 预案可能带来的负面影响

预案执行是有风险和隐患的：一是预案关联多个系统，任何一个系统或 API 出现问题都可能造成预案执行失败；二是自动批量化执行可能造成安全风险或人为的大型故障；三是执行太多的预案会使工程师对生产环境生疏，使得他在紧急情况下的应急能力退化。

常见的 3 类故障是变更型故障、灾难型故障、容量型故障，下面针对这 3 类故障分别阐述对应的修复方法。

5.2.3　变更型故障快速修复

有数据表明，70% 左右的故障的产生原因是变更。前述 Facebook、Fastly 故障都是因为变更导致的。既然大部分故障是由变更导致的，那么在修复上自然要更加重视。变更之所以容易导致故障，有以下原因。

- □ **操作过程不透明**：运维系统多、运维对象多、变更人多，不知道谁会在什么时候做什么变更，故障应急时很难关联到变更事件。如配置项被修改、进程被升级、某个文件被删，导致超出预期的故障不好查。
- □ **操作行为不可控**：有些变更操作过于随意，没有操作的预案，操作过程临时决定，不知道会改动什么、影响什么。没有灰度，变更不可回退。随意变更会带来风险，即使有变更规范也只是事后定责的条文。
- □ **操作事故不可溯**：操作的结果没有记录，特别是黑屏操作（不通过管控系统而是登录服务器执行的命令行操作），事故没法追踪。

1. 如何发现变更型故障

大型互联网平台的运维对象成千上万，变更系统很多，可实施变更的工程师也很多，所以要在发生故障后关联到变更事件是非常困难的（要知道是谁、什么时候、对什么对象、做了什么、为什么变更）。

首先要有统一的变更事件系统，所有的变更事件都需要统一上报到此系统。大多数公司都有多个变更系统，如发布系统、负载均衡管理系统、DNS 系统、DB 系统、缓存管理系统、CMDB 系统、安全系统等。在出现故障时，逐个排查每个系统是不现实的，所以需要有统一的变更事件系统。

其次需要方便的关联变更的方式。关联变更的方式有多种，列举如下：

- 直接关联故障对象，若某个软件服务有故障了，可在变更记录中直接查询此服务名，如因升级了有 Bug 的版本而引发故障；
- 通过上下游关联，如都属于同一关键链路的服务变更，因数据库变更引发了前面所有服务的故障；
- 通过基础设施相关性关联，如查找主机、网络、机房的变更，因改了服务器配置导致部署其上的所有服务故障；
- 通过时间窗口关联，如查找在故障开始的小段时间内的所有变更等。

变更与故障之间往往有意想不到的关联，运维变更操作可能会直接导致故障，如做了错误的变更、DNS 解析错误等；也可能会间接导致故障，如 IP 所属的 CMDB 模块变更导致防火墙策略变更，进而引发模块下服务不可用。所以，变更时要充分预估，排障关联时要多种关联方式综合匹配。

2. 处理变更型故障的策略

运维工程师在生产系统中拥有较大的权限，如果操作失误有可能影响整个平台服务。为了防止这种把网站 / 服务弄瘫痪的情况，变更操作必须遵循可灰度、可监控、可回滚的原则。

1）可灰度是指变更时按机器、用户、业务、请求流量、应用程序等维度进行分级，多次发布。

- 按比例：如可以按机器的 1%、10%、50%、100% 这样的灰度策略进行变更，也可以按用户数的 1%、10%、50%、100% 这样的灰度策略进行变更。
- 大版本变更分解为小版本迭代：把后台程序大版本变更分解成很多小版本迭代发布。例如，一个系统的多个模块联合开发，多个模块一起工作才能实现业务需求，但同时发布又会带来危险，所以应该在保证兼容的情况下，提前发布被依赖的模块，后发布主调方模块，从而减少这种风险。
- 基础架构流量灰度：基础架构也需要进行升级，如负载均衡等中间件，它们一般遵循并行化，即先启动一个新集群，老集群继续运行，通过流量调度实现灰度。

2）可监控是指变更后要观测相关指标的变化。对比的监控指标包括基础指标、应用指标、业务指标等。对比的对象包括变更的目标服务在变更时间点前后的对比、变更组与未变更组的对比。对比的方法包括人工观察对比、人工设定阈值自动对比、复杂算法检测对比。算法检测可由两部分组成：度量指标是否发生异常突变，判断突变是否合理。若指标在变更前后发生了无法解释的突变，则认为指标异常。根据分析，导致故障的变更大部分都会导致指标突变。

3）可回滚是指可快速回退到变更之前的状态。操作类故障最快的恢复手段是立即回滚。基于灰度加监控的能力，在变更后指标发生异常变化时先回滚是最稳妥的办法。回滚可以手动完成，但建议尽可能自动完成。业界所谓的无人值守发布也是类似做法，即在变更前后通过一系列算法对比指标变化，如果发现异常则执行自动回滚动作，达到无人值守的目的。服务升级时要求实现版本化部署，而非增量的文件传输，每次变更都应该是一个可回滚的版本。

除了可监测、可灰度、可回滚之外，还可以通过一系列变更规范来减少故障的发生，如图 5-6 所示。

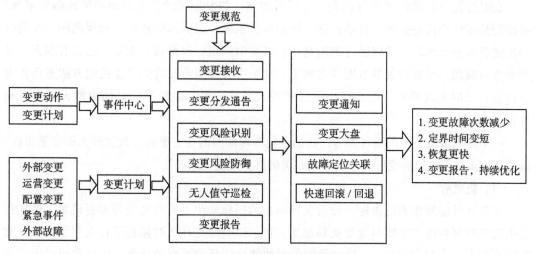

图 5-6　变更规范示意图

3. 如何快速处理变更型故障

针对变更型故障，我们一般会根据变更的不同阶段来制定不同的应对方法，分析如下。

（1）变更前

在公司内部制定规范，确定变更时间窗口、变更计划、变更流程，如重要变更、大量变更时需要事前审批。变更的重要程度和变更范围不同，对应的审批级别也不一样。变更流程一般包括：变更计划和预案、事前审批、事中控制、事后报告。从修复角度看，首先要有计划和预案，说明变更时间、操作对象、操作方法、可能影响、紧急措施等，其次要能监控被影响的各项指标，然后要能支持回退、回滚、暂停等操作，如果出现任何问题，优先回退恢复业务。所有的变更应该有审计记录，并定期形成分析报表等。

我们在虎牙内部制定了变更红线，分为 9 条：

1）政府主管部门封网时段严格禁止变更；

2）禁止在高危时段变更，必须在允许的时间窗口内进行，紧急变更必须通过审批；

3）禁止没有通知的变更，变更前及变更结束必须要有通知；

4）禁止黑屏操作变更，无法避免时必须两人一起进行；

5）禁止没有预案的变更；

6）大规模物理性毁灭操作必须有审批；

7）基础平台和业务中台重要变更都必须有审批；

8）所有变更干系人必须在线，重大变更（不可回退）干系人必须在现场；

9）研发团队三级组以上电话必须24小时开机，SRE全员24小时开机。

（2）变更中

变更过程尽量做到风险可识别、过程可控制，如发现风险后能自动提醒或触发审批。可控制是指识别高危操作并自动拦截，类似风控系统。识别风险依赖一套规则库。要判断一次变更是否有风险，可以通过判断是否在变更时间窗口、是否有审批、是否有预案、是否业务高峰期、变更对象的范围等来确定。变更中可参照前面讲的可监控的方法进行多维度监控，及时发现异常。在变更中要求相关人员在现场，黑屏操作必须由两人以上互相检查。

一个实践经验，可供读者参考：我们会把高峰期间的变更事件、批次较大的变更事件，以及重试多次仍失败的变更事件同步到相关的群，提醒大家关注。

（3）变更后

变更后可监测相关的指标，分析变更前后的指标变化。所有变更都要有记录，这样在发生故障时可快速将故障与变更关联起来，可追踪到谁在什么时候做了什么变更动作。发版后可能引入未预期的Bug，通过回滚能最快速地恢复到原来的状态。变更完成后也要进行检测，这时已经不是对照检测，而是全网检测，如采用时间同环比检测等方法。同时，要求变更人在一段时间内不能离开现场。图5-7所示是一个变更后自动检测发现异常的例子。

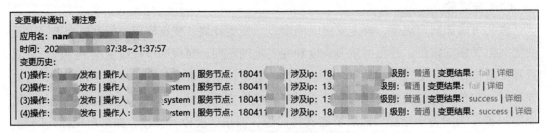

图5-7 变更后自动检测发现异常

定期统计变更数据，对变更事件做多维度的统计分析，如按变更系统、变更团队、变更质量等维度进行统计分析，将不符合变更规范的变更数据统计出来并形成报告。

5.2.4　灾难型故障快速修复

本书所说的灾难型故障是指软件系统所依赖的软件集群、服务器或网络等基础设施出现彻底的、突然的、预期之外的崩溃状况，且故障设施本身通常无法自动恢复。例如一台服务器意外宕机，不通过人工介入则无法自行恢复。用户请求所经过的链路中的 DNS、负载均衡、应用网关、应用服务、缓存、队列、数据库、文件存储等服务可能出现集群型或单点灾难型故障，基础设施部署架构中的运营商网络、IDC 网络、电力、交换机、服务器等也可能出现宕机、中断、损坏等灾难型故障。下面来讲述如何快速修复灾难型故障。

1. 处理灾难型故障的策略

处理灾难型故障的策略分为三步：一是在架构设计中建设容灾的能力，二是在发生故障时迅速识别判断灾难型故障，三是在应急响应时迅速进行故障点隔离、容灾切换或异地重建。

（1）容灾能力建设

从用户请求访问链路和架构分层的角度来看，第一层容灾是在 PC 浏览器和手机 App 等用户侧访问到可用的接入节点。任何一个接入节点都可能会发生灾难型故障，在故障时用户端侧不应访问到这个故障节点，而应该访问那些健康的节点。要实现端侧的容灾，一般情况下有两种方法，第一种是通过修改 DNS 解析屏蔽故障节点，第二种是通过 HTTPDNS 返回健康的节点列表而不返回故障节点。修改 DNS 往往需要数分钟到几天的生效时间，而通过 HTTPDNS 则可以实现秒级切换。同时，第二种方法是端侧软件发起 HTTPDNS 请求并返回多个可用 IP，结合后端节点分配和端上重试策略，可以保证访问到可用的节点。HTTPDNS 服务的接入点自身也可能出现灾难故障，可以在端上预埋较为固定的 BGP IP 实现兜底，且可通过轮询方式主动更新预埋的节点信息。

第二层容灾是在统一接入层和网关层，利用 CDN 边缘节点或边缘计算服务实现用户就近接入，同时实现接入机房级容灾。跨机房的容灾可以在某个机房出故障的时候，与端上配合迅速切换到另外一个机房提供服务。这一层也包括 IDC/Region 内的网关层负载均衡。虎牙的主播网和信令网络在全球接入了多家云厂商的 Region，利用云的丰富的 Region 和网络实现了全球接入和转发的容灾，达到可靠的目的。

第三层容灾是 IDC/Region 级别中心节点的容灾。当某个机房、分组集群出现故障时，通过应用集群的负载均衡或名字服务等调度流量到其他健康的机房或分组集群。图 5-8 所示是在双机房架构中主机房出现故障时的故障容灾切换的过程。

第四层容灾是分布式服务集群内部基础组件（缓存／队列／存储等）负载均衡和数据集群负载均衡。分布式的高可用集群一般要容许一定比例的节点故障，需要有对应的容灾措施，如图 5-9 所示，有部分节点发生灾难故障后应实行故障隔离，同时扩容出部分新的健康节点来承载流量。

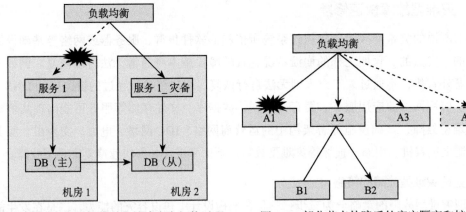

图 5-8　主机房出现故障时的故障容灾切换过程　　图 5-9　部分节点故障后的容灾隔离和扩容

（2）识别灾难型故障场景

在大规模节点的软件系统中，必须能够准确识别灾难型故障的范围、性质、聚集性，不能准确判断就无法选择应该执行的修复方案。识别灾难型故障依赖第 4 章所讲的观测能力。可靠性工程师应基于观测能力，快速识别、判断灾难类型。首先应识别出故障场景，常见的灾难型故障场景如表 5-1 所示。工程师进行定界定位后判断故障的聚集性，如按集群、分组、节点进行判断，是全部节点故障还是部分节点故障。如果是部分节点，是哪部分故障？有什么共性，如同一个机柜 / 机房 / 交换机？这种观测能力应实现自动化，形成专门诊断工具，帮助工程师做出准确决策。

表 5-1　常见的灾难型故障场景

容灾大类	容灾分类	故障场景
基础设施维度	服务器故障	单服务器宕机
	机柜故障	单机柜宕机
	接入交换机故障	单上联宕机
		双上联宕机
	核心交换机故障	单上联宕机
		双上联宕机
	专线故障	单专线挂掉
		机房级专线故障
		双专线挂掉
	机房故障	机房公网出口挂掉
		单个核心机房挂掉
业务维度	DNS	微服务接入集群故障
		对外 Web 代理集群故障
		单云厂商故障
	Web 七层接入	用户服务单点故障

（续）

容灾大类	容灾分类	故障场景
业务维度	Web 七层接入	支付业务核心服务单集群故障
		主站业务核心域名切换
		微服务、音视频集群故障
		全公司机房级故障
	微服务 set	应用接入层 + 单 set 级故障
		应用接入层 + 单机房 set 级故障
		业务单机房 set 级故障
	缓存服务	用户与支付缓存服务模块级故障
		微服务后台缓存服务模块级故障
		业务 1 缓存模块级故障
		业务 2 缓存模块级故障
		机房级缓存模块级故障
	DB	用户服务数据库主库故障
		支付服务数据库主库故障
		微服务后台数据库主库故障
		业务 1 数据库主库故障
		业务 2 数据库主库故障
		机房级数据库故障

（3）快速隔离故障点或切换调度能力

快速隔离故障点是指发现某个节点发生灾难型故障后，把故障点与生产系统隔离开，避免用户的请求被发送到故障点从而造成用户可见的失败情况。切换调度是指把正常的请求流量切换到健康的集群或调度到正常服务的系统中。在多数情况下，执行切换、调度、隔离动作都需要有专门的工具 / 系统 / 平台。设计容灾切换方案需要考虑以下关键点。

❑ 前提条件：服务无状态，可以摘除而无影响，加入节点能快速重新实现负载均衡。

❑ API 化操作：负载均衡的调度 API，从负载均衡后端中摘除节点、部分机器，或从一个集群切换到容灾集群，以及快速扩容新节点的能力。

❑ 调度的决策机制：对是否是单点、交换机、机架、机房级别故障，要做出准确判断，并判断切换后的灾备容量是否满足当前业务访问量，能否快速扩容到对应的容量。

❑ 应进行定期演练：保证容灾集群是随时可用的，保证容灾切换的工具是随时可用的。

（4）系统重建

有时因为控制成本、技术、业务因素，工程师没有建立常态的容灾备份或多活集群，这时必须考虑到系统重建能力。异地重建系统是指在生产系统所在区域、机房、服务器或系统发生灾难型故障，短时间不可恢复但又要求业务继续提供服务的情况下，应该考虑异地重建整套系统。重建系统需要有新的基础设施、整套软件代码或构建好的软件程序、异地备份的数据，以及配套的工具、文件等。灾难恢复能力一般用从灾难中恢复回来的时间长度（RTO）来衡量。从灾难中重建并恢复系统是个复杂的工作，也依赖众多资源，一般来说包括 7 个方面，如表 5-2 所示。

表 5-2　灾难型故障后系统重建所需的资源

序号	资源类别	资源要求
1	备用基础设施	灾难备份中心选址与建设 备用的机房及工作辅助设施 备用服务器
2	数据备份与恢复系统	生产系统的数据备份 数据恢复工具和技术
3	备用数据处理系统	数据处理能力 与生产系统的兼容性要求 平时的状态（处于就绪状态还是运行状态）
4	备用网络系统	备用网络通信设备、线路与系统
5	灾难恢复预案	明确灾难恢复预案的：A）整体要求；B）执行的预案；C）培训和演练；D）管理要求
6	运维管理能力	灾难恢复的管理组织 人员、资料、工具、资源
7	技术支持能力	软件、硬件和网络等方面的技术支持 技术支持的组织架构 各类技术支持人员的数量和素质等

2. 如何快速修复灾难型故障

要实现灾难型故障的快速修复，需要在问题出现时做出准确决策，执行某些预案程序，也需要做出易用的工具，集成到预案平台，由工程师通过人工决策，在平台执行对应预案。常见的快速修复灾难型故障的方法有以下几种。

（1）隔离

隔离是指把故障节点从系统中摘除，让业务流量不再被发送到故障节点。集群应具有失效转移的功能，摘除节点后访问某节点失败应能切换到其他健康节点。

（2）切换调度

切换调度是指通过工具把流量整体切换到健康的灾备集群/节点，在故障触发条件后执行某些预先设定的程序。这里提到的切换包括热备、冷备、多活、分组的切换，其他还有公有云级别、公共基础设施级别的故障切换。

（3）重启

在某些故障场景，如累积性的内存泄漏，或是服务器处于挂起状态，在没有其他办法时，可以使用重启进程、服务器，甚至采用集群重启的修复方法。重启是比较粗暴的方法，业务/用户可能会明显感知到。

（4）暂停/停止服务

停止对外提供服务，由上游服务自行实现熔断或兜底服务。若发生较大范围的灾难型故障，业务中甚至可能发出暂停服务的公告，所以公告也应该有预案。在最糟糕的场景，如软件系统暂时无法恢复，应该果断挂出通告告知用户业务暂停服务，而不是让用户继续访问，继续提供错误或失败的服务。

（5）集群重建

极端情况下我们需要对整个集群进行异地重建，这时就需要进行全方位的重建，包括资源交付、数据重建、应用重建、拨测验证、引入流量（灰度流量、大量流量）、业务验收等阶段。

5.2.5　容量型故障快速修复

容量型故障是指因业务请求量突然增长，工作负载突然增多，导致软件服务处理不及时，或因单位资源消耗增加而引发的部分或全部用户无法完成任务的故障。最快地恢复容量型故障的方式是让资源随着工作负载自动伸缩，通过增加资源来承载更大的访问量。我们把容量型故障修复分为两个阶段：尽可能通过主动容量管理，快速扩容解决容量型故障，在资源达到瓶颈无法继续扩容时，再通过限流、降级、熔断等方式来保障核心服务可用。限流降级也应该成为常态，因为互联网服务的突发性比较强，有可能因为瞬间的突发流量进入，导致来不及扩容，很快达到容量上限。

1. 容量规划与感知

容量规划是指 SRE 对软件系统应该承载以及能承载多少用户的并发流量有明确的规划和清晰的理解。感知是指当系统的并发用户、并发请求发生变化（包括突增、突降、掉底等）时，SRE 能及时感知到。系统的承载能力对应的是运维资源，包括计算资源、存储资源、网络带宽资源等。各个集群、业务服务所消耗的资源是不一样的，所以需要系统对资源进行实时监控，并提供观测与感知能力。资源不足时可能引发用户请求失败、耗时增加、体验变差等问题。观测与感知包括对用户并发量、并发请求量等业务指标和技术指标的监控。比如同时观看直播的人数的增加必然会带来视频带宽的增加。

2. 处理容量型故障的策略

处理容量型故障的策略有 4 种，分别是扩容、降级、限流、熔断，如表 5-3 所示。

表 5-3　处理容量型故障的策略

修复方法分类	具体方法举例
扩容	单服务扩容 链路多服务扩容

（续）

修复方法分类	具体方法举例
降级	降低效果（降画质、减少弹幕数量） 关闭高级功能（如关闭推荐） 提供有损服务（增加延时、关闭 P2P 等） 异步化（如到账时间、异步通知、延迟更新）
限流	单接口最大连接数 单接口每秒处理数 封禁用户 IP 单 IP 最大并发连接数 单 IP 最大每秒连接数 IP 白名单 单域名并发连接数
熔断	服务级别熔断 接口级别熔断

（1）扩容

当集群容量不足时，可以通过快速扩容来提升整个集群的处理能力，从而降低节点负载，降低集群发生故障、崩溃的可能性。扩容过程包括申请资源、部署基础环境、系统环境、应用运行环境等，然后把应用程序快速部署上去，加入线上集群，最后完成引流等整个环节。其中最重要的是要决定何时扩容、扩多少。扩容有以下 3 种常见策略。

❑ **基于容量规划的提前扩容**：互联网平台主动进行计划内的大活动、大促销时可以基于人工预估来进行扩容，这需要有比较准确的容量模型。

❑ **基于实时观测指标的自动弹性扩容**：基于业务请求延时、请求量，甚至节点负载等指标来做出扩容决策。当耗时明显增加、请求量明显上升时应该进行扩容。

❑ **基于趋势预测的自动弹性扩容**：根据请求耗时和请求量的变化趋势来预测未来小段时间的工作负载，提前实施扩容动作。

（2）降级

降级是系统在超出自身正常的服务容量时采取的自我保护措施，通过降低服务质量来保证系统的可用性和可靠性。降级的前提是能先分级，即要对服务／功能分级，并建立降级的能力。降级策略也可以分为几种：

❑ **优先保证核心服务和高价值用户访问**。当请求压力过大时，可以采取自动关闭某些非核心服务功能来保证整体可用，如仅给大主播设置高码率而给小主播设置低一点的码率。常见的可降级的非核心功能有个性化推荐功能、用户发布内容功能、特效功能等。

❑ **把高质量但很消耗资源的逻辑降为简单但可用的逻辑**。如在列表中把复杂推荐降为传统简单排序列表、延长缓存时间来减少计算压力、减少同时下发弹幕数量、减少码率档位、暂停离线计算空出资源给在线业务等。

❑ **通过请求异步化把耗时逻辑延后执行。** 异步化是指把部分耗时的请求转为异步化，先执行必须同步完成的核心流程，再在算力充足时处理异步化请求，比如异步通知、离线计算、离线补偿等。异步化要求主要流程和辅助流程做到解耦且隔离，高耗时、高 I/O 的流程应该被异步化。异步化通过损失一点用户体验来保护系统的稳定性和服务可用性。

自动降级会牺牲一部分效果，但是可以自动地瞬间提升服务能力，抵御突发的流量增加给系统带来的冲击，也可以缓解流量突发带来的资源容量不足等问题。

（3）限流

运维资源总是有限的，无法为突发的数倍流量准备那么多资源。降级所能提升的容量也是有限的，而且在有些场景下是没有用的。当流量继续增加，即使自动降级也无法抵御时，可触发限流措施。有时候流量是瞬间突发的，比如在大主播抽奖的时刻，流量是秒级突发的，如果系统无法在秒级以内为突发的流量扩容，就很可能引发整个集群的崩溃。限流也是软件自我保护的一种方法，可避免突发流量造成软件的直接崩溃。可通过有损的限流方法来保证服务总体可用。

限流是指丢弃部分超出自身服务能力的请求，如拒绝新连接的用户从而保护已经连接进来的用户顺利走完流程；丢弃某些特定的流量，如攻击性流量、爬虫流量、可疑流量等；也可按照业务功能或接口限流，快速返回一个失败信息给请求端。

限流是非常时期采取的非常手段，不仅会影响用户体验，还会使命中限流的部分用户访问失败。但这是权衡的结果，是为了保护整个业务基本可用而牺牲部分服务，或拒绝为部分用户提供服务的结果。

（4）熔断

在分布式系统中，某个服务 / 节点出现错误和超时的故障是不可避免的。如果继续访问故障服务 / 节点，可能存在两种情况：第一种是命中故障节点的请求错误被前序调用方感知到；第二种是所有前序调用因为等待超时而无法处理更多请求，导致大量任务被阻塞并迅速传播到整个软件系统，无法接收处理任何新请求。熔断机制是指在主调服务请求被调服务时，如果请求数、失败率、超时情况等指标超过一定的阈值，那么主调服务将主动放弃发起请求，迅速返回（可能是返回失败结果、缓存内容、默认值或空值等），并上报记录事件，从而保护整个系统免受个别服务 / 节点的故障影响。

微服务架构中对熔断机制的应用比较普遍，其实熔断思路在所有服务间的调用中都可以借鉴，如跨系统调用、跨端调用、第三方调用等。

5.2.6　应急协同

发现故障后如果不能立即确定故障原因、故障类型、故障影响范围，没有找到对应的预案，那么就要进入应急协同过程：通过工程师在线紧急排查以确定故障原因、故障类型、问题所在，制定修复方案并在线紧急实施。应急协同过程往往涉及多个系统多个链路环节的人，投入大、效率低，但往往也是不可避免的，大故障都是超出大家预期的。应急也不是大家手忙脚乱进行的，有一些经验套路可以总结，有一些基础能力可以建设好。

1. 应急能力概述

有效的应急协同是控制事故影响和迅速恢复运营的关键因素。真正能成为事故的故障，都是需要人参与处理的，大多复杂的故障都是由多个团队参与协同处理的。如果没有一定的流程，事先没有针对紧急事故进行过演练，那么故障发生时，很可能导致情况更加混乱，业务得不到及时恢复。

存在两种比较普遍的情况。第一种情况是运维人员 / 产研人员收到告警，独自开始修复，直到故障处理完成或故障被更大范围的人都知道了。有时候参与的人比较多，多个人都尝试修复问题，在线上做变更而不互相通知，会影响问题定位判断甚至造成更大的故障。有时候大家都以为别人会去处理，结果没人处理。第二种情况是团队中的每个人都收到告警，处理时大家都在一个群里，不管是否影响到核心业务，大家一起冲上去处理故障，或者被其他同事通知后参与处理，缺乏组织协调。具体是否参与处理取决于业务运维、技术同事和各级负责人是否关注到，以及工程师的主观判断。

一个良好的故障处理过程，应该是发现及时、有良好的协同机制、组织处理有序、后续复盘清楚、整改彻底。规范化地进行故障处理，可以使相关团队和人都清楚处理故障的过程和具体进展，从而保证故障有效解决。本节主要讨论如何有效组织技术资源并形成体系性打法。故障时的应急协同处理过程一般如图 5-10 所示。

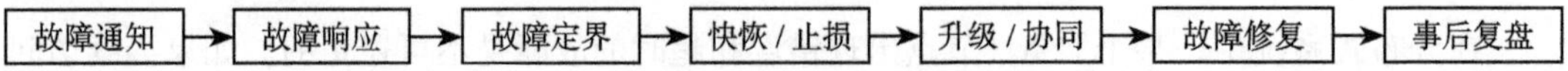

| 故障通知 | → | 故障响应 | → | 故障定界 | → | 快恢 / 止损 | → | 升级 / 协同 | → | 故障修复 | → | 事后复盘 |

图 5-10　故障时的应急协同处理过程

接下来分析应急协同处理过程中的主要工作。

2. 故障通知

故障通知是指故障发生后通知到对应负责人 / 处理人。在出现故障后要通知相关工程师进行处理，通知阶段需要确定什么时候通知、通知谁、怎么通知、通知什么内容，以便最快速、有效地通知相关人员参与处理。通知方式包括自动通知和人工通知。自动通知要提前设定好规则，在涉及更多人员的时候，往往还要人工拉齐与故障相关的人。

（1）通知谁

要想准确通知到准确的人，很重要的一点是把业务服务、软件集群、基础设施对象、工程师关联起来。比如将服务器与软件微服务负责人相关联，比如指定某个 IP 对应服务器的运维负责人是张三，研发负责人是李四。这种方式在频繁变化时维护工作比较麻烦。

通过基础 CMDB 和应用 CMDB 模块把人员与运维对象关联起来。这是因为虽然人员和基础设施变化快，但业务模块相对稳定。通过软件服务与应用 CMDB 模块进行关联，服务器 /VM/ 容器与基础 CMDB 模块进行关联，将人员与应用 CMDB、基础 CMDB 模块关联起来。

通过告警组与应用关联，提供订阅方式。告警组是把多个相关的告警项归为一组，告警平台提供应用模块和告警组关联的功能，告警组也可供非相关人员进行主动订阅。告警组功能可以解决大量告警项对应接收人管理散乱的问题，通过订阅可以满足非直接负责人希望接收告警的需求。

由值班团队转通知。很多公司有轮流值班（Oncall）制度，不同公司相关岗位名称可能不同，有些叫 NOC、GOC、一线值班、Oncall 轮值、7×24 小时值班等，本文统一称为值班。值班工程师的职责是随时待命，一旦接收到故障告警能快速处理或通知其他负责人。一般告警系统在正常上班时间会通知对应直接负责人，在非工作时间会先通知值班工程师，由值班工程师呼叫对应 SRE 或二线研发人员。值班工程师无法处理的告警应转到二线负责人，二线负责人也应该有后备负责人，如果出现无法接通或无法响应处理的情况，则应该通知后备负责人。如果都找不到负责人或超时未能解决问题，则需升级到 SRE 上级和产研上级，直至更高管理层。图 5-11 所示是告警通知到人的升级流程。

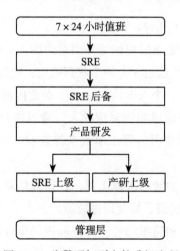

图 5-11　告警通知到人的升级流程

（2）通知内容

如 4.3.5 节所讲，良好的故障通知应该包括丰富的、关键的信息。具体包括三类：

1）**故障基本信息**。首先应该是一些基本信息，包括故障类型、故障对象、故障严重程度、影响业务 / 用户范围、影响时长、业务等级、负责人等。

2）**初步定界及根因推荐信息**。智能运维在整个阶段可以发挥很大的作用，它利用算法和数据初步分析原因。可以大概判断故障范围是全局故障还是局部故障，是哪些 / 哪类用户受到了影响，也可以进行初步定界和根因推荐，把可能的根因信息加入告警信息中，处理人看到告警即可初步判断故障的原因。

3）**跟故障修复相关信息**。如果有明确诊断结果，可以将对应的故障修复预案的链接附在告警信息中。也可以给处理人提供一些建议或历史经验。告警内容还可以提供故障时间范围的指标曲线图链接、监控大盘的对应链接、故障分析页面，帮助处理人提高分析和修复的效率。图 5-12 所示是一个带有根因定位的告警通知。

```
【严重】 AI告警：XXX黄金指标-订阅成功率
时间点：2020-07-04 06:59:00
当前值：88.51% - 下降异常
可能根因：
platform=adr（当前值：85.71%，占总异常量的99%）
retcode=602（当前值：0.00，占总异常量99%）
_ip=xxx.66.131.xx（当前值：62.5，占总异常量99%）
监控：s.xxx.com/1463-1593817140
工单：s.xxx.com/ticket_1463.html
```

图 5-12 带有根因定位的告警通知

（3）通知渠道

常见的告警通知渠道有以下几种。

短信：故障升级和简报都要通过短信通知到对应的人，短信是很常见的方式，但收信人有可能没有注意到。所以如果超过 1 分钟未收到响应，则需要电话通知。

IM 工具：企业微信、钉钉、个人微信、Slack、企业内部 IM 等。

电话：由一线值班人员快速通知到对应的人，通过拨打电话或者自动语音电话通知。电话内容应该是简短通知，详情可打开工单或系统查看，语音播报只报不超过 12 个字的标题。

故障工单：严重告警应自动转为故障工单，在通知信息中附加工单系统地址，以方便后续尽快了解信息、更新故障状态、持续跟进故障。

邮件：发出故障升级邮件和简报邮件。邮件能提供更详细的内容，适合有专人负责并较为正式的故障通知场景。

通知环节最重要的是尽快通知能处理故障的人，提供简要关键信息，通知方式要便于转通知给其他后续参与的人。这一阶段对系统的自动化程度要求较高，要能准确维护业务系统和人的关系，准确找到人，通知方式要有效，通知内容更是有很大可以挖掘的空间。这个环节的衡量指标有通知的及时性、准确性，提供信息的丰富度、准确度。

3. 故障响应

响应是指处理人收到通知后开始分析处理或协助分析处理。从接收通知到开始处理需要经过准备过程。一个典型的故障响应流程如图 5-13 所示，处理人收到通知后打开电脑、连接网络、登录 VPN、打开浏览器进入工单系统确认工单、登录 IM 进行沟通、打开工单确认、打开多个运维系统（如监控系统、告警系统），才算开始正式分析。这个阶段即响应阶段。

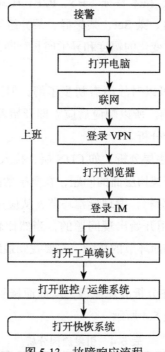

图 5-13　故障响应流程

响应阶段考验人员规划、日常训练、人员责任心、组织安排，办公基础设施的完备性、响应相关系统的易用和便捷程度，以及准备步骤是否顺畅等。响应时间是从收到告警或电话通知到确认工单的这段时间。可以分别考查工作时间段以及非工作时间段的响应情况，对人员时间、团队时间进行对比。

类似考查消防队员从接警到到达现场的时间，有些公司要求轮值工程师一回家就连接 VPN，一直开着电脑，运维系统提前处于登录状态，以便缩短响应时间，随时开始处理问题。我们的海外业务的高峰期是上午 7 点至 10 点，为了保障在高峰期能尽快响应问题，我们有段时间要求一批工程师早上起床后在家从 7 点开始打开电脑进入应急准备状态，有问题第一时间响应，另外一批工程师按时（9:30）上班，等到了公司并确认能开始响应了，再让在家值守的工程师陆续从家里出发来公司。

4.故障定界、影响分析

确认工单后立即着手进行故障定界和影响分析，定界过程应该做好相关分析，处理系统未能自动判断的信息，尽快做出修复决策。

（1）故障影响分析

对故障进行用户多维度分析，发现异常的纬度：对用户进行多维分析，确定是个别用户、局部用户，还是全局用户。如对聚集性地区、端平台（Android、iOS、Web）、运营商、版本、主播直播间、CDN 线路、技术特征（H5、P2P、H.265、超分功能用户等）、后端基础设施聚集性（如某 IP、某机房、某 Set、某集群、某分组等）等维度进行分析，可以大体确定用户影响范围，从指标异常变化的幅度和异常时长判断故障的严重程度。

（2）故障定界

通过故障通知内容，应该可以对故障有初步了解，但还不能准确确定故障影响范围，也不能完全确定其对业务的影响。所以响应后应立即开始着手进行故障分析，一般先进入故障分析大盘，从多个维度进行分析。

1）业务指标入口，从架构逐层分析，如 CDN 层、接入层、应用层、数据层、缓存层、依赖层等，可以基本判断是哪个架构层面的问题，在复杂情况下各层面可能会互相影响。

2）从调用链路进行全链路分析，发现异常环节，从应用层之间的微服务调用关系可以基本判断出是从哪个环节的应用开始出现问题的，当然比较多的情况是会出现依赖影响，后面的被调环节的故障会导致前面环节的故障，需要找到最终的影响。

（3）引发原因分析

分析故障影响，也可能是在分析故障原因。从前面修复能力的分析中可知，有几个方面是故障高频发生的原因，如表 5-4 所示。

表 5-4　引发原因分析

原因类别	详细原因
是否有变更	应用程序变更：升级
	操作系统、系统服务、网络等基础设施有变更
	配置变更：应用配置、系统配置
	数据库、缓存、依赖等变更
	相关环境变更
是否有灾难事件	运营商、机房、机器、网络、机器内灾难事件
	第三方、中台等被依赖服务灾难事件
业务量是否超过承载能力	是否突发流量：未预知的大活动
	异常流量：攻击、恶意访问等
	是否异常请求：用户行为可能发生变化
	工作负载是否有变化
趋势变化	耗时是否有普遍趋势变化
	资源消耗（CPU/ 内存 /IO）等是否有趋势变化
	队列阻塞 / 锁是否有趋势变化

故障定界、影响分析需要深入梳理技术架构并完善各个环节的数据上报，形成分析大盘和下钻分析页面，在黄金指标质量大盘发现的异常可以下钻到每个指标的分析页面，通过多维下钻数据分析可以找到相关性。

以上动作也建议尽可能做成自动化的，在告警通知阶段初步分析影响指标、影响程度、影响时长、影响面，在告警信息中带上监控系统链接、工单链接、故障辅助定位信息。

此环节的衡量指标可以是故障定界时长、影响分析时长和准确性，在故障复盘时很能体现这个阶段的能力。

5. 执行预案，进行修复

把影响初步分析清楚、问题基本定界出来后，需快速做出判断决策，如果确定是某类故障，应从现有预案列表中匹配符合的预案，到预案平台执行预案进行恢复，然后观察对应指标是否恢复，并做好后续处理工作。如果没有匹配的预案，也需尽快做出止损措施或缓解故障严重程度的措施。

在实践中，即使有研发人员和 SRE 值班机制，以及手机端执行的快速处理能力，但是仍然不能保证值班人员 24 小时在线，在 5 分钟内完成处理的速度已经是极限了。预案应尽量做到能够交由真正的 7 × 24 小时值班团队处理，这种模式也叫值班托管。在修复预案不断完善后，值班托管的范围应尽可能扩大。

6. 进入应急升级流转、跨团队组织协同

当碰到比较棘手的故障，暂时无法确定原因也无法通过修复恢复，或故障现象、原因错综复杂时，可能需要涉及更多团队，甚至更资深的技术人员、管理人员共同参与以确定故障影响。当多个团队都参与进来分析，尝试修复时，协同组织就变得非常重要了。大家可能在不同楼层、不同办公楼、不同城市，甚至跨国跨洋协同。

对于有多人参与的紧急故障，参与人员需要做好组织协调工作。此时故障处理人面临重大的压力，包括面临业务的崩溃、领导的问责、相关团队的询问，甚至公关问题。负责处理故障的主要人员一般需要专注在技术问题上，有时也需要其他团队、其他人的协助，需要联系相关的人，把最新的沟通信息、处理进展通报出来。这个过程如果仅依靠故障处理人，会导致处理人疲于回答问题，无法集中注意力分析和处理问题，处理过程变得越来越混乱。有些事情必须要分工合作，按照过程中的职责可以做一些角色分工，如组织者、处理人、发言人、协助者。

（1）总控协调人

总控协调人一般由第一个参与故障处理的人担任，通常情况下可由一线值班 /NOC 负责。他们掌握第一手概要信息，而又不用太深入参与故障技术细节。总控协调人的职责是组建故障处理团队、收集联系人信息、初步分配工作任务，在发言人还未到位时发起故障

简报第一版，对外发布故障消息，周期性通知进展，记录故障分析过程报告，报告内容可由对应研发人员或运维人员补充。总控协调人可以把对外通告的职责分配给另外的发言人，当然在有些故障中可能由总控协调人兼职发言人。故障总控协调人要负责明确故障等级，尽快找到对应人进行处理；同时负责故障升级，如故障未能在规定时间内有效恢复，则需通知更资深的专家、更高级的管理人员，协调更大范围的团队参与进来。

（2）事故处理团队

事故处理团队负责具体分析故障原因、确定具体技术问题、判断执行预案等。他们应该是能在线修改系统的一个或几个人，负责具体执行相关预案来解决问题。他们是技术专家，对系统最了解，可能也会有多个团队同时参与，如业务研发、业务 SRE、中间件专家、DB/系统/网络专家等。他们会分析可能的原因并尝试恢复，他们之间的操作必须是紧密同步的，以避免互相操作了对方却不知道。这个团队的人应避免被频繁打扰，故障处理人要在适当的时候对外发出求救或增援信号，由总控协调人通知其他人参与进来，或者增加运维机器/带宽等资源。

（3）故障处理协助人

故障处理协助人仅负责协助分析相关问题，查找根因，而不在线执行任何变更动作，避免互相影响造成更大的故障。他们可以协助申请权限、填写故障报告、记录过程中的重大操作或特殊操作等，也可以从更多数据中分析可能的原因、可能的恢复方法（但不执行，执行还是由事故处理团队进行）。故障处理协助人要保持过程信息同步，接受总控协调人或事故处理团队分配的新任务。如服务调用延时增加了，可能需要查看网络监控延时是否增加，是否有丢包等；也可能需要协助分析被依赖的后端应用、中间件、存储等的性能问题。

（4）发言人

发言人是这次故障处理团队的发言人，负责回答领导、业务方甚至公关团队的问题，负责故障的信息同步，包括定期更新故障处理进展，一般每隔10 ～ 30分钟主动通告一次进展。同时，发言人要负责维护故障文档、持续更新，保证文档的正确性和及时性，让其他中途参与处理的人看到文档就可以了解故障处理的当前进度。

在一个负责任的团队中，大家要分工协作，也要尽量主动对边界模糊的问题进行自我排查和相互排查。比如应用调用 DB 耗时增加，可能由应用程序不合理、DB 性能问题、网络出现了丢包重传等原因导致，此时既可以从应用角度进行优化，也可以从 DB 层进行保护或对 DB 优化提升性能来解决，这时需要相关团队负起责任。

5.3　运维保障能力

运维保障能力是指在运行和故障修复的过程中，软件的设计特性、各种保障资源、保障系统、人力、配套能力满足使用要求和修复要求的能力。故障修复需要各种运维保障能力的支持，例如要替换故障服务器，需要有备用的服务器资源、相关运维系统、熟悉相关操作的工程师的支持。但是有了服务器资源、系统、人，还不一定能高效工作，只有将这些资源有机组织起来，相互配合、协调，才能形成保障体系，才能有效实现综合保障能力。例如，为了修复故障需要增加机器，却无资源可用或资源不够时，可能是有资源却因为各种系统或人为原因不能快速交付，如流程要多人操作但有人不在线。

本书所讲的保障能力主要侧重于故障修复过程中的保障能力，类似军队的战略支援（百度百科对它的解释为：战略支援军主要是将战略性、基础性、支撑性都很强的各类保障力量进行功能整合后组建而成的。成立战略支援部队，有利于优化军事力量结构，提高综合保障能力。它包括情报、技侦、特种作战、电子对抗、网络攻防、心理战、后勤保障、装备保障等军种）。在运维场景的保障能力主要体现在以下几个方面：

❑ 软件架构中良好的可保障性设计，如可检测、可维护、可替换性等；

❑ 运维资源的保障，资源包括日常维护和故障修复相关的资源；

❑ 维护修复过程所需的各种运维工具、系统、平台等；

❑ 应急所需的人员保障，定期演练等。

接下来分别简述。

1. 运维资源保障

在修复过程中，有些故障可以通过增加运维资源来恢复，有些故障必须通过替换故障的基础设施资源才能修复。为了修复方便需要保持充足的资源并能随时被用于故障修复。但冗余资源是需要成本的，不能抛开成本谈资源保障。我们需要对资源进行合理的规划，冗余多了会导致成本高，冗余少了会导致效率不足，影响修复。要提前规划伸缩场景、保障过程、交付方式、对时间的要求、资源到位后的预案等。资源规划包括日常使用规划、大活动提前规划、突发容量扩容规划，这三者对资源保障效率的要求也是不一样的。接下来从资源准备、资源交付等方面进行阐述。

（1）资源准备

当需要扩容或替换少则数个多则数百个节点时，如何快速地将这些机器资源交付到位，软件服务如何快速上线，很考验资源交付和软件交付的效率。传统采购服务器的模式包括预算、采购、上架交付等过程，其经常以季度作为准备周期，周期较长，效率较低，很依赖业务预算的准确性，容易造成资源浪费或资源不足。上云是一种很好的方式，业务上云带来的一个很大的优势就是资源保障供应更加高效、更加充足，可以帮助企业从原先自身采购、上架的长周期缩短到分钟级、按需的弹性交付。对接公有云后可以随时申请资源，还能提升交付效率，满足突发保障需求。

现在很多公司开始使用公有云、多云、混合云资源来保障运维资源。自建 IDC 满足常态需求、弹性部分上云是很多互联网公司的策略，在不增加大量冗余资源成本的前提下，提升了交付效率，以较低的成本满足了随时有可用的保障资源的需求。

（2）资源交付

从交付到生产的过程包括基础硬件环境、系统环境、应用运行环境准备、依赖配置等，当然还包括 DB、缓存、中间件等集群的交付、扩容等。资源交付是指从运维团队交付资源到业务团队，部署应用软件，加入集群，对最终用户提供服务的过程。资源交付保障总体流程包括资源到位、基础软件环境准备、软件运行环境准备、部署应用、加入集群并引入流量。如果对流程进行细分，还会有更多环节，每个环节都应该有验收动作，每个环节都应该尽可能用自动化 API 的方式串联起来。

资源能否尽快用于软件运行和修复在线软件故障，依赖于快速交付资源和快速上线的能力。例如明明有机器，软件集群却无法通过增加机器来解决容量问题，又如集群扩容要通过很复杂的流程，如申请各种白名单权限等。如某地健康码系统故障了，工程师确定原因是系统容量不足，这时候去找运维资源肯定是有的，但由于软件架构设计不够合理，无法通过快速扩容把保障资源扩容到软件集群以支持更多用户。

度量资源保障的指标可以参考多久能交付多少个机房的服务器资源，从 0 开始到核心服务部署起来需要多久，流量调度需要多久等，也可以进行简单的能力分级。表 5-5 所示的运维资源交付能力分级也代表了从传统的交付服务器到较高水平资源保障自动化的发展过程。

表 5-5　运维资源交付能力分级

能力分级	关键环节能力	关注点
1	只交付纯粹资源	仅关注服务器等的交付，临时去找资源交付
2	申请流程	有自动化流程 API 申请服务器
3	环境交付	申请到服务后还能自动执行基础环境交付
4	快速加入集群	交付后包括初始化完成的应用环境、部署应用软件、快速加入集群
5	全流程自动化	感知到生产系统容量水位，实现触发申请、部署、加入集群、引流等全流程自动化

2. 支撑系统、工具、平台的保障

运维系统、集群管理系统（统称为保障系统）不属于业务逻辑的一部分，但是业务正常运行又离不开这些系统的支撑。保障系统在可靠性方面的工作包括保障这些系统自身的可靠性，以及根据业务、技术的发展开发适应新需求的保障系统。保障系统很容易被忽视，往往被当作企业内部工程师使用的工具而不加以重视，没有部门统一规划、统一协调，各个保障职能部门都按自己的想法进行建设，使得可靠性和易用性存在明显缺陷。

保障系统建设是可靠性团队的重点工作。这些系统包括应对多种场景的运维系统，常见的可分为如下几类。

❑ 监控观测相关系统：如变更管控、监控系统、诊断系统、演练系统等。

❑ 软件运行支撑系统：如 CMDB、发布系统、中间件管理系统、预案系统等。

❑ 管理类系统：如故障管理系统、可靠性目标管理系统等。

❑ 工具类系统：如 VPN 系统、堡垒机、OA、文档系统等。

（1）在故障修复中的作用

对软件进行修复、扩容的操作需要依赖运维支撑系统，依赖资源交付平台实现资源交付、基础环境应用环境的部署，依赖发布系统实现基础软件、应用软件的部署，依赖集群管理平台实现扩缩容等操作，也依赖权限管理系统、监控系统、修复系统等。一旦这些软件中的任何一个出现问题，都会妨碍整个修复过程，导致修复流程无法进行下去。

（2）支撑系统的可靠性要求及特点

保障工具要比生产软件有更高的可靠性，故障修复过程非常依赖运维系统和工具。平时若运维系统出现一些问题，会影响工程师的体验和工作效率，如果在出现业务故障时运维系统也不能用了，则是非常严重的问题。举例来说，如果业务机房发生故障，正巧监控系统或发布系统也部署在同一机房，那么将无法查看监控，也无法进行运维操作，导致故障长时间无法修复。根据运维保障系统的特点，应该要求在主要业务所在 IDC 网络故障时，能通过保障系统进行处理，实现跨 IDC 的高可用。运维保障系统有其特殊性，对可靠性的要求也不一样。运维系统在平时可以中断服务而不会影响业务系统，但在处理故障时这些运维系统必须是可靠且稳定的，这叫"战时保障"，平时工程师用来操作的线上软件系统叫"使用保障"。

（3）保障相关配套系统和服务

保障系统不仅包括工程师直接使用的运维系统，还包括看起来相关性不大的辅助系统。此类系统也可能导致"战时"不可用的情况，如 OA 系统不可用导致工程师账号不能登录运维系统，VPN 故障导致不能连接到生产网络，部署保障系统的网络中断导致所有运维系统失联，办公网络中断导致不能使用系统等。保障系统依赖企业办公系统进行员工身份认证、权限认证，依赖办公网络连接生产系统，依赖跳板机 / 堡垒机等工具连接服务器，其中任何一个配套系统或服务出现问题都会影响修复过程。

3. 人员保障

故障应急处理通常涉及多个团队，按专业分工可能包括网络、系统、DBA、中间件、容器、各个系统或模块的研发团队等，故障修复过程离不开团队之间、人员之间的协同。为了提升跨部门、跨业务协同处理故障的效率，需要做好人员保障。

首先，应建立值班机制。目标是在任何时间出现故障时，都有人能响应，有人能处理。很多企业有运维值班团队以提升响应能力。各个业务研发团队也应该建立值班机制。业务团队一般有多个人，故障时如果规定所有人一起处理或一直固定一个人处理，负担都是比较大的，可以采用轮流值班的方式。值班人员及联系方式应该共享出来，以便在需要联系相关人员的时候能迅速找到，注意联系方式必须是可用的。

其次，应建立人员备份机制。如紧急需要某人处理问题而又联系不上，应该能找到备份人员进行补位处理。如果问题较长时间得不到处理，应该找相关团队的更高级别的工程师进行处理。如果涉及更大的问题面，应该跨部门沟通协同甚至找外部专家参与进来。

最后，应加强人员培训。人员保障要求参与人员能熟练处理生产故障，应该通过培训把最新的处理方法处理预案交给团队内值班人员或是运维值班人员。尽可能把处理能力往前移，运维值班人员能处理的问题范围应该逐步扩大。

4. 定期演练

定期进行自动故障处理演练。当组件或服务出现故障的时候，系统需要自动进行故障恢复以确保不会对整体服务产生影响或限制影响范围。需要定期在线上系统对各类故障进行演练，比如关闭一台服务器、一个服务组件等来验证系统是否能自动进行处理。如果不在线上进行系统演练，那么各类故障恢复等处理措施在真正发生故障的时候很可能无法正常工作。

5.4 修复能力的度量和要求

对修复能力的要求可分为定性要求和定量要求。定性要求反映那些无法或难以定量描述的要求。定量要求则是对业务需求、现阶段能力水平提出的适当的指标要求。定性要求会转化为工作规范、原则等，而定量要求可以进行明确的度量并考核验证，其考核结果是否达到预期目标是比较明确的。

5.4.1 定性要求

定性要求主要体现在以下几个方面。

1. 建设高效的检测、诊断、判断、决策的方法和机制

服务应该提供良好的可观测性、诊断分析能力，可供自动化脚本或人工通过 API 探测服务的状态、健康情况、内部状态等。应用系统必须打印丰富的日志信息、接入调用链、上报指标监控到监控系统。监控系统需要实现多种运维对象的诊断能力，应该实现数据查询的接口或数据的共享。工程师能通过分析接口、Web 观察到服务的吞吐量、请求量、耗时等信息，需要能够快速判断是否什么现象、什么原因、故障部位等，以便做出处理决策。

在检测准确的情况下可以在检测到指标发生异常或通过触发告警后自动执行预案，过程无须人工参与，仅由系统发送一条通知给相关人或记录一条事件。如果检测只能判断大

概范围，也可以由告警信息提供跳转链接直达预案平台，通过人工辅助决策加上快速执行合适的预案程序来对故障进行干预。

2. 完善的修复预案

针对已知的故障，把过往的处理过程和经验形成预定的方案，要有针对核心的、重要的故障场景的修复预案，也要有对过去高频出现或大概率会出现的故障修复预案。常见的修复预案包括切流量、降级、限流、扩容、回滚、重启等。要保证这些预案自身的有效性，就需要生产系统定期进行各类预案的演练。预案应该不断改进迭代，在更多的故障场景下更加可靠地处理故障。同时，人工手动处理的故障应该越来越少，通过预案修复的故障比例应该越来越高。

3. 完备的数据备份和恢复能力

在数据类故障中，有时需要从备份中恢复数据。很多人认为完成数据备份就够了，实际上，备份必须遵守为恢复而备份的原则。数据和 IDC 总是会出现故障，数据可能被污染，需要能快速地从热备、冷备、温备中恢复出来。

4. 组织应急响应过程的能力

当一些意料之外的情况出现时，需要进入应急响应过程。故障经常会以不可预见的方式出现，需要多个工程师团队进行良好的应急协同。只有各种职责的工程师能有序协作，从人员响应、沟通配合、运维资源、文档资料等方面都准备到位，才能有条不紊地处理故障。

5. 完备的保障资源

复杂的修复场景中需要有完备的信息可供查询，如架构图、设计文档、配置信息、CMDB 关键信息等都是关键的资料。

5.4.2 定量要求与评估

互联网平台属于实时在线业务，每一分钟都在提供服务并产生营收，一旦中断服务，会直接造成巨大的资金损失，也会对商业品牌造成严重影响，甚至让公众不再信任企业技术实力。所以互联网平台服务对故障恢复的时间要求很高。故障修复的目的是缩短故障处理时间，尽可能修复业务，减少业务损失。目前，RTO（Recovery Time Objective，恢复时间目标）已经从传统软件的小时级、天级缩短至分钟级。

1. 故障恢复的时间概念

故障修复是与时间强相关的，前面讲到故障的生命周期（从趋势恶化→发生故障→发现→响应→上线处理→初因定界→止损 / 修复→根因定位→彻底修复→复盘→改进设计→验证）中的每个环节都与时间相关，整个故障的全部环节的时间长度累加起来就是修复时长。统计所有故障的平均时间，就是平均修复时长（MTTR）。在传统软件的灾难恢复（Disaster Recovery，DR）中我们会使用两个指标 RTO、RPO（Recovery Point Objective，恢复点目标）来衡量其灾难恢复能力。

- ❏ RTO：故障发生后多长时间必须修复完成。主要指的是业务所能容忍的停止服务的最长时间，也就是从灾难发生到业务系统恢复服务所需要的时间周期。
- ❏ RPO：当服务恢复后，恢复后的数据所对应的时间点。一般是指数据的有损恢复，如回档到前一天的最后备份。数据恢复点目标主要指的是业务系统所能容忍的数据丢失量。

2. 修复能力分级要求

我们把故障修复能力分为 5 级（第 1 ～ 5 级），分别代表不同的设计与修复能力。一个故障的影响可能完全无感，也可能导致业务完全终止，甚至导致公司关门。

故障处理过程体现的是应急处理与快速修复故障的能力，比如可以通过扩容来恢复故障，首先得关心有没有快速扩容的方法，快速扩容需要的服务器资源是否准备好了等。修复能力分级示意图如图 5-14 所示。

图 5-14　修复能力分级示意图

- ❏ **第一级：在线层层排查**。工程师一步步排查，缩小范围，找到故障原因后手工执行各种操作和命令尝试修复，如修改配置文件、调整在线参数、重新启动进程等，这个状态是比较普遍的。有经验的工程师能比较快速地定位并解决问题，不熟悉业务或运维技术较弱的工程师则可能要花很长时间甚至束手无策。
- ❏ **第二级：有文档指导、排查步骤**。工程师对自己的经验进行总结，编写故障处理文档，把一步步排查过程通过文档写下来，甚至把命令也写下来，在后续发生同样故障时照着文档就能基本解决问题，但效率较低，需要找文档、看文档、敲命令，如果出现文档中没有覆盖的情况则回到第一级模式。
- ❏ **第三级：多个步骤的修复流程**。把前面的经验总结为几个步骤，每个步骤都比较成熟，并应用到运维系统中，出现故障时在多个系统间执行多个不同的操作。这种模式较少依赖登录服务器，能较快解决问题，也具有通用性，大多数工程师都能操作。

❑ **第四级：一键修复。** 把已知故障场景抽象为一个个修复方案，把前后步骤都串联起来，在人工感知判断准确的情况下执行一键修复功能，恢复业务。

❑ **第五级：自愈。** 把感知决策和执行预案自动化关联起来，感知诊断到异常后由程序做出准确决策并执行对应预案。这种模式无须人工参与，是比较理想的，但是对决策和预案也有很高要求，不能出一点错误。

修复能力就是尽量把各种可能的故障场景沉淀成预案。工程师根据不同业务要求、故障严重程度、发生频次等，来规划修复能力应达到的级别。在绝大部分公司，几个层级的情况都会存在，做得好坏就是要看有多少场景被推到更高层级。

3. 服务分级及修复能力要求

从故障中快速恢复的能力（以下简称修复能力）需要投入大量的人力与成本，不可能一步到位，所以需要投入合适的人力到最重要的服务中。对业务进行分级，对每个业务级别提出不同的修复时间要求，可以帮助工程师在工作安排时确定优先级。

修复能力不是互联网软件才有的，《信息安全技术 信息系统灾难恢复规范》对其有明确的规定，如表 5-6 所示。

表 5-6 《信息安全技术 信息系统灾难恢复规范》规定的灾难恢复要求

灾难恢复能力等级	RTO 恢复时间目标	RPO 恢复点目标
1 级	2 天以上	1～7 天
2 级	24 小时以后	1～7 天
3 级	12 小时以上	数小时至 1 天
4 级	数小时至 2 天	数小时至 1 天
5 级	数分钟至 2 天	0～30 分钟
6 级	数分钟	0

当然表 5-6 是对传统 IT 系统的要求，现代互联网平台的 RTO/RPO 目标要求比这个高很多，如表 5-7 是某大型互联网平台 SRE 提出的修复能力要求。

表 5-7 某大型互联网平台 SRE 提出的修复能力要求

业务等级	单实例	集群 /Set	机房 /AZ	地域 /Region	全局
1 级	十分钟人工	不支持	不支持	不支持	不支持
2 级	分钟级人工	小时级人工	不支持	不支持	不支持
3 级	十秒级自愈	分钟级人工	小时级人工	不支持	不支持
4 级	数秒级自愈	分钟级人工	分钟级人工	分钟级人工	不支持
5 级	秒级自愈	秒级自愈	分钟级人工	分钟级人工	分钟级人工
6 级	秒级自愈	秒级自愈	秒级自愈	秒级自愈	秒级自愈

4. 过程能力要求

故障修复过程包括从故障发生到人员响应、从人员响应到开始修复、从开始修复到修复完成，以及修复完成后的改进等过程。每个过程都可以有细化的能力要求，通常我们也可以按几个过程分别进行评估。

发现时长：从故障发生到发现的时间长度。发现一般是指工程师接收到告警信息发现系统出现了问题。仔细分析，通过告警来发现故障的过程可以细分为多个阶段，首先是监控指标采集，通过规则进行判断，若连续出现多个异常点则触发告警。所以设定时间要求时要基于每个阶段的实际耗时情况，如要求核心服务故障在 3 分钟内被发现，则要把这个时间分配到各个小阶段。

响应时长：从故障发生到人员响应的时间。工程师收到告警后要响应并通知到具体处理人。工程师在非工作时间特别是在半夜不一定会立即看到告警，很多情况下是通过值班人员进行电话转达，转达也需要时间。要区分值班响应和真正处理人的响应时间。

处理前时间：负责处理的工程师响应后，需要完成打开电脑、登录系统、接入 VPN、登录服务器等一系列准备工作，处理前时间就是这些准备工作的累计时间长度。

定界时长：从处理人开始分析到定界出问题范围的时间长度，即基本确定故障环节、服务、模块、应用，并明确对用户的影响的时间长度。

止损 / 修复时长：从明确定界后到进行止损修复，完成执行操作，使业务指标恢复到预期程度的时间长度。

定位时长：从止损 / 修复后到定位出具体故障点位，找到引发故障的最根本原因的时间长度。

MTTR：从故障发生到止损完成的平均修复时间长度。

5. 结果要求

修复能力的强弱主要体现在时间上，常用指标如下。

修复时长分布：分析所有故障，统计有多少次是在 3 分钟内修复，有多少次是在 3～10 分钟内修复，有多少次超过 100 分钟，有多少次超过 1000 分钟等。统计在各个时间范围内修复的故障次数，通过时间分布体现整体的修复水平。当然，评估单次故障时可以直接看故障修复时长。

达标率：工程师设定故障修复的期望时间，然后统计过去有多少故障是在期望时间内完成的，有多少是超出期望时间的，达标率就是统计前者的比例。

$$故障修复达标率 = 在规定时间内修复故障的次数 / 总故障数 \times 100\%$$

预案有效率：通过预案有效率可以考察所开发预案的质量、数量、用于修复故障的效果。

$$预案有效率 = 通过预案修复成功数 / 故障数 \times 100\%$$

6. 如何选择指标与制定目标

修复的指标有很多，每个指标都能体现修复过程中不同方面的能力。SRE 团队在不同阶段应该有所侧重，选择适合本阶段的指标。如某段时间重点提升故障发现能力，就应该主要关注发现、监控告警、通知等能力，下一阶段重点做预案，则应该使用预案覆盖率、成功率作为指标。指标也是不断完善的，不可无指标，也不可过高（过高则达不到）或过低（过低则无提升改进效果），要具有可操作性、可验证性、挑战性、适用性。

我们举例说明如何制定目标。有人提出，希望某集群的单机故障修复应该在 3 分钟内完成。评估当时的情况，单机故障还是采用人工进行节点摘除的方式来修复的。理想情况是系统在单机故障 2 分钟内发生灾难告警，人员响应后在 3 分钟内登录系统并操作，所以在 3 分钟完成修复的目标是不合理的。如果要达到 3 分钟修复的目标，则必须实现故障自动化隔离。因此工程师提出，需要对这个服务的集群做改进，实现自动分析监控指标并在符合条件时调用摘除节点 API。

5.5 修复能力及保障能力建设实践

虎牙在稳定性保障实践过程中，建设了一些修复能力，包括常用的预案自动 / 一键扩容、主播切线路、观众切线路、弹幕数量的降级、P2P 切 FLV、降低码率、快速摘除边缘机房等。这里简单分享 3 个例子。

5.5.1 虎牙音视频修复能力实践

早期在音视频的故障处理和恢复过程中，运维人员只限于负责协助参与基础监控、帮助与用户沟通获取日志，与 CDN 沟通等辅助性工作。大部分问题都需要音视频研发工程师参与分析，排查比较耗时，业务运维工程师无法独立处理问题。

后来虎牙建立了一系列修复工具，使得前面的问题得到了较好解决，包括加强了感知和协同能力，建立了音视频全链路监控，加强了对音视频质量的秒级监控，摆脱了原来依靠用户报障来发现问题的救火式问题处理流程。同时，可以先于用户报障发现问题，并把所有的告警信息同步给对应线路的 CDN 工程师。在预案修复方面，在直播间相关的服务中增加了一些特殊设计和控制能力，在主播端、主播网、内容分发网络、观众端等都做了一些快速修复的预案工具（如观众端线路切换、关键功能开关、主播上行调度、上行节点摘除、主播网关键功能开关、CDN 线路开关 / 调度等），并整合到预案平台，使得一个普通工程师就可以做到在用户报障后快速分析并执行修复动作。普通工程师利用修复工具一般在 3 分钟内能处理完。这种做法既解放了音视频研发工程师，也解放了 SRE。对比修复能力上线前各种问题都需要音视频研发工程师介入处理，上线后 93% 的故障可由一线值班工程师直接修复。后来虎牙又通过算法自动判断决策，在多个场景中实现了系统自动切换调度，无须人工介入。

5.5.2 预案平台建设实践

1. 背景

做预案是为了减少 SRE 非工作时间 Oncall 和缩短故障时长而提出的。首先虎牙在规划预案平台之前做了些调研，分析了业务故障止损和修复的情况和实现方式。海外业务一个月被 Oncall 27 次（半夜电话 Oncall 或贴群里被通知），故障处理时间短则 10 分钟，长则 1 个小时，平均为 20 分钟。分析场景发现很多故障是局部故障、容量问题、变更问题，还有不少故障可抽象为预案的场景，例如接入负载均衡的接入点屏蔽，专线故障的备用线路切换，数据库主从切换等。

2. 痛点

分析故障处理过程中的痛点，首先是针对故障无应对预案时大家手忙脚乱，没有一个人能熟悉全链路上的细节，需要多个环节的工程师定位根因之后才能进行故障恢复的情况进行分析；深入了解后发现，其实是止损工具分散，各技术团队都在自己的管理系统实现了一些止损工具或配置开关，但是仅限团队内部知道；然后是值班工程师在处理故障过程中，使用止损工具时不敢执行修复动作，决策效率低，不知道什么时间点可以执行止损工具，不知道应该执行哪个止损工具来修复问题，要研发、SRE ——确认后才敢执行。

预案平台的定位是做好故障场景与预案的结合，提供快速统一执行止损工具的平台。目标是提升预案场景覆盖率，提升预案成功解决率，缩短故障修复时长。

3. 技术挑战

预案平台建设面临的技术挑战主要体现在以下几个方面。

❑ 预案是调用专用管控平台的 API 编排组合执行。跨十几个平台，API 规范标准不一致，需要一一对接。

❑ 多种技术栈、软件集群服务缺少止损能力，或具备止损开关但未工具化、API 化。

❑ 软件集群在持续演进，预案 API 及预案工具也要随之持续更新。

❑ 预案执行过程如何做到有效决策、执行过程可监控、故障恢复之后如何回滚配置等。

4. 功能设计

预案平台的具体的功能设计包括如下几个方面。

❑ 预案管理（增加、录入、修改、删除）。

❑ 基本任务（原子操作）管理：可增加、删除、修改原子操作，对接十几个管控系统 API、运维通道、软件集群，平台自身支持脚本编辑等。

❑ 预案编排：增加删除步骤、调整顺序，每一步对接基本任务或一些自行动作，进行参数传递。

❑ 预案执行：告警导入、页面引导、一键/逐步执行、每步结果显示、执行前通知、执行后通知，记录执行过程。

❑ 预案回退：部分支持灰度执行，也可回退，部分提供恢复现场功能。

❑ 预案统计分析：统计并分析执行次数、时长、效果等。

❑ 其他功能：权限控制、执行历史、文档编辑、嵌入通知、嵌入监控、自动拉群等。

5.如何梳理预案场景

为了提升预案覆盖面和预案的丰富性完整性，可以从几个维度进行梳理。从过去故障进行分析梳理，分析哪些是现实的痛点；从架构链路的接入层、应用层、缓存层、数据层、运维层；从业务服务的角度分析，如登录服务、支付服务、主播开播服务、观众看直播服务；从运维对象/软件集群的角度分析，如负载均衡、缓存中台、容器集群、交换机、主机等进行梳理。经过几个维度的梳理后预案场景基本就覆盖全面了。

表 5-8 是从架构链路层对预案场景进行了梳理。

表 5-8　从架构链路层进行预案场景的梳理

分层	系统服务	预案场景
接入层	信令层负载均衡	信令回源切换、信令 LB 切换、Set 切换、容量扩容、流控
	Web 负载均衡	名字服务节点屏蔽、DNS 解析屏蔽
	CDN 服务	切换源站、切厂商
应用层	微服务框架	摘除节点 队列方式的限流 对接微服务平台管控相关操作
	业务逻辑	服务级别、链路级别的降级、限流 服务级别快速扩容 链路级别快速扩容
	音视频	主播上行切换 观众下行切换 P2P 开关 主播网节点上下线 直播间流地址切换
缓存层	缓存中台服务	接入点摘除 主备切换
	Redis 集群	主从切换 故障节点切换
数据层	MySQL	接入点摘除 主备切换
运维管控层	运维通道	执行运维脚本
	容器平台	执行容器集群的几个重要管控指令

（续）

分层	系统服务	预案场景
监控、告警	监控数据查询	封装监控数据查询，部分规则可进行判断输出
	监控图嵌入	嵌入监控图到预案文档，可以辅助决策
	打通统一告警服务	查询最近告警 短信通知 企业微信通知

5.5.3 虎牙带宽资源保障能力实践

虎牙主播网早期以自建机房为主，后来引入公有云 CDN，形成了弹性可伸缩的架构，极大地提升了资源保障的交付效率，在故障修复中发挥了重大作用。资源交付周期从 45 天缩短到分钟级，且基于多云的资源数量几乎是无限的。具体来说，我们的资源保障发展经历了 3 个阶段。

阶段 1：完全自建机房。扩容周期从业务发起需求到评估转化需要经过多级领导审批，机房建设阶段从采购、上架到交付最快要 45 天。

阶段 2：自建 +CDN 的模式。此阶段以自建为主，先把自建资源用满，其他超出流量再调度到某家或多家 CDN，解决了资源交付的数量问题。调度方法同样经历了手工调度到自动调度的转变过程。

阶段 3：建立混合多云的 CDN 传输网络。统一一套接入规范，多家 CDN 厂商共同实现。虎牙负责统一调度，多家 CDN 资源都能为我所用，按需所用。实现了按直播间、码率档位、观众所在地域、运营商网络等用户维度的调度策略，也实现了基于质量、成本、容灾等运维保障的自动化调度策略，取得了质量、成本、资源容量上的多种收益。

5.6 本章小结

本章讲述了故障快速修复能力和运维保障能力。首先介绍了软件故障修复的概念，如何设计和建设故障修复的能力。然后讨论故障的规律，把常见故障分为变更型、灾难型、容量型故障，并分别讨论了如何预防和修复它们。接着介绍了在没有修复预案或故障不太明确的情况下如何进行应急协同，在故障分析清楚之前、在确定有且能执行的预案之前，还是需要通过应急协同的方式在线排查并修复故障。然后介绍了运维保障能力方面的问题和方法。本章也讲到了如何定性、定量地评估和度量修复能力。最后讲了音视频故障修复能力、预案平台建设、带宽资源保障能力实践的案例。

亲爱的读者，你有注意过你所负责的业务发生的故障是由哪些原因造成的吗？哪种原因导致的故障数量最多？这些原因所占比例分别是多少？你所在团队目前有多少故障是通过预案修复的？有多少是可以形成预案的？故障应急协同时效率和效果如何？

可靠性试验与反脆弱能力建设与实践

互联网软件系统随机脆弱性无处不在，如网络中断、机器死机、容器异常、进程崩溃、负载突增、误操作、应用程序 Bug、第三方中断等故障时有发生。敏捷开发、DevOps 使软件迭代得更快，云原生架构使得基础软件和基础设施架构对研发更加黑盒化，也带来了新的潜在故障因素。在充满脆弱的环境下，很多新软件和技术团队是依靠不断"踩坑"来提升软件可靠性的，经验不够丰富的团队几乎要在每种脆弱风险点都"中招"后才会主动防范，就像是在不断做亡羊补牢的工作。本章所讲的可靠性试验与反脆弱能力是指通过研究软件系统的脆弱性因素，在可控的环境和范围模拟试验内考察各种脆弱因素出现后的软件系统的表现和规律，然后改进系统，使得软件系统以较小代价获得较高可靠性，使得工程师主动积极触发而不用担心脆弱事件发生，使之前的不确定性变成确定性和稳定性。每一次试验都能提升系统可靠性，可以说试验让系统具备了反脆弱能力。

本章将详细阐述软件反脆弱的概念与价值，从系统自身、环境和人几个方面分析软件系统的脆弱性因素，讨论针对各种因素设计可靠性试验的方法思路，介绍业界流行的混沌工程的实践方法，还会介绍几个优秀的开源工具，然后提出对软件可靠性试验与反脆弱能力的定性定量要求，来评估这种能力的成熟度，最后会分享一个虎牙实施混沌工程的实践案例。

6.1 互联网软件可靠性试验与反脆弱能力概述

本节讲述可靠性试验与反脆弱能力的相关概念，以及为什么要反脆弱。

6.1.1　什么是可靠性试验与反脆弱能力

我们通常强调在故障发生后快速处理、事后彻底整改，以此来减少影响和避免故障的重复发生。而互联网软件故障大多具有偶然性，同一故障可能出现在不同的软件模块中，但完全相同的故障反复发生的情况较少，导致整个系统看起来总是不够稳定，而反脆弱的思路则不同。

1. 互联网软件系统的反脆弱概念的提出

互联网软件反脆弱理念是由 Netflix 公司架构师受到《反脆弱》一书的启发而首先提出的，其核心思想是把"在不确定性中获益"的思想应用到软件可靠性领域。在软件架构面临各种脆弱因素引发的未知的、不确定的故障情况下，工程师主动触发各种可能导致故障的因素，进行可控的破坏性试验，让软件系统的脆弱性在试验中暴露出来，再进行有针对性的改进，使软件下次碰到同样问题时能够保持稳定可靠。工程师不断补充新发现的脆弱因素，并加入试验中，使得软件出现"意外"的概率被大大降低，帮助软件获得一种"在脆弱中成长"的能力。业界把这种能力叫作反脆弱能力，把实施试验的过程叫作"混沌工程"。

2. 传统物理设备的可靠性试验

传统物理设备的可靠性试验早已在做类似的工作，如通过制造持续振动的环境发现电子产品的抗震能力，把电子管置于高 / 低温环境中测试它在恶劣环境中的可工作温度极限，验证是否能在设计的目标温度范围内正常工作，把手机从一定高度坠落测试并改进其抗摔程度。这种极端的、脆弱的测试可以筛选出那些设计不合理的产品，也可以发现和验证产品的设计极限。总体来看，可靠性试验是指通过试验测定和验证产品的可靠性，在有限的样本、时间和使用费用下找出产品的薄弱环节，是为了了解、评价、分析和提高产品的可靠性而进行的各种试验的总称（来自百度百科）。如我们常用的手机，需要经过高温、低温、盐雾、静电、定向跌落、自由跌落、重复跌落、软压、硬压、冲击、正弦振动、触摸屏点击、按键点击、防潮、防水、防雾等脆弱性场景的可靠性试验。多数传统物理设备（如洗衣机、汽车、电子管、灯泡）都有完整的可靠性试验行业规范、标准和体系。举个例子来说明可靠性试验过程。

手机振动试验（Vibration Test）（来自北测集团网站）

测试条件：振幅为 0.38mm，振频为 10 ～ 30Hz；振幅为 0.19mm，振频为 30 ～ 55Hz。

测试目的：测试样机抗振性能。

试验方法：将手机开机放入振动箱内固定夹紧。启动振动台按 X、Y、Z 三个轴向分别振动 1 个小时，每个轴振完之后取出进行外观、结构和功能检查。三个轴向振动试验结束后，对样机进行参数测试。

试验标准：振动后手机内存和设置没有丢失现象，手机外观、结构和功能符合要求，参数测试正常，晃动时无异响。

6.1.2　为什么要反脆弱

为什么不能完全依靠软件项目前期的设计和上线前的测试来规避或发现脆弱环节呢？因为互联网应用的脆弱性有它的特点。

1. 互联网应用脆弱性的特点及挑战

（1）平台架构规模大幅提升

软件由单体、粗粒度的分布式向微服务分布式架构转型，使得微服务的数量规模大幅上升，集群规模越来越大。例如很多企业都有超大规模的网络架构，亚马逊在全球有500万台服务器，阿里有200万台服务器。虎牙直播也有全球化的架构，在全球五大洲通过多云混合云架构进行部署，包括数千个微服务的多个副本实例。数以百万计的用户同时访问我们的平台服务，这些用户因为自身属性或终端软硬件属性可被分为很多不同类型。在这种情况下，小部分用户或不同特征的用户出现问题时不容易被发现。随着服务规模和用户规模上升，基础设施、软件服务的故障概率也随之提升，对局部用户的影响更加难以预测。

（2）系统复杂性、环境与架构复杂性大幅提升

为什么无法在设计和开发阶段一次性把风险点考虑齐全呢？传统的软件架构师是上帝视角，他们理解系统的每一个组成部分及执行过程，了解组成部分之间是如何交互的，但无法完整设计大型互联网复杂应用的架构。云原生的软件架构、基础设施硬件架构本身也存在巨大的复杂性。一个平台由众多的服务组成，是集群的集群；互联网架构会用到大量的组件，这些组件自身的架构又非常复杂。故障传播和互相影响关系复杂，理解系统结构已经非常困难，了解某个环节出现一点异常扰动对其他服务和整体服务的影响更是不可能，人无法厘清、预测、预料这些复杂的关系。

（3）快速迭代使得传统方法无法应对

互联网软件迭代频率比传统软件要快很多。软件系统在持续迭代升级，基础设施也经常性地在迁移、上下线、扩缩容等，整个系统是动态的。软件系统依赖很多第三方软件服务、公共基础设施服务，有很多不可控的部分。软件在不断升级、变更、建设和维护动态架构的过程中需要很多人通过很多运维管控系统进行操作，有太多不可预见的事件发生，如每个微服务都有发版、修改配置、故障损坏更换、扩容等运维操作。测试工程师不可能在每次变化后都进行一次完整的系统测试。而对于数以万计的微服务，不可能有那么多测试工程师进行测试，规模庞大的微服务每天都在迭代新功能、新特性，甚至不可能有一个停下来进行整体测试的时间节点，也无法在生产环境进行大规模测试。

2. 混沌工程的价值

混沌工程就像疫苗，在生病之前分析有哪些脆弱性因素（病毒或故障），然后生产专用疫苗（演练场景）主动注入身体或软件系统，让系统产生抗体（改进系统），这样下次再出现同样的脆弱性因素时，系统就已经具备了自动抵御或恢复的能力。

我们与故障做斗争的过程如图 6-1 所示（第 1 章已有相关介绍，这里简单回顾一下），首先尽可能做到可靠设计，不过免不了有意外的风险点或 Bug，故障发生后要进行修复并改进设计，以验证系统具备了预防能力。混沌工程是尽可能让这个"斗争"过程在较小范围（最小爆炸半径）内主动发生然后改进，以求在更大范围内获得稳定性、可靠性。

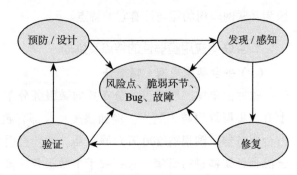

图 6-1　与故障做斗争的过程

混沌工程的价值在于以下几点[⊖]。

- ❑ 混沌工程倡导的是一种更为积极应对脆弱性的工程文化。工程师通过混沌工程主动寻找和应对脆弱因素，而不是害怕脆弱因素的出现，更不是担心机器宕机、害怕网络抖动或出现故障后把责任推卸给不可靠的网络。
- ❑ 混沌工程的演练可验证已知故障场景的修复能力。经常演练可以验证修复方案是有效的，避免盲目信任那些自以为是的故障修复方案。
- ❑ 混沌工程可验证各个工程环节的能力，如验证和改进日志及监控的有效性，改善事件响应的处理方式。
- ❑ 可获得未知脆弱因素及不明场景产生的影响。在设计时很多故障因素和场景考虑不全，无法进行有针对性的设计，而在可靠性试验过程中可以暴露这些因素，并更加真实地看到其表现和影响。
- ❑ 混沌工程可建立团队的信心、信任和透明度，让老板、工程团队、产品运营团队、合作方对软件系统和平台服务更有信心。

接下来我们详细分析导致软件故障的脆弱性因素。

6.2　软件系统的脆弱性因素分析

软件可靠性是指在规定条件下和规定时间内持续运行并完成规定功能的概率（能力）。软件的运行环境、管控平台、管控人、服务的目标人群等都属于这里所说的"规定条件"。

软件的脆弱性因素也都来自这些条件。本节从多个方面对脆弱性因素进行分析。

6.2.1 环境、产品、人的关系

我们的软件产品经过设计、开发、测试、部署等一系列工作，最终上线到生产环境，开放给用户使用，就形成了如图6-2所示的由人（用户、工程师）—产品（平台、服务、相关组件等）—环境（基础设施的硬件、网络、系统软件等）三方面组成的大系统。这三个方面关系紧密且相互影响，无论哪个方面出现了问题，都可能导致无法提供服务，如图6-3所示。环境、产品、人这三个因素分别对应着三个方面的脆弱性。

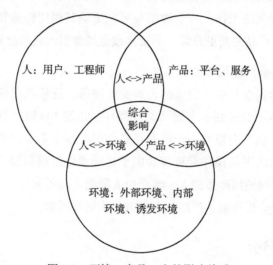

图6-2 环境、产品、人的影响关系

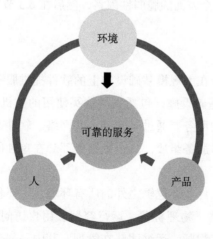

图6-3 环境、产品、人互相影响，并共同影响服务的可靠性

1. 环境的脆弱性会影响产品可靠性

产品设计之初预设了运行和使用环境。环境对产品能否正常提供服务的影响很大，环境一旦变化，如网络环境、IDC 环境，运行其中的软件服务可能无法工作。环境的变化也会给人带来影响，如外部环境会影响用户上网行为，娱乐明星突然的爆点会引发社交媒体的流量暴增，大型赛事带来直播类和在线会议类产品的用户大幅增长。通常来说环境包括软硬件环境、网络环境，也包括自然环境、社会环境和其他诱发环境。

2. 产品局部故障会互相影响、互相传播

产品自身对可靠性的影响就更容易说明了。一个组件、一个函数，甚至一行代码的故障都可能导致整个进程无法工作。一个微服务可能影响其调用链路和依赖它的链路上的所有服务无法工作。软件产品的变更升级、配置修改也经常引入新的故障。

3. 人为脆弱性会影响产品可靠性

很多有意无意的错误都是由人造成的，如变更网络、迁移机房等人为因素改变了软件运行环境。工程师可能不会想到一个删除文件操作会出现 I/O 阻塞导致系统挂起，进而让整个云服务出现故障，也不会想到一个证书更新会引发整个系统崩溃。一个正常的操作也可能引发误操作，压力之下的操作者更容易由于精神紧张造成误操作。人都是在一定环境中使用产品，环境会影响使用产品的人，继而由人影响产品可靠性。

接下来我们进一步分析环境、产品、人对应的脆弱性因素。

6.2.2 脆弱性因素分析

我们把脆弱性因素分为基础设施环境脆弱性、软件产品脆弱性、人的脆弱性、变更类脆弱性。接下来分别分析四个方面的脆弱性因素，然后在 6.3 节专门讨论如何应对这些脆弱性因素。

1. 基础设施环境脆弱性

互联网平台是通过运行在大规模基础设施上的软件提供服务，它除了依赖企业自研的应用软件，还依赖大量的基础设施，包括直接购买使用的主机、云服务及第三方服务等。例如，用户正常访问我们的服务要通过运营商公共网络。软件系统中每个服务由许多应用组成，每个应用又由许多微服务组成，每个微服务部署在单独的环境中。应用软件的基础设施环境如图 6-4 所示。

本章所讲的环境是指软件业务逻辑之外的所有环境，主要包括软件运行所依赖的软硬件基础设施，如电力、网络、物理机器、运行容器、用户访问、操作系统、系统资源等。这些环境一般由基础设施工程师、运维团队在管理，其中一部分连运维工程师也只是了解但无法操控改变。接下来我们从物理基础设施、软件基础设施、软件运行环境三个层次简

要分析环境脆弱性因素。

（1）物理基础设施的脆弱性

物理基础设施的脆弱性体现在网络部分。互联网软件都是通过公共网络对用户提供服务的，网络是运营商提供的国家级基础网络。网络可以分为几层，骨干网、城域网、核心网、汇聚网、接入网等运营商网络，运营商之间的互联互通网络，连通国际的出口网络，跨洋传输网络，公有云网络（包括公有云区域之间的网络、区域内可用区之间的专线网络、VPC 网络，IDC 园区网络、IDC 内部网络、主机网络、集群的私有网络，办公网络、VPN网络，靠近用户侧的城镇 / 社区网络、无线接入网络等。用户通过网络来访问互联网公司的服务，互联网公司基于这些网络基础设施来传输数据。

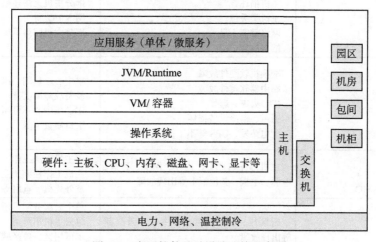

图 6-4　应用软件基础设施环境示意图

网络的脆弱性首先体现在物理网络的复杂性，传输路径长、中间涉及的企业多，最近几乎每年都会发生几次因为光缆被挖断而造成大型互联网平台故障的情况；其次是路由协议的脆弱性，任何一个节点的路由配置错误都会影响或多或少的用户；还体现在公共网络对互联网公司的不可控性，企业能控制的网络仅是极少的部分，容易被第三方的行为所影响；还有各种原因造成的网络抖动、延时增加、带宽不足等情况。

物理基础设施的脆弱性体现在与主机相关的物理设备部分，包括 IDC 内部包间、机架、交换机、电力、制冷等设备。IDC 内交换机可能出现设备故障，电力不稳时也会造成设备故障，温度过高或过低会造成死机或设备被烧毁，在无冗余、无 UPS 情况下的电源中断会造成停机故障。

物理基础设施的脆弱性体现在服务器主机上。主机硬件如主板、CPU、内存、磁盘、电源、网卡、其他板卡、线缆等都可能出现损坏故障。主机是运行软件的核心环境，是比较容易出现问题的地方。

我们把常见的物理基础设施的脆弱性因素分析情况汇总为表 6-1。

表 6-1　物理基础设施的脆弱性因素分析

分类	脆弱性因素	影响或现象
网络 • 骨干网络 • 运营商互联网络 • 城域网 • 专线网络 • 跨洋网络 • IDC 内交换机 • 路由器 • 单机网络	线路光缆被挖断 割接意外中断 物理设备损坏 交换机故障 意外断电 网线松动、断开 路由配置错误 防火墙配置错误 单机网卡故障、网卡掉速 主机损坏 主机类丢包 网络带宽不足 端口故障	网络中断 网络分区 网络局部中断 网络链路异常 网络丢包率上升 延迟增加 网络抖动 网络吞吐量降低 部分主机无法连接 网卡 I/O 满 部分主机网络不稳定
IDC 内设备 • 网络设备 • 包间 / 机柜设备 • 发电配电设备 • 制冷设备 • 消防设备	交换机软硬件故障 路由器软硬件故障 IDC 火灾、爆炸 通风、制冷设备损坏 配电柴发、UPS 等不工作	单中心、包间、机柜中断 设备故障率上升 IDC 单中心不可用 出口质量下降
服务器主机 • 硬件部件 • 软件 BIOS/BMC	主机部件如 CPU、内存、网卡、磁盘、电源、主板、其他板卡等出现故障	单主机无法工作 主机工作性能变差 意外死机、重启等
云故障	云区域、云可用区、云主机、云服务等出现故障	单个云服务不可用 单云主机不可用 单可用区、单区域不可用 单云整体不可用

（2）软件基础设施的脆弱性

互联网平台的软件会依赖大量的软件基础设施。软件基础设施是指为分布式应用软件提供标准、灵活、可复用的通用技术组件和服务，支持应用软件敏捷交付与稳定可靠运行。常见的通用技术组件和服务包括公共 DNS、CDN、Web 服务器、负载均衡器、分布式存储、统一队列、统一缓存服务、大数据集群等，也包括应用运行环境如容器、操作系统等基础软件。互联网平台还依赖第三方服务，如微信、支付宝、网银、Apple Pay 等支付渠道，微信、微博、Google、Facebook 等第三方登录渠道等。如图 6-5 所示，应用服务仅是整个软件组成中的一小部分。相对于应用服务，其他部分都可以叫作软件基础设施。软件基础设施一般可独立于业务之外进行独立维护升级。

软件基础设施一般由第三方或专门团队开发并维护，其用户是公司产品研发工程师。第三方软件的故障会影响互联网平台服务。我们把对软件基础设施的脆弱性因素分析汇总为表 6-2。

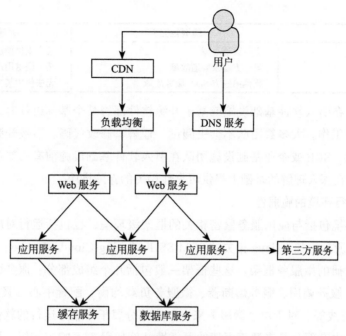

图 6-5　软件基础设施示意图

表 6-2　软件基础设施的脆弱性因素分析

分类	脆弱性因素	影响或现象
公共 DNS CDN 等	DNS 系统故障 DNS 配置被污染 CDN 系统故障 CDN 部分节点负载高	无法访问 访问速度慢 访问到错误服务
VM、容器 操作系统	虚拟机、容器以及容器异常 OS 内 CPU、内存、网络、磁盘抢占 进程异常 上下文切换频繁 磁盘不可读、不可写，损坏 资源达到上限 文件系统只读	服务返回延迟、超时 返回错误 请求失败 计算性能下降
负载均衡 Web 服务器	VIP 漂移 负载不均衡 部分节点超负荷甚至宕机	部分节点响应请求不正常 请求失败增加 耗时增加
中间件： • 分布式存储 • 分布式消息队列 • 分布式缓存等 • 分布式数据库等 • 大数据集群等	主机故障 集群问题 数据问题	请求连接失败 连接点无法响应 请求延时增加 请求吞吐下降 失败率高等

（续）

分类	脆弱性因素	影响或现象
第三方故障	支付渠道故障 第三方登录渠道故障 其他第三方 SaaS 服务故障	某个支付渠道无法完成支付 某个渠道用户无法登录 无法使用某个服务

工程师团队在引入软件基础设施或基于开源软件部署某个基础组件时，主要进行技术选型、部署维护工作。大多数团队不会去阅读、理解、修改代码。多数开源组件并没有提供可靠性的保障，SRE 或企业基础设施团队在引入软件基础设施前有必要理解其架构设计和脆弱性，同时在深入理解的基础上提供可靠性相关的保障措施。

（3）软件运行环境的脆弱性

软件运行环境包括与应用服务紧密相关的框架级环境，也包括运行对应代码的运行时环境，如表 6-3 所示。如与 Java 相关的 SSM/SSH、Spring Cloud、Dubbo、Golang Gin 等，不少公司也有自研的微服务框架。这些框架一般包括几个组成部分：服务配置与管理、服务注册与发现、服务调用、服务熔断器、微服务负载均衡、配置中心、服务路由（API 网关）、事件消息总线等。对于单个微服务来说，这部分属于微服务运行的软件环境。软件的脆弱性、可靠性也有部分是来源于框架的可靠性。例如服务 A 响应较慢，用户发现响应较慢后进行多次重试刷新，造成服务 A 的负载更高，响应更慢，更多的用户重试，最终导致服务 A 整个无法响应了。又如单个微服务实例的异常可能导致整个微服务的请求异常。

表 6-3　微服务框架级的软件运行环境

组成部分分类	脆弱性来源
运行时支撑	服务网关 注册发现 负载均衡 配置中心 名字服务
容错组件	超时管理 熔断保护 隔离互斥 限流保护 降级服务
后台服务	消息系统 数据访问 任务调度 缓存管理
服务框架	交互操作 通信协议（RPC、JSON、Thrift、REST） 网络协议（TCP、UDP、HTTP） 契约、惯例、代码配置

（续）

组成部分分类	脆弱性来源
软件运行时	Java、Kotlin、Scala 程序的 JVM Go 语言运行时 其他语言也有类似的运行时

这些运行时也存在不同的脆弱性，如内存管理不善导致内存溢出、线程管理不善导致死锁等。一般往往只有高级工程师能深入理解其中的原理，排查问题较为困难。软件运行环境的脆弱性因素分析可汇总为表 6-4。

表 6-4　软件运行环境中的脆弱性因素分析

分类	脆弱性因素	影响或现象
流量	流量突增 队列填满 访问瞬时突发 反复重试 被 DDoS	资源不够用导致雪崩，整个平台无法使用 部分请求失败 响应变慢，延时增加 单次请求偶发失败 所有请求等待超时 无法处理新的请求
负载均衡	负载不均衡 部分节点响应慢 被非关键微服务牵连 后端数据服务超负荷	部分节点超负荷导致流量被重试到其他节点 引发雪崩 关键服务无法响应
微服务框架	部分节点不可用 节点性能退化 配置错误 失败重试 慢消费者 依赖异常 中心节点不可用	性能差的非关键服务影响了关键服务导致响应慢 甚至无法响应 请求太多引发雪崩 失败重试导致服务超负荷 单个微服务实例出现故障 某个微服务整体出现故障
资源不足	共享资源影响 I/O 过载 线程池满 内存溢出 各种死锁 同步阻塞	请求后端互相影响：微服务的连接池占满了后端 的最大容量 服务请求响应延迟增加、失败、超时
运行时：JVM、 应用服务器	内存溢出、内存回收 线程阻塞、线程死锁 程序僵死等	应用无法正常运行 磁盘高频写入的情况 无法响应请求 请求延时增加 部分失败等

软件产品和运行环境本是一体的，很难完全区分开来。可以用一个简单原则稍作区分，软件开发者、SRE 自己维护且可完全掌控的技术组成部分就属于产品自身，不能掌控的部分则属于运行环境。

2. 软件产品脆弱性

互联网平台软件系统是由企业特有的平台应用软件和通用或专用的中间件等软件组成的。其中平台应用软件是指企业开发的业务逻辑，当前企业应用软件大都基于微服务架构，整个系统可能由数百到数万个微服务组成。单个业务逻辑是由多个微服务及数据库、缓存、队列等中间件软件组成的。业务逻辑是由微服务与中间件所组成的复杂度及脆弱性都较高的"软件产品"。

产品逻辑自身的可靠性也面临挑战。对产品逻辑的可靠性测试一般是指在可控范围内通过故障注入（FIT，Fault Inject Test）对软件注入一些已知的错误，从而发现软件逻辑中的错误及该错误对整个服务的影响。

（1）软件逻辑的脆弱性

研发工程师编写的软件逻辑代码对代码质量、性能、可维护性影响很大，它们是软件自身脆弱性的主要来源。软件逻辑的脆弱性来自服务内部的处理逻辑错误，如死循环、野指针、内存越界、CPU死锁、I/O阻塞等，也来自请求依赖的服务连接失败、超时失败、延时增加、流量突发、软件崩溃等。软件逻辑错误一般依靠单元测试和QA团队在测试环节发现，软件测试是传统软件可靠性研究较多的领域。

（2）微服务交互的脆弱性

微服务交互的脆弱性来自大规模的微服务及其之间的复杂调用和故障传播。每个开发人员会负责多个微服务，微服务迭代频次很高，微服务之间通过网络跨服务器的调用也容易出现异常，是比较脆弱的环节。可能服务A调用了服务B，服务B调用了服务C，服务C引发了服务B的问题，在问题表现上服务A也是失败的，这时候定位非常困难。

在A↔B这样一个简单的分布式网络模型中也存在多种可能的脆弱性。如A→B网络连接不通、A→B超时前建连失败、B超时前未收到数据、B收到错误的数据、B无法处理请求、处理完成后B→A返回数据超时、B无法返回请求、B返回错误的数据、B抛出各种可能的异常等。微服务交互分为同步和异步两种方式。同步是指必须在有限的时间内等到响应返回（包括Timeout、Fault、Error、Fail）。异步是指请求发送成功之后无须等待，而是可在主调方异步发送请求或被调方异步处理后再返回。二者的脆弱情况不尽相同。

软件逻辑及微服务主交互的脆弱性因素分析如表6-5所示。

表6-5 软件逻辑及微服务主交互的脆弱性因素分析

分类	脆弱性因素	影响或现象
进程	进程挂起、进程被中止 进程启动异常、进程单点 心跳异常、异常崩溃等	节点无法连接、无法处理请求 I/O过高 CPU过载、内存资源不足
逻辑错误/异常	返回错误 抛出异常	请求返回错误 引发链式反应

（续）

分类	脆弱性因素	影响或现象
逻辑错误/异常	方法/函数返回错误 代码级抛出异常 系统级别错误	本服务返回非预期的结果 向上游服务返回非预期的结果
配置	配置错误 错误或损坏的文件，获取超时 误删文件，路径错误	访问到错误的资源 无法访问资源 存储失败等
依赖 故障传播 互相影响	依赖超时、延时增加 依赖异常不可用 反复重试 被上游服务影响 被下游服务影响	请求无法正常返回 耗时增加 请求访问失败（全部/部分） 请求超时失败 请求延时增加
请求级别 突发流量	流量突发且无法扩容 无法响应过载请求 高频请求 资源抢占	个别服务导致全链路或全平台不可用 请求耗时增加
网络错误	建立连接失败 无法发送网络请求 发送数据丢失/部分丢失 无法接收响应返回 响应返回超出预期	建连失败 请求超时/失败 接收超时/失败 返回意外/失败
异步请求	发送队列数据丢失 异步处理队列数据丢失 数据一致性问题 数据重复问题	请求被丢失 数据错误 重复处理

3. 管控平台与人为脆弱性因素

工程师通过管控系统去管理和控制互联网平台软件系统。工程师操作错误或管控系统本身的问题可能会导致操作过程出现预料之外的问题，从而影响平台软件系统的可靠性。人与系统在可靠性方面的关系称为人机可靠性，人机可靠性研究由人和他所操作的系统/机器交互过程中的可靠性问题。人机可靠性的定义是在规定的条件下由人成功地完成工作或任务的能力。反过来人的脆弱性的意思是在规定条件下操作人未能完成任务或造成意外故障的概率。工程师通过管控平台对互联网软件系统进行频繁变更，操作错误的概率比较大。影响人机可靠性的因素包括管控平台脆弱性因素和人为脆弱性因素。

（1）管控平台脆弱性因素

管控平台是与生产软件及环境相关的支撑平台和系统，包括各类运维系统、调度系统等。这些支撑性软件系统由工程师、研发人员进行操作，或被自动化程序调用。管控平台脆弱性因素是指影响软件系统可靠性的功能性、易用性、体验、交互、使用环境等因素。

因为工程师通过运维系统操作线上应用、改变软件运行环境，所以运维系统的可靠性、易用性、功能完备性会很大程度影响变更，做得不好的运维系统会引起很多不必要的故障和问题。管控平台脆弱性因素及其影响如表 6-6 所示。

表 6-6 管控平台脆弱性因素分析及其影响

分类	脆弱性因素	影响或现象
功能性缺失	没有批量回滚的功能 没有摘除节点功能 没有批量重启的功能 不能控制流量调度	运维系统缺乏某些必需的功能，如不能批量重启，无法通过 Web 进行流量调度
易用性脆弱	操作后结果显示不正确 提醒不清晰、不友好 容易触发误操作 失败后无提示、无日志、无原因 容易输错参数 容易判断失误 检测失误	操作后结果显示不正确，提醒不清晰不友好，操作页面太长，容易触发误操作等，失败后无法快速排查、定位原因 操作错误、输错参数、检查失误 感知信息错误、判断失误 操作动作失误
可靠性脆弱	操作可能部分成功且无法补偿 无法回滚操作 删除操作跟确认按钮靠在一起 管控系统跟业务系统部署在同一数据中心或同一机器中 未经确认删除/停止操作	操作部分失败 无法正常回滚 业务故障时管控平台无法使用 数据中心网络出现故障，导致业务切换也做不了
效率问题	操作分散在多个系统中 操作分散在多个页面上 操作无法有效串联 依赖手工录入信息 不能并行操作 无法分批灰度操作 无法批量操作	操作效率不高 失败时间拉长 操作容易出错

软件的变更、迭代升级、故障修复都离不开人的参与，也离不开管控平台，人对系统的可靠性有很大影响。没有不失误的人，但在操作过程中，人应尽可能怀有敬畏之心，尽量避免出现差错。在管控平台的设计过程中工程师应考虑到防止人为差错的设计，把人的失误因素最小化。

案例：海外业务 A 需要把服务部署到海外云服务器，发现部署进程总是偶发性失败。分析后发现：运维系统及构建制品库都在国内，传输文件的超时参数是按国内网络环境配置的，而跨境传输时长会大幅增加，导致传输较大文件时都会超时失败。

（2）人为脆弱性因素

人为脆弱性因素包括技术能力因素、心理因素、生理因素、个体因素、操作能力因素。这里的人包括平台用户和平台管控工程师。有数据表明大部分故障都是由人的操作变更导致的。运维人员在线对生产系统进行操作变更时很容易引入一些问题，简单如重启一个进程，复杂如升级整个服务框架、在不同基础设施之间迁移服务。开着飞机换发动机是极其危险的动作。

人为因素导致故障的例子也包括 DBA 删除数据库和文件等。单个用户在使用平台服务的过程中可能按预期操作，也可能不按设计者的预期操作。用户可能按设计者期望使用产品，也可能不按套路使用产品，甚至还有大量用户共同操作超出了设计者的预期，引发系统故障。软件系统一般都会设计预定容量，当大量用户涌入时，如有一个或几个环节没有达到设计要求，成为"水桶"的短板，系统就只能提供短板的容量。

人为脆弱性因素粗略可以分为如表 6-7 所示的类型。

表 6-7　人为脆弱性因素的类型

原因类型	描述
原理不清	操作人对配置、操作或操作对象原理认识不够清楚 有些变更首次执行，产生意料之外的结果
精神状态	精神状态差、紧张 / 烦躁下执行了错误操作
忽视风险 马虎大意	轻视风险，小操作引发大故障 大意之下做了错误操作
信息不清	信息混淆、易用性不足
忙中出错	下班前、赶进度、接电话时进行操作等
胖手指型	手指误触发，敲错、敲多、敲漏字母，输入错误
失控的人	失控的工程师进行毁灭式操作，删除文件 删除数据库，停止服务，恶意解析，恶意攻击，权限泄露，群体事件

案例 1：某研发人员要从服务 B 复制部分配置参数到服务 A，然后对服务 A 进行缩容操作。他打开两个浏览器 tab 页，复制并保存好参数后，正准备执行缩容操作时突然领导打电话来安排了另外一项工作，等他接完电话回来单击"确定"按钮时，意外引发了服务 B 的故障。在故障复盘时，他发现是接电话前不经意地切换了浏览器 tab，并且配置页面很长，"服务 A"的标识在顶部，操作按钮在底部，当服务标识滚动到上部时会被隐藏起来，确认框也没有提示正在操作哪个服务，导致缩容时出现了误操作。对于这个故障，操作人员负有责任，但系统易用性也存在问题。

案例 2：某公有云大厂发生故障。工程师团队在上线一个自动化运维新功能的过程中执行了一项变更验证操作。这一功能在测试环境中并未发生问题，上线到自动化运维系统后触发了一个未知代码 Bug。在故障复盘时，团队发现是错误代码禁用了部分内部 IP，导致部分产品访问链路不通，造成公有云不能提供服务。

案例 3：2020 年 2 月某公司被一 DBA 恶意删除数据库，造成重大损失。

4. 变更类脆弱性

变更型故障的快速恢复在第 5 章已经讲过，本节来了解变更类脆弱性，它也是非常重要的。变更包括上线新版本软件、配置变更、数据变更、操作系统变更、网络变更等。前面讲的三种都是基于架构不变的状态下的脆弱性，实际上环境和软件都是在不断迭代升级的，频繁的变更升级也是互联网软件蓬勃发展的象征。变更是主动实施的逻辑、架构、环境的变化，可能引入多种综合脆弱性因素：软件产品自身的变更会带来功能的变化，进而影响与之交互的服务；基础环境变更可能引发上层软件不能按预期运行；人机可靠性可能影响变更过程的顺利完成。变更后之前稳定的一切都可能变得不再稳定。图 6-6 所示是变更带来的失败率上升规律。

变更会给软件系统带来结构性的变化，这种变化会给软件系统带来很多意料之外的脆弱性，是故障的主要来源。《SRE：Google 运维解密》一书中所透露的数据表明，60% ~ 70% 的故障是由变更导致的，我所在公司的统计数据也同样能验证这一点。

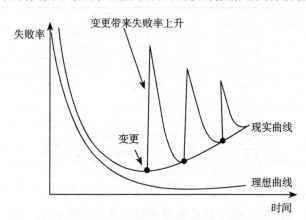

图 6-6　变更带来的失败率上升规律

变更类脆弱性容易引发故障的原因及其说明如表 6-8 所示。

表 6-8　变更类脆弱性容易引发故障的原因及其说明

原因	说明
操作权责不明确	权责不明、变更随意、变更模块、更换 IP、紧急变更等
变更过程不透明	没有统一通报，互相不知道，如中台、业务、后台、SRE 没有通报到产研
变更内容不可知	没有变更通知，也不知道会操作什么
变更行为不可控	变更没有回滚能力、预案不完善、没有蓝绿发布、用户有明显感知，不可终止
变更影响不清楚	不清楚变更对业务的影响，验收不完备，如不清楚基础变更和中台变更对业务的影响
变更事故不可溯	没有记录或很散乱，稍微抖动就放过去了
故障根源未深究	没有人花精力去跟进，没有对原因进行深究，没有系统性解决，下次可能犯同样的错误

6.3　反脆弱能力建设与分析

从前面的脆弱性因素分析可以看到，存在大量的可能导致故障的脆弱性因素，这些脆弱性因素可能发生在任何一个软件服务或服务器上。接下来我们讲述如何针对这些因素进行反脆弱能力的建设。

6.3.1　应对脆弱性的思路

可靠性设计中有 4 种方法：避错、查错、容错、改错。混沌工程是一种特殊的查错方法，它主张以一种可控的方式主动让错误尽早暴露，然后对系统架构进行针对性改造，提升系统的避错、容错能力，使得系统架构往越来越可靠的方向演进。如图 6-7 所示，混沌工程可以发现脆弱环节，也可以让我们更加了解软件在环境变化时的各种规律。

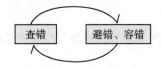

图 6-7　混沌工程也遵循查错、避错、容错的思路

混沌工程已经成为一种新的工程方法，它是针对软件环境因素的反脆弱能力，本质是在分布式系统上进行可靠性试验。具体过程是通过人为制造可控的环境脆弱性因素，观测软件系统的整体表现，并根据表现挖掘出架构设计中考虑不周的地方，然后加以改进。混沌工程能提升系统的反脆弱能力，所以业界经常会把混沌工程看作反脆弱的同义词。从可靠性学科的角度来看，混动工程可以更严谨地理解为可靠性试验。混沌工程更多关注环境脆弱性，而本章则更加广泛地讨论软件系统的脆弱性，如前面所分析的，软件系统的脆弱性可以分为 3 个方面——产品脆弱性、环境脆弱性、人为脆弱性。下面我们将尝试研究能应对这些脆弱性因素的方法。

6.3.2　反脆弱能力建设原则

建设反脆弱能力，要遵循如下几点原则。

1. 从意识上拥抱风险，建设反脆弱的文化

要承认风险是时刻存在的，不能逃避风险，不能靠天吃饭，而是主动识别脆弱点、风险点，了解其对系统的影响，同时尽可能地覆盖所有风险场景和脆弱性因素，做好风险管理。潜在风险越早暴露，损失越小。反脆弱就是指在尽可能早的时间节点，在尽可能小的影响范围内发现脆弱点，然后改进设计来提升产品的可靠性。从发现脆弱性到改进设计的反馈路径越短越好。如图 6-8 所示，脆弱点越早反馈越好，早发现，早反馈，早改进设计。

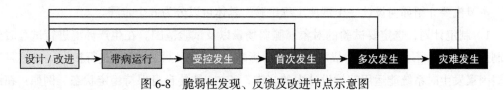

图 6-8　脆弱性发现、反馈及改进节点示意图

在团队和技术架构中建设起一种甘愿冒险、甘愿承担失误后果的团队文化，鼓励不断主动暴露脆弱性，要让可靠性试验成为一种常态。混沌工程、故障注入、协同演练都应该成为一种常态化工作。

2. 以可控的方式在生产环境中进行可靠性试验

为了反脆弱进行的可靠性试验需要平衡风险，不能在条件不成熟的情况下进行高风险试验。可靠性试验应尽量在生产环境中实施，因为试验对业务的影响经常是不可预知的，所以应尽可能先在小范围进行，试验过程必须是可控的，应该有兜底策略，不能因一次演练让整个系统宕机。

接下来分别介绍如何针对各种脆弱性因素进行反脆弱试验。

6.3.3 环境脆弱性的可靠性试验：混沌工程

目前，混沌工程被越来越广泛地应用在互联网公司中，受到业界的重视。实施可靠性试验的过程可分为暂时的稳定状态、假设脆弱性事件发生、设计和运行试验、观察和验证、改进 5 个阶段。改进之后系统会进入新的稳定状态。整个过程如图 6-9 所示。

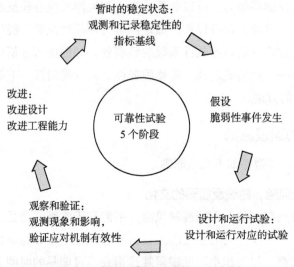

图 6-9　实施可靠性试验的 5 个阶段

1. 如何设计一个混沌工程试验

本节概要介绍如何设计一个混沌工程试验，具体可以分为 6 个步骤。

1）制定计划，选定要试验的对象、脆弱场景以及试验范围。在生产环境进行试验时要控制爆炸半径，不能对业务造成不可承受的影响，范围可以由小到大进行扩展。目标是当脆弱因素发生时系统能运用架构设计中的容错 / 容灾方法使自身保持稳定状态。例如：在访问 DB 的网络延时增加时保持直播列表服务的稳定状态。试验的第一阶段是在服务端单台主机上针对少量特定请求进行试验，尽可能只影响试验部分的请求，这样如果发生意外也只影响单个节点的请求。试验在灰度环境跑通后，要在生产环境进行真正的试验。

2）定义稳态的基线：选定用来评估业务稳定性状态的一个或一组指标。指标可用来定义系统正常状态的稳态水平基准线，也可用来评估试验结果，比如订单数、技术指标（如响应时间、响应错误率）、基础指标（如 CPU 负载、内存占用）等。在试验之前要明确定义这些指标的合理范围。一旦影响超出预期，应该马上终止试验。在上述例子中我们可以选定延时指标和列表服务失败率作为监控指标。

3）制定可靠性试验后回归稳态的方案：制定应急预案，当破坏产生且无法自动回归到正常时要有预案。正常情况下停止试验就能恢复，极端情况下如失败率上升幅度较大时（如占比 >5%）则必须立即终止试验，特殊情况下甚至要考虑把试验机器从集群中摘除。在上述例子中，试验完成后要去除模拟网络延时增加的逻辑，如 DB 主库因为延时增加而切换到从库，需要有切回主库的逻辑。

4）开始试验并观察稳定性指标：开始进行试验，模拟真实情况下会发生的脆弱场景并观察对照。对比方法分为时间对比方法和对照组对比方法，时间对比方法可以对试验前后、前一天同一时刻的对象进行对比；对照组对比方法可以选定参与试验和未参与试验的对象进行对比。根据试验和对照组的指标对比验证业务稳态假设是否成立，也要观察可能被影响的业务和用户，同时对同一时刻发生的任何异常保持警惕。

5）恢复原样并记录问题，改进设计：试验结束后详细记录试验过程和结果，对结果进行分析，判断是否按预期假设实现了容错。在刚开始推进混沌工程时会有很多没有达到容错假设的情况，这种情况不代表失败，反而是混沌工程的成功，因为防止了下一次更大规模的意外故障。相关团队（架构师、产品研发人员、可靠性工程师）要对设计加以改进，提出对环境适应性、容错能力的改进要求。

6）输出报告，实施改进，扩大试验范围：试验完成后要输出试验报告，提出改进方案并落地。改进后应该再次进行试验，验证改进效果。在小范围试验成功后也可推广到更大范围进行试验。后续应该持续自动化进行试验。

2. 常用开源工具介绍

本节介绍几个业界常用的开源混沌工程工具。通过这些工具能快速在自己的软件系统中实施可靠性试验，也能对混沌工程的理念和实践方法有更加直观的理解。业界常用的开源试验工具有 ChaosBlade、Chaos Mesh、Chaos Monkey 等，云平台上的混沌工程也到了较成熟的阶段。下面分别进行简单介绍。

（1）ChaosBlade

ChaosBlade 是阿里巴巴开源的一款遵循混沌工程原理和可靠性试验模型的试验注入工

具。它支持丰富的试验场景，具体列举如下。

- ❑ 基础资源：通过 chaosblade-exec-os 模块支持 CPU、内存、网络、磁盘、进程等试验场景。
- ❑ Java 应用：通过 chaosblade-exec-jvm 模块支持数据库、缓存、消息、JVM 本身、微服务等，还可以指定任意类方法注入各种复杂的试验场景。
- ❑ C++ 应用：通过 chaosblade-exec-cplus 模块支持指定任意方法或代码注入延迟、变量和返回值算改等试验场景。
- ❑ Docker 容器：通过 chaosblade-exec-docker 模块支持 Kill 容器，容器内 CPU、内存、网络、磁盘、进程等试验场景。
- ❑ 云原生平台：通过 chaosblade-exec-operator 模块支持 Kubernetes 平台节点上的 CPU、内存、网络、磁盘、进程等试验场景，Pod 网络和 Pod 本身的试验场景（如 Kill Pod），容器的试验场景（如上述的 Docker 容器试验场景）。

ChaosBlade 支持的混沌工程的场景和技术域思维导图如图 6-10 所示。

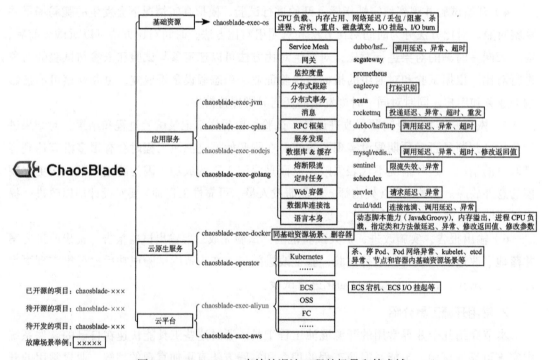

图 6-10 ChaosBlade 支持的混沌工程的场景和技术域

ChaosBlade 的使用方法非常简单，下面以一个模拟系统满载的场景为例，观测运行在此机器上的相关服务的表现。

下载 ChaosBlade 文件后，进入 Linux Shell。

1）执行如下命令：

./blade create cpu fullload

输出：

{"code":200,"success":true,"result":"idxxxx"}

2）通过监控系统或 Top 命令查看负载，执行如下命令：

Top

输出：

CPU usage: 94.8% user, 5.20% sys, 0.0% idle

3）然后观测相关服务的表现，如请求失败情况、耗时情况、上游调用服务的耗时及超时情况、重试情况、业务侧与用户侧的指标表现等。

4）执行如下命令：

./blade destroy idxxxx

输出：

{"code":200,"success":true,"result":"command: cpu fullload..."}

以上四步就完整模拟了一个试验的过程。ChaosBlade 提供了很简单的命令行方式在单机完成模拟。在实际生产中工程师需要把 ChaosBlade 整合到自己的运维平台，利用发布工具把 ChaosBlade 二进制文件部署到目标服务器，通过演练平台录入对应参数，通过命令通道执行命令，进而完成试验。另外 ChaosBlade 还提供了 ChaosBlade-box 演练平台。

Chaosd 与 ChaosBlade 类似，需要结合运维工具进行部署执行。

（2）Chaos Mesh

Chaos Mesh 是为 Kubernetes 容器环境打造的混沌工程平台。Chaos Mesh 提供丰富的故障模拟类型，并具有强大的故障场景编排能力。同时，Chaos Mesh 提供完善的可视化操作，可以降低用户进行混沌工程的门槛。换句话说，用户可以方便地在 Web UI 界面上设计和完成自己的混沌演练试验，并监控试验的运行状态。Chaos Mesh 以模拟容器环境为出发点，已经成为 CNCF 孵化项目。它支持模拟基础资源类型故障（又分为容器基础资源类型故障和物理机基础设施资源）、平台类型故障和应用层故障三大类故障场景。

Chaos Mesh 可以针对大多数资源类型故障进行模拟，主要提供下列模拟组件。

❑ PodChaos：模拟 Pod 故障，例如 Pod 节点重启、Pod 持续不可用，以及特定 Pod 中的某些容器故障。

❑ NetworkChaos：模拟网络故障，例如网络延迟、网络丢包、包乱序、各类网络分区。

❑ DNSChaos：模拟 DNS 故障，例如 DNS 域名解析失败、返回错误 IP 地址。

❑ HTTPChaos：模拟 HTTP 通信故障，例如 HTTP 通信延迟。

❑ StressChaos：模拟 CPU 抢占或内存抢占场景。

❑ IOChaos：模拟具体某个应用的文件 I/O 故障，例如 I/O 延迟、读写失败。

❑ TimeChaos：模拟时间跳动异常。

❑ KernelChaos：模拟内核故障，例如应用内存分配异常。

针对物理机基础设施资源故障，Chaos Mesh 提供下列模拟组件。

❑ Chaosd：用于在物理机环境上注入故障，并提供故障恢复功能。

针对平台类型故障，Chaos Mesh 提供下列模拟组件。

❑ AWSChaos：模拟 AWS 平台故障，例如 AWS 节点重启。

❑ GCPChaos：模拟 GCP 平台故障，例如 GCP 节点重启。

针对应用层故障，Chaos Mesh 提供下列模拟组件。

❑ JVMChaos：模拟 JVM 应用故障，例如函数调用延迟。

Chaos Mesh 自带管理平台 Chaos Mesh Dashboard，同时支持与 Kubernetes 模板相同的 YAML 文件方式。要创建一次可靠性试验，可以采用以下两种方式之一。

❑ 使用 Dashboard 新建可靠性试验，填写执行目标和配置参数，然后单击提交按钮运行试验。更多详细步骤，请参阅官方文档。

❑ 编写 YAML 文件定义可靠性试验，然后使用 kubectl 命令创建并运行试验。关于 YAML 的更多内容请参见官方文档。

（3）Chaos Monkey

Chaos Monkey 是基础设施的脆弱扰动，如 VM 实例随机终止，也发展出模拟可用区（云 AZ）中断的 Chaos Gorilla、模拟区域（云 Region）中断的 Chaos Kong 等，但由于依赖内部持续集成系统 Spinnaker，使用起来不太方便。

（4）云平台上的混沌工程 PaaS

各大云平台都提供了支持在本云域内进行混沌试验的工具，如：

❑ AWS 的 Gremlin

❑ 腾讯云混沌演练平台（Chaotic Fault Generator）

❑ 阿里云 AHAS Chaos

还有其他一些独立工具，列举如下：

❑ Toxiproxy 模拟网络故障

❑ Pumba 模拟容器

❑ Orchestrator 模拟 MySQL 集群故障

6.3.4　软件系统自身的可靠性试验：故障注入

6.2.2 节把软件逻辑和微服务交互作为软件系统来分析其脆弱性，本节将介绍如何用故障注入的方式发现系统中的脆弱性因素、脆弱场景以及它们对业务的影响。比较常见的脆弱性因素有服务间请求超时、请求无法连接、请求失败、请求量超过容量承受范围、进程崩溃、返回逻辑失败。对于一个复杂的分布式微服务系统，工程师很难厘清其全部风险及影响，只有通过可靠性试验才能尽可能多、尽可能早地识别这些脆弱点，并真正了解其表现和影响，进而有针对性地改进设计、防范加固。

1. 故障注入方法

故障注入是指在微服务或其他测试对象中注入已知故障，以观察软件的整体表现。它与混沌工程类似，通过注入故障也能发现各种脆弱性因素对软件的影响，如为服务注入延迟、篡改变量和返回值、抛出异常等试验场景。故障注入总体上的设计与混沌工程的设计类似，不同的是故障注入主要是针对业务请求、逻辑、微服务框架、运行时等进行注入。也可以把流量引流到单台机器，模拟突发流量在单个节点的表现；或者在代码请求中注入延时和异常（Java 和 C++ 语言中有专门的工具）。

修复软件 Bug 是非常困难的，永远修复不完，而下一个版本马上又来了。有研究数据表明，修复 60% 的 Bug 只能提升 3% 的可靠性，所以最主要的是修复最重要的 Bug 而不是全部 Bug。修复最重要的 Bug 的前提是发现最重要、最高频、影响最大的 Bug。故障注入也要选择最重要的服务、最常见的场景进行。

2. 注入工具

代码级别的故障注入依赖各种语言的注入工具，例如 Java 类的注入工具较多，C++ 的则较少。这里主要以阿里巴巴开源的 ChaosBlade 为例进行讲解，它增加了 C++ 混沌实验执行器，实现了 C++ 应用混沌工程试验的注入能力。

ChaosBlade 支持微服务框架 Dubbo，也支持 C++/Go 语言代码的注入。它是目前唯一一直支持 C++ 注入的工具。ChaosBlade 支持的 C++ 混沌试验场景列举如下：针对某个方法或者某行代码注入延迟故障；针对某个方法、某行代码注入替换变量或者对象值，可以制造调用第三方接口返回结果中包含错误码等故障；针对某个方法或者某行代码注入立刻退出方法并返回指定值（可以是错误值）的故障。

C++ 混沌试验执行器包括 8 个模块：模型匹配器模块、应用状态获取模块、流程控制模块、在应用运行中注入故障模块、应用未启动状态启动应用并注入故障模块、故障恢复模块、卸载实验器模块和日志记录模块。

【例 1】我们在 xxxsocketServer.cpp 的 133 行增加 3 s 延迟，可执行如下模拟命令：

```
./blade create cplus delay --delayDuration 3 --breakLine xxxsocketServer.
    cpp:133 --fileLocateAndName xxxsocketServer --forkMode child --processName
    xxxsocketServer
```

【例 2】下面来看一个混沌试验场景示例。图 6-11 是一个典型的微服务调用关系，服务 A 调用服务 B（强依赖），服务 B 调用服务 C，服务 A 同时也调用服务 D（弱依赖），A1、A2、A3 是服务 A 的多个实例，B1、B2、B3 是服务 B 的多个实例。

（1）模拟失败重试场景

调用下游服务实例异常时应该会再次请求另外一个服务实例进行重试。

场景模拟：对 B1 注入异常故障，服务 A 调用 B1 时会出现调用失败。

预期表现：系统会将服务 A 的请求路由到 B2 进行重试。

ChaosBlade 命令如下所示：

```
blade create dubbo throwCustomException
    --exception <EXCEPTION CLASS> --service
    <SERVICE NAME> --provider
```

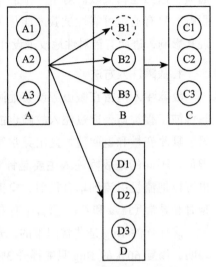

图 6-11　一个典型的微服务调用关系

（2）模拟隔离场景

若多次调用下游某个服务实例超时，则隔离或摘除此实例，防止请求路由到此服务实例。

场景模拟：对 B1 注入延迟故障（大于超时参数），服务 A 调用到 B1 时出现调用超时。

预期表现：系统会自动隔离或下线 B1 实例。

ChaosBlade 命令如下所示：

```
blade create dubbo delay --time <DELAY TIME> --service <SERVICE NAME> --provider
```

（3）模拟请求限流演练场景

服务线程池满会对入口流量进行限流，防止请求堆积、资源耗尽导致服务不可用。

场景模拟：对服务 A 注入线程池满故障。

预期表现：线程池满时，触发限流，新请求快速失败。

ChaosBlade 命令如下所示：

```
blade create dubbo threadpoolfull --consumer
```

（4）模拟服务降级演练场景

如果系统整体超载，且原因是弱依赖服务占用了过多资源或耗时较高时，弱依赖服务应该可以被降级。这种降级过程也应该提前进行演练。

场景模拟：对服务 A 注入调用服务 D 线程数满故障。服务 A 对服务 B 是强依赖，对服务 D 是弱依赖，服务 A 调用服务 D 的线程数较多，争抢调用服务 B 的资源。

预期表现：对弱依赖服务 D 进行降级，减少资源分配。

ChaosBlade 命令如下所示：

```
blade create dubbo threadpoolfull --service <D SERVICE NAME> --consumer
```

（5）模拟调用熔断演练场景

下游服务不可用时应触发熔断，快速失败并返回。

场景模拟：对服务 B 所有的实例注入延迟超时故障。

预期表现：当下游服务 B 不可用时，能立即熔断，快速失败。服务 A 会收到大量调用失败，但不会一直占用线程池和连接。

ChaosBlade 命令如下所示：

```
blade create dubbo delay --time <DELAY TIME> --service <SERVICE NAME> --provider
```

6.3.5 人为因素反脆弱设计：故障演练

通过故障演练来发现人为因素导致的脆弱性，一是演练对管控系统的使用，二是考验人在紧急协同过程中的表现。在管理上要制定变更规范，在思想上要强调人的严谨敬畏之心。变更规范案例可参考第 5 章。

下面来看具体如何进行故障演练设计。提升人机可靠性，降低人为脆弱性，除了可以参考业务软件可靠性把平台的可靠性做到较高水平外，还可以通过预案、演练和演习来最大程度减少误操作和失败操作。演练与混沌工程不完全一样，演练主要考察预案完备性、相关人的熟练程度、响应速度、处理工作的自动化程度、应急能力等。故障演练的目标是确保系统故障时按预案进行处理，验证监控告警、限流降级、故障迁移、容灾策略、故障预案处理、人员协调的有效性，寻找更加有效的方式修复故障、改进应急协同流程、改进管控平台等。图 6-12 是一个简单的故障演练过程示意图。

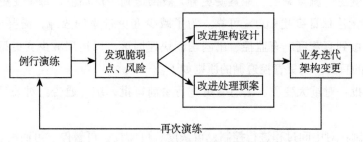

图 6-12 一个简单的故障演练过程示意图

演练场景应该设计预案、编写操作手册。所有操作人员要学习，轮流参加演习操作，防止某些人在不熟悉过程的情况下进行应急操作从而延误故障处理甚至引发更大故障。

有的公司在演习中引入蓝军模式，也就是互相模拟攻防的方式，来尽可能模拟真实场景，覆盖尽可能多的场景。也有的公司引入类似 Chaos Monkey 模式，让不熟悉系统的人模拟随机故障，比如随机操作、拔电源、单击系统按钮等。在 Amazon 和 Google 等公司也有类似机制，如 Amazon 的 Gameday、Google 的命运之轮，大家轮流进行操作以获得团队肌肉记忆。故障演练的一般流程分析如下。

❏ 故障演练前：确定演练目标和范围，制定故障应对预案，协同组织准备演练。

❏ 故障演练中：开始执行演练，观察相关指标、业务影响，启动故障预案。

❏ 故障演练后：现场清理，演练报告与总结，整改列表及跟进。

这里设计一个简单的故障演练预案模板供读者参考，如表 6-9 所示。

表 6-9　故障演练预案模板

预案模板	关于白天 ×× 故障的应急预案
场景	
故障因素	
可能影响	
应对预案	
操作 SOP⊖	
预案影响	
解除条件	
解除 SOP	
紧急预案	
说明	
负责人	

6.3.6　变更型故障反脆弱设计：变更管控

在当前互联网软件系统的开发运维模式中，每天可能有数百个变更（包括应用软件升级、基础设施变更、流量调度、配置变更等）被推送到生产环境，每个变更的测试时间很短，而且我们无法保证变更 100% 可靠。为了减少变更带来的故障，需要进行变更管控。变更管控需要做到有灰度、有监控、出问题能快速回滚，以达到减少变更型故障，缩短变更型故障时长的目的。变更管控遵循的原则如下。

❏ 事前审批：对重大变更、紧急变更进行事前审批，统一通告。对关键变更进行必要审批。

❏ 事中控制：对中间过程进行控制，可灰度、可监控、可暂停、可回滚。

❏ 事后审计：操作要记录，防止黑屏操作。操作审计是对操作人员的操作过程进行记录，可进行事后审计。

❏ 定期报表：定期发布变更分析报告。

⊖　SOP：Standard Operating Procedure，标准作业程序。

变更管控设计可以分为以下几个部分，具体分析如下。

加强测试：在上线前做好单元测试、回归测试，尽可能少地将故障带到线上；做好影子测试，回放历史访问流量，测试新的服务是否一致，以确定功能是否正确；做好服务压力测试，模拟流量突发情况下的响应情况及程度。

蓝绿发布：先独立部署新版的集群，通过开关切换到新版，而不是在旧版本所在的节点升级软件。蓝绿发布的好处是在新版本中可充分测试，在新版失败时可以切回到旧版。

灰度发布：灰度发布让故障影响程度和影响面变得可控。灰度策略包括按服务节点分批、按用户灰度等。按服务节点分批是把服务节点分为规模递增的几个批次，称为 StageN 环境，N 一般是 $3 \sim 5$ 个级别。按 StageN 由小到大的批次发布软件，逐步增加新版软件的节点数量，达到灰度效果。灰度发布能逐步验证正确性，减小影响。按用户灰度包括根据用户特征灰度更新客户端 App，或针对同样的客户端 App，根据灰度要求下发不同的访问策略，或在访问后台时识别用户特征，由具备软件流量调度能力的服务端把部分流量调度到灰度的节点。支持快速回滚，变更一旦失败，能通过回滚快速回到变更前的状态。如果不可回滚，也需要有变更失败预案。

在发布过程中需要能快速、准确地监控到服务指标的变化。在变更前要进行日志埋点和指标上报，监控日志要能看到状态，监控指标要准确直观，保证整个变更的过程都是可监控的。

可建设变更管控系统来控制变更型故障带来的脆弱性，具体可参考 5.2.3 节的内容。

6.4 可靠性试验与反脆弱能力的要求

前文提到，反脆弱能力是通过在生产环境中进行试验以暴露未知脆弱点的一种工程能力，这种能力和实施效果不太容易说清楚。进行定性要求和定量要求（标量化度量）对我们研究体系、推进实施和展示成果都有较大裨益，具体将在下文加以讨论。

反脆弱能力的度量包括对实施后业务系统的可靠性结果的度量，对实施过程的度量，以及对相关团队能力的度量。有了度量才能建立人们随时应对系统生产环境中的脆弱性因素的信心，评估相关试验，预估提升了多少可靠性，预防了多少故障。

6.4.1 定性要求

可靠性试验和反脆弱工作括混沌工程、故障演练、故障注入、压力测试、红蓝攻防等综合性工程工作。这些工作在单次实施过程中需要有明确的实施对象、明确的目标、明确的职责分工。其阶段性的规划中需要逐步扩大范围，即试验需要从低风险部分逐步扩大到高风险部分。接下来我们从试验范围分级、职责分工、混沌工程过程要求、混沌工程成熟度模型几个方面进行讲述。

1. 试验范围分级

可以将混沌工程的试验范围划分为六个级别，以基础设施为例，如表 6-10 所示。在越高级别做混沌工程可以取得越强的反脆弱能力，不过难度也越来越高。Netflix 也是从单机开始做起来的。

表 6-10　基础设施混沌工程按试验范围分级

等级	影响范围
一级	单实例 / 单接口 / 单服务
二级	单机 / 单节点
三级	单交换机 / 单机柜 / 单链路
四级	单可用区 / 单机房 / 单集群
五级	单区域多可用区 / 机房 / 整个服务
六级	多区域 / 整个业务

在实践过程中，可以对风险威胁程度进行分级，如能造成公司业务完全垮掉的风险，能造成公司业务较长时间中断的风险，能造成部分核心服务中断的风险，能造成部分普通服务中断的风险等，如表 6-11 所示。在建设混沌工程相关能力时也应该由低风险到高风险进行实施，待工程能力较为成熟后再实施更高级别风险场景的试验。

表 6-11　对风险威胁程度进行分级

级别	业务影响 / 风险级别
一级	能造成公司业务完全垮掉的风险
二级	能造成公司业务较长时间中断的风险
三级	能造成部分核心服务中断的风险
四级	能造成部分普通服务中断的风险

2. 职责分工

可靠性试验是个系统工程，涉及多个专业领域，如基础设施网络、业务逻辑、监控团队等，仅有 SRE 参与是不够的，需要相关团队都参与进来。

- ❑ 产品研发团队：负责业务指标上报、产品脆弱性，明确基线指标，提供稳定性假设，改进暴露出来的架构设计问题。

- ❑ SRE 混沌工程团队：设计试验，协同各方共同推进，在过程中进行组织协调，输出结果。

- ❑ 基础设施团队：网络、系统运维、DBA、负载均衡、中间件团队等，配合基础设施的混沌工程演练。

- ❑ 运维平台团队：提供演练平台工具及相关的配套工具。

- ❑ 蓝军团队：从架构上分析漏洞，甚至直接到生产系统进行"破坏"，其主要职责是挖掘系统的弱点并发起"真实"的攻击。

3. 混沌工程过程要求

对单次试验的过程提出明确要求，避免随意性。明确一些原则，如已知问题不用试验，如果确定混沌工程试验会导致系统出现严重问题，那么无须运行该试验，先从架构上进行改进解决。混沌工程的目的是暴露问题。单次试验需要提前考虑清楚以下几点。

- ❑ 稳态基线定义：要明确质量指标和内部重要指标的稳定状态下的基线，如开播成功率、视频卡顿率、订单数等，内部指标包括微服务调用成功率、延时、请求量等。
- ❑ 可控的爆炸半径 / 影响面：试验是在生产环境中进行，计划要包含明确的故障爆炸半径，在可控的影响范围内实施。
- ❑ 自动化运行：试验应该自动化进行，因为在大量服务的大量场景上试验，依靠人工是不现实的。压力测试、全链路压测、故障注入都要有配套的工具 / 平台。
- ❑ 要有结果评价：每次混沌工程实施后要有结果评价，用于改进试验对象的软件系统，试验本身也可能需要改进。

4. 混沌工程成熟度模型

混沌工程的应用也可以用成熟度模型来度量，具体从两个维度来考量。混沌工程成熟度模型如图 6-13 所示，纵轴是成熟度，分为入门、简单、高级、熟练；横轴是应用度，应用范围分为暗中进行、适当投入、正式采用、成为文化。

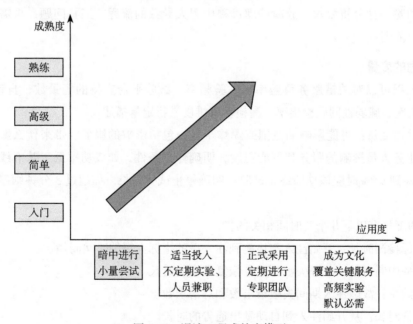

图 6-13　混沌工程成熟度模型

6.4.2 定量要求

定量要求是指用量化指标来明确反脆弱能力的过程和结果，如脆弱环节梳理完整程度及覆盖面的分析，以及各脆弱因素的影响程度、影响范围、实施过程、改进效果。如在公司推进混沌工程时，有些团队担心系统真的会挂而接受不了，希望仅在测试环境做，也有些团队会问到底要怎么做、有什么收益、如何评估效果等，这些都可以用定量要求提出来。

1. 基本要求

脆弱性的相关统计数据有很多，包括环境脆弱性因素的覆盖率、过去可靠性/故障中的脆弱性因素分析、软件脆弱性因素的试验覆盖率。目前业界还是以各家公司的最佳实践为主，尚未形成统一的行业标准。下面只能列出几类主要的基本要求。

- 环境脆弱性因素的覆盖率要求：尽可能分析环境变化的场景，包括硬件、网络、功能、资源不足、意外的调用、资源竞争等。特别注重从过去故障中分析出当前存在的较高风险的脆弱性因素，让干系人关注到这些风险。安排对应的试验，用试验覆盖率统计当前试验对多少因素进行了试验。
- 各脆弱性因素的分析要求：包括分析各个脆弱性因素的风险程度、影响面，是否在过去故障中出现过，根据多种因素分析脆弱性因素的优先程度等。
- 关键服务的覆盖率要求：通过关键链路对最重要的产品脆弱性进行分析，从覆盖核心服务开始，逐步扩展覆盖面。
- 人的脆弱性分析要求：故障处理过程中因人导致的流程、工具问题，也需要纳入度量的范围。

2. 能力的度量

混沌工程可以对关键服务覆盖率、试验频率、试验平台支持的场景数、自动化程度、单场参与人次、脆弱性问题检出率、漏检率等维度进行定量描述。

实施过程度量：可能影响的范围或爆炸半径，包括影响的服务、带来什么影响；明确告诉相关业务人员影响的服务和可能程度；明确停止条件，如成功率低于基准线多少，如从99%下降到95%时应该立即终止试验；明确停止试验时长，如超过3分钟则停止试验并恢复环境。

能力的度量有以下几个与时间相关的指标。

1）指标检测时长：开始注入与检测到注入后的指标上报的时间间隔。

2）业务中断时长：业务失败到业务恢复正常的时长。

3）失败率：故障注入期间失败请求数和总请求数。

4）通告时长：从开始注入到自动发出通告的时长。

5）优雅降级或容错时长：从开始注入到开始执行降级或容错预案的时长。

6）告警全清理且恢复稳定时长：从故障开始清除到业务完全恢复所需要的时间。

3. 结果度量

通过一段时间的混沌工程试验，可以见到业务稳定性的明显提升。可以通过以下几个指标进行结果度量，具体分析如下。

- ❑ 容灾成功率：考核业务的容灾场景覆盖率和容灾切换成功率。试验效果是从刚开始的低水平逐步提升。
- ❑ 信心指数：混沌工程是关于信心的试验，如有多少服务对某种场景有了容灾能力，并经过了混沌工程试验的验证。
- ❑ 试验结果量化描述：脆弱性压力与系统韧性的影响关系，如网络延时增加到多少时系统依然能正常运行，到多少时会出现严重情况。系统负载到多高时系统还能保持健康。这些工作负载、环境抖动跟业务稳定性的关系能够用较为明确的数据来量化描述。
- ❑ 各团队、各系统韧性分数：不同系统的负责人不一样，各个系统的稳定性状态也不一样。软件通过容灾、容错、适度降级、快速恢复等方法使得系统依然保持可用的状态。此时能通过系统的韧性分数在遇到故障和模拟故障的情况下分析系统的可用性和韧性表现。

AWS 设计了六维度评估方法。

1）问题修正情况：发现脆弱点后修复的完成情况。

2）试验的频率：是按周、月、季度还是年。

3）应用试验环境：是生产环境还是测试环境，业务应用的数量。

4）试验自动化程度：是手工还是自动化，自动化的比例。

5）试验场景数量：试验场景的数量，试验覆盖业务的比例。

6）观测结果：试验结果中成功（非紧急终止）的比例。

混沌工程试验可用于验证之前为系统设计的各种预防保障措施以及软件的行为是否有效，是否达到可靠性目标。

6.5　实践案例

下面以一个实践案例来说明我们是如何实施混沌工程试验的。

1. 场景：消息队列 RocketMQ 单节点宕机

演练执行：蓝军小组 ×××

处理人：中间件研发 ×××

时间：2021-10-×× 10:30

2. 计划过程

此过程会制定演练计划，在演练时同步给所有人。

1）随机选择一台消息队列集群的 Broker 服务。

2）研发确认主机，拉通服务所对应的 SRE 和研发人员。

3）记录 MQ 对应的服务列表。

4）打开 MQ 监控页面、告警系统、黄金指标监控大盘，选择重要应用和可能影响的黄金指标。

5）通过演练平台执行宕机任务。

6）关注基础设施、MQ 中间件、SRE 等团队工程师的处理过程，重点关注：

❑ 主机宕机告警；

❑ MQ 告警；

❑ 业务微服务告警、微服务监控曲线，如有影响还需关注业务黄金指标曲线；

❑ 观测有状态服务的决策、处理过程；

❑ 中间件平台恢复切换过程；

❑ 微服务恢复过程。

7）15 分钟后执行宕机恢复任务，如果业务恢复较慢或影响较大可提前停止。

8）汇总告警信息，监控变化数据，汇总处理过程、决策过程，分析业务影响。

9）分析风险和问题，改进建议。

10）输出本次盲测演练报告。

3. 预期结果

告警及时：业务、基础设施、MQ 服务、业务微服务都有告警。

处理迅速：涉及多个业务服务，出现多个 MQ 实例或微服务告警，SRE 应该有感知并加入关注，能快速做出决策。

业务影响小：微服务可能抖动，业务基本不影响。特别关注那些不能自动切换的 MQ 的处理过程。

4. 实际试验结果

下面是对试验过程及表现的详细分析。

1）基础层，进程监控：告警基本符合预期，监控指标有变化，等等。

2）MQ 集群层表现：主库消失了，只剩下两个从库，没有切换主从。

告警：1 分钟后收到告警信息，MQ 集群的节点少了一个；有主机告警；大量的 MQ 消费队列位点回退告警。

在复盘时了解到这是因消费者连接到从节点，点位信息同步到从节点有延迟造成的。告警有数百条，研发反馈队列有上万个，4%左右的队列出现点位信息告警。

MQ监控指标：put nums、get nums指标都掉底；监控到队列堆积变成负数。

研发反馈：重新创建连接，需要确认为何在节点恢复时还出现创建错误，需要继续分析。

3）应用层、微服务层表现：微服务告警，消费者日志错误告警，不确定是否相关。

在主库挂掉时，有少量写入失败。

从消息队列来看是有写失败，需要业务层处理。核心服务如支付、送礼等需加入写队列失败的容错处理。

4）MQ负责人总结演练异常原因。旧集群是一主二从的形式，RocketMQ的判断条件是当其中一个从节点完成同步之后就认为同步成功，所以主节点宕机的时候，其实只有一个从节点是具备完整数据的，消费信息出现负数是因获取到未完全同步的从节点的信息导致的，该情况已经在测试环境重现（只有多个从库架构才会出现此情况）。然后在查看了部分GroupId的代理层消费记录后发现消息并未真正丢失，只是前端监控显示异常。

5. 总结

（1）需要跟进

监控系统中堆积数据显示负数的问题：在一主二从的架构中，只有一个从节点具备完整数据，需改进架构或同步策略。

位点回退数百条告警的问题：点位信息异常的告警优化，如何减少告警干扰，而又能有感知（消费位点未能同步到从节点，导致消费会有重复）。

重要业务服务的数据可靠性的问题：如支付、消费、送礼、订阅等服务中，如果主库挂了，会有小量（数十条）数据写入失败，比例不大但数据非常重要。业务逻辑层需要对此进行处理，在MQ写入失败时保证用户请求可以异步重试。

大量错误告警的问题分析：需要查清是否与演练相关，恢复节点时为何出现告警。

演练中途退出问题：本次演练是中途退出的，根据本次演练发现的问题进行改进后需要再次组织演练。

（2）总体分析

通过此次演练加深了对系统的理解，如主库挂了之后并不会做主从切换，仅是主库变得不可写，但从库仍可读，从库消费完从库数据后一直为空，所以出现put nums、get nums指标为0的情况。写入数据会重新将哈希值写入其他Broker。SRE、中间件研发人员都获得了新知识，也发现了脆弱性并提出了改进方案。

（3）提出新问题：如何应对机房级故障

如果广州的某个机房挂了，目前对另外一个机房的容量及容灾处理还是存疑的，需要规划机房级的容灾演练。

MQ 集群还在改造迁移中，存在新旧集群，旧集群的元数据量又比较大，不敢演练，需等改造完再演练。

6.6　本章小结

可靠性试验的本质是一种破坏性测试，也是一种查错方法，最终目的是帮助尽早暴露问题，尽早改进以提升可靠性。

本章首先讲述了什么是反脆弱能力及为什么要反脆弱。从技术架构分层的角度来讨论容易出现故障的地方，对脆弱性因素做了较为清晰的分类，汇总了常见的脆弱性因素和脆弱场景。脆弱性因素及其影响模式可能是行业应该深入研究的方向。接着讲解了如何应对这些脆弱性因素，建设反脆弱能力的思路和原则。然后分享了几个混沌工程工具的使用案例，也分享了虎牙的一个实践案例，帮助读者加深理解。

第 7 章 *Chapter 7*

可靠性管理能力

可靠的软件系统既是设计、开发、运维出来的，又是管理出来的。可靠性目标的达成离不开有效的管理工作。可靠性技术中本就包括工程技术和管理技术，两种技术相辅相成。前面用了 6 章来讲解大规模分布式软件系统可靠性的工程技术，本章重点讲解可靠性管理技术及相关实践。

大规模软件系统的可靠性工程是复杂的，其服务功能多、基础设施规模大、人员团队多、可靠性工作多、数据多，如果没有好的管理协同是不可能做好的。当前互联网业界可靠性工程体系还不成熟，没有统一的工程标准，也没有系统性的参照指导，主要还是依靠工程师摸索和相互分享经验，可靠性工程师缺少明确的工作方向，业务人员缺乏明确的可靠性目标，高层不了解、少投入等现象比较突出。结合业界可靠性管理工作中出现的问题，同时为了减少从业者的迷茫，本章将尝试探讨如何开展可靠性工程的管理工作。限于篇幅，本章会侧重于可靠性工作规划及目标管理、故障治理、人员与团队管理、团队和工作方式转型等几个方面。

7.1 可靠性管理工作概述

可靠性管理工作是从系统工程的观点出发，在软件架构设计、开发、测试、交付部署、发布、持续运维、故障处理、持续改进等软件生命周期的每个阶段，围绕可靠性这一目标开展规划、组织、监督、控制等管理工作。工程师在技术方面的沟通、理解一般都很顺畅，在谈到管理时却往往不太清楚怎么去做，根本原因是对可靠性管理技术缺乏全面认识。忽视可靠性管理工作是很多工程师技术不弱但系统可靠性不高的原因之一，也是很多可靠性工作混乱、SRE 在工作中感到迷茫的根本原因。抓可靠性应该要工程技术、管理技术并重。

1. 加强对可靠性管理工作的认识

（1）认识到可靠性管理的重要性与复杂性

首先，可靠性、稳定性是互联网产品的重要属性。可靠性管理工作包括对企业可靠性工作的全面规划，其目标是为社会提供高质量、高稳定性的产品。管理工作是为保证产品稳定性所采取的所有技术组织措施。由于目前业界还没有形成软件可靠性的通用规范和行业标准，因此很多可靠性管理工作都是摸索中进行，还没有形成成熟的方法体系，没有统一的可靠性管理机构，没有明确的可靠性目标和重点方向。这些应该在可靠性管理工作规划中厘清。

故障的发生存在较大随机性和复杂性。故障总是由意想不到的原因引发，以意想不到的方式出现，任何一项工作都可能成为故障的导火索。可靠性管理工作在很多时候是一种预防型工作，防御的工作在平常不易被看到，也不易找到工作重点，这也是其复杂性所在。

（2）可靠性管理工作涉及广泛的内容和众多团队

可靠性管理工作的目标是解决业务质量和稳定性问题，为了达成这个目标，要求产品研发团队、运维团队、基础设施团队、质量团队等都要坚持一致的工作思路和方向并通力协作。可靠性管理工作涉及的人员和团队非常广，包括技术团队的产品研发人员、基础设施团队、运维人员、架构师、开发人员、测试人员、研发管理人员等，这些人员又围绕某个软件集群、中间件、基础服务组成一个个可靠性小组。该工作需要中高层管理人员参与，也需要很多虚拟团队如架构评审委员会、故障评审委员会、风险委员会、研发管理团队等参与。可靠性管理工作涉及的各团队不能各自为战，而是必须各团队各工种无缝协作。可靠性管理工作也涉及诸多软件研发体系和流程，如在开发测试发布过程加入可靠性的考虑，在设计阶段投入时间做可靠性设计、进行可靠性评审；在故障后进行复盘、定级定责、投入改进等。这些流程都需要高层支持并推进。可靠性管理工作应该是公司一把手工程，也应该是公司持续重视的一项指标。稳定性管理依赖强有力的管理与组织能力，如果公司高层不给予足够支持，可靠性管理工作是很难开展的。

（3）认识到可靠性的阶段性、演进性

高可靠性水平不是一蹴而就的。互联网平台上的很多服务都是先上线再优化，且不同的业务阶段对可靠性的要求是不一样的。例如，在初级阶段可能业务功能优先，能接受部分可靠性风险；业务发展起来之后才考虑更多可靠性的设计、可靠性的体系化建设。

系统早期以人力运维方式为主，发展到一定规模后再建设庞大的保障系统。随着业务发展、技术团队不断扩大、团队分工趋于明确、相关工作更加深入，团队工作重点应该从

人力运维升级到更多工程投入，持续建设可靠性/稳定性平台、体系。

可靠性管理工作也应遵循预防为主的原则。可靠性/稳定性能力是对发生故障后的处理能力，更是预防故障、风险治理的能力，而预防故障和风险治理最重要的思想是早期投入、预防为主，这其实是成本更低的做法。

将可靠性管理工作纳入设计、开发、运维、故障等软件生命周期。在各个阶段嵌入适当的可靠性管理工作，会给软件质量、可靠性带来很大改变。如在设计、开发、生产运行等阶段的关键节点进行回顾/评审，注重收集运行过程中故障和异常等不可靠信息，加以研究、分析、学习，将其作为可靠性改进的机会，同时也是回顾设计的机会。

2. 可靠性管理工作的内容

可靠性管理工作是为了保证产品可靠性、稳定性所采取的所有技术组织措施。具体包括可靠性工作的规划、过程管理、故障管理、团队与组织建设，也包括在软件可靠性设计、故障修复、故障预防等各项能力改进过程中的管理工作。可靠性管理是建立软件可靠性工作体系的关键工作，总体来讲包括以下几个方面的内容。

（1）工作规划和管理

1）**制定可靠性工作目标、计划**。在需求阶段或改进阶段评估系统当前的可靠性现状，提出新的可靠性目标。为使产品达到预定的可靠性目标，提出在开发、运维各阶段需要实施的改进任务等。要有明确的工作方向规划、定性要求、定量要求。

2）**可靠性任务和指标分配、职责分工**。对可靠性的大目标进行分解，分解到各业务模块、各软件集群、基础设施等团队，具体可靠性任务也要按团队职责、分工分配落实。既包括工作内容的分配，又包括进行具体指标的分解分配，如对某个系统、集群、中间件、公共服务提出可靠性的具体指标要求，对相关团队提出明确分工并负责达成子目标的要求。

3）**可靠性评审**。对软件架构可靠性相关设计、实施工作进行评审，包括软件运行过程中的故障评审，对故障后的软件改进措施、架构改进方案及对应效果的评审等。

4）**可靠性指标管理、评价、考核**。在持续运行过程中采集可靠性数据，分析产品的可靠性指标进行可靠性度量与验证。根据实际运行过程中的稳定性情况，对产品的可靠性进行回顾、评价。对相关工作项目、团队、人员的可靠性工作成果进行考核，对软件系统最新的可靠性进行评价，为下一阶段的可靠性工作提供依据。

5）**规范和制度的建设**。可以把与建设可靠性相关的实践经验及要求形成文件（规范、制度），让所有人形成统一的认识，指导工程师的各项工作。常见的规范文件包括：

❑ 软件可靠性/高可用设计规范
❑ 故障应急协同处理规范
❑ 预案手册

- ❑ 故障定级定责规范
- ❑ 故障复盘规范
- ❑ 故障演练规范 / 混沌工程规范
- ❑ 可靠性度量和考核规范
- ❑ 核心业务的高可用方案
- ❑ 软件架构图、流程图、模型图等规范
- ❑ 降级设计规范
- ❑ 运维管控系统可靠性规范和方案
- ❑ SRE 培训手册

（2）可靠性管控系统的建设和改进

应尽可能把规范和能力建设为对应的管控系统。首先是将前面 6 章所讲的能力转为支撑管控系统的功能并互相协作，使得执行更加高效。常见的与可靠性、稳定性相关的管控系统包括故障分析与诊断系统、故障应急协同的系统、故障管理系统、发布系统、监控系统、告警系统、预案系统、混沌工程系统、演练系统、变更管理系统、容量管理系统、可靠性度量系统等。这些系统需要从无到有进行建设，也需要不断改进，持续提升效率和能力。要建设好系统，同时要做好系统推广，来服务于软件系统日常实际的可靠性工程活动。如利用系统实现某业务服务某场景的预案，加强某服务某场景的诊断能力等。

（3）故障处理过程管理和可靠性专项管理

1）故障生命周期中的管理。 故障生命周期也依赖管理工作。如故障应急处理过程中的组织协同与管理工作；故障报告管理中的故障报告、录入、完善工作；组织故障复盘与评审的管理工作；故障改进措施的管理工作；风险管理工作等。

2）进行可靠性专项管理。 互联网软件系统大都是已经在线的服务，所以工程师要在软件的不断改版、迭代中继续保持或逐步提升系统的可靠性和稳定性。提升过程会进行大量的可靠性专项改进工作，涉及大量的管理工作。举个最简单的例子，比如统一升级某个组件。一个中台或基础服务的升级也依赖各方进行迁移或改造工作。

（4）可靠性的组织、人员管理，工作方法的改进

在互联网公司，可靠性工程师还是新的岗位，不少公司成立了 SRE 团队，但还是以原来的运维工作为主，其实质并未发生变化。公司需要组建可靠性工程师团队或实现原团队的转型，传统运维工程师也面临转型的问题。目前业界的可靠性工程师人才还是比较少的，需要建立 SRE 的培训制度和方法体系，培养更多的新人成为 SRE，也需要改变过去以满足业务运维操作需求为主的运维方式，以可靠性工程的方式来开展工作。

接下来选取几个重点工作加以详述，包括软件可靠性工作规划及目标管理、故障治理、人员与团队管理、以 SRE 方式运维业务等方面。

7.2　软件可靠性工作规划及目标管理

可靠性管理工作首先要做的是明确可靠性工作规划及目标。可靠性工作的目标不仅是努力实现现有业务的可靠性，还应形成一套稳定性工作思路和结构化解决方案，尽可能把可靠性能力落地到系统、技术框架中。

1.明确可靠性工作对象与目标

（1）明确可靠性工作对象

首先要从业务的视角来看可靠性／稳定性。不少互联网公司有多条业务线，业务线分为多个核心业务服务，核心服务下有二级关键服务，关键服务对应着关键链路，关键链路涉及链路上的技术集群，技术集群会用到基础软件，基础软件集群之下是基础设施，基础软件本身也依赖各类基础服务、中间件等。举例来说：虎牙直播是一条业务线，会有很多的核心服务，提供主播开播、观众进直播间、看视频直播、关注主播、给主播送礼等功能，也提供注册、登录等基本功能。开播包括很多二级关键服务，如主播认证、流通知、推流转推等关键服务。使用业务服务的用户看不到软件集群、基础设施，他们不关心用的什么技术，只关心业务服务是否稳定。从软件架构的视角看，每个软件系统／集群、每个中间件服务、每一层的技术组件都是一个可靠性工作对象。技术组件的故障会影响业务服务的可靠性，而业务服务应该有比技术组件更高的可靠性，所以可靠性工作的对象首先是核心业务服务及关键服务。工程师所负责的系统／集群／组件是其日常重点工作对象，应该保证其可靠性。在不同的场景下、与不同的人所讨论的可靠性对象是不一样的，需要加以区分和明确。

（2）明确可靠性工作目标

明确对象后要选择可靠性工作指标。比如将故障次数、故障时长、失败率、可靠性能力等作为可靠性指标，也要明确当前的情况及预期达到的目标。除了业务层对用户的可靠性的目标，各层技术也都应该有可靠性 SLI/SLO/SLA。如基础设施、数据库、缓存、负载均衡等都应该有对应的可靠性定义和目标。前文第 2 章详细介绍了指标选择和目标设定，第 4 章详细介绍了可靠性黄金指标的实践，读者可自行回顾。

明确了可靠性的定义和度量后，要提出可靠性的阶段性目标和要求，可以按年、季度分解为中期目标，也可以按月做短期目标。稳定性也不是一蹴而就的，而是需要长期不懈地坚持改进、建设才能不断提升。可靠性目标也是持续提高的，要在各个阶段制定明确的可靠性基本目标，也要考虑制定符合公司发展阶段、符合业务现状的可靠性目标。要设定合理的可靠性目标，可以以下面四个方面作为决策参考：

❑ 对比过去的水平基准，持续提升

❑ 用户期望的水平

❑ 基于竞争对手的可靠性水平

❑ 业务最佳公司的标杆水平

应该建设可靠性管理系统、数据系统，把可靠性的现状、趋势、异常都在数据系统中体现出来。用数据驱动的方式，加强数据管理与应用。可靠性管理涉及多个系统，主要系统为故障管理系统、可靠性度量系统、监控系统、措施改进的工单系统等。

2. 确定可靠性工作方向和改进方向

SRE 团队要清楚了解可靠性当前面临的问题，并确定短期、中期的工作方向和思路，找到符合当前实际情况、可以较快见到效果、符合长期目标的可靠性工作方向，然后协同相关团队一起重点投入。

（1）可靠性工作方向规划

可靠性工作千头万绪，每一方面能力都要花费巨大的精力去实现和提升。针对可靠性问题可以提出很多工作方向，如预防问题、发现问题、定位问题，应急响应、故障恢复等环节都可以作为专题来解决。在不同的业务、不同的时间、不同的技术团队、不同的运维团队，选择可能都不一样。哪些工作应该重点做、马上做，这就要求稳定性负责人有很高的方向性，结合业务实际情况做出决策。

不同团队不同业务的短期目标是不一样的，有些是要维持的，有些是要提升的；提升可靠性的工作重点也不一样，如可以通过改进架构设计来预防故障，也可以通过加快修复能力来缩短故障时长等。不同工作周期可能选择不同的工作重点，本节列出常见的可靠性工程的工作方向供可靠性工程师参考，如表 7-1 所示。

表 7-1　互联网软件可靠性工作方向列表

工作分类	可靠性工作方向、工作内容
架构可靠性设计 风险预防	高可用设计：应用、数据库、存储、中间件高可用
	容灾架构设计：同城／异地／两地三中心／全球架构
	应用风险：风险大盘，风险巡检
	降级、限流、隔离、容灾切换、灾难重建恢复能力设计
	资损防控：离线核对、实时核对、资金风险大盘
	业务风控：账号风控、资金风控、内容风控、舆情风控
	管控系统自身容灾
	架构模型：画出可靠性架构图、框图、流程图形成文档或自动生成架构图
可靠性度量 观测与感知能力建设 可靠性数据运营	SLI/SLO/SLA 制定、管理及数据采集
	故障数据运营：分析找出短板和重点问题
	度量：黄金指标大盘、质量数据平台
	观测与感知：智能监控、故障定界、故障定位、调用链、全链路监控
	告警平台：智能告警、告警收敛
	根因定位：初步原因定位、根因定位、诊断系统

（续）

工作分类	可靠性工作方向、工作内容
可靠性试验与反脆弱能力	攻防演练：常态演练，专项演练
	混沌工程：风险巡检、风险演练、改进验收、脆弱性因素模拟、应用故障注入
	人的反脆弱：针对人的协同过程进行演练
	变更管控，变更分析
	故障模式分析、故障树分析
	运维支撑管控平台脆弱性演练
故障修复能力建设 保障能力建设 故障处理 应急协同 容量管理	应急响应平台：故障通告，应急协同
	预案平台
	快恢平台：故障快恢、一键恢复、一键排障、故障自愈
	改进措施验收
	资源管理、交付保障
	容量评估、弹性伸缩
	压测：链路压测、模块压测
可靠性管理 制度规范建设	明确可靠性对象、可靠性目标
	目标定期回顾、考核
	制度建设：故障标准、变更规范、稳定性规范
	故障复盘机制、架构评审机制、故障评审机制
	故障管理平台

表 7-1 中列举的工作方向不是全部的工作方向，仅供参考。每一个方向都要建设成为覆盖所有业务、所有服务的能力，而且得到大家的认可并共同协作实施。

（2）可靠性工作方向选择原则

表 7-1 中的工作方向大多在前面几章有讲到，在管理工作中不可能全部一起做，应该有重点、分阶段、有职责分工地实施。在业务不同时期选择不同的工作方向，根据业务需求、团队现状选择不同的工作，找到改进后能快速见效的短板、痛点，如加强告警能力、加强故障定位能力。要进行分工协作，如在 SRE 团队中，架构师重点关注架构设计的改进，运维工程师加强预案和快恢方面的工作，开发工程师加强各种管控系统的建设。

后续几节会选取几个与管理相关的方向重点阐述，这里大量参考了作者过去工作的实际经验，不一定完全适合其他公司，仅供参考。

7.3 故障治理

故障治理是通过深入挖掘单个故障的根本原因、分析批量故障的规律，发现各种可靠性能力不足的问题，加以改进以达到提升故障处理效率、减少故障或缩短故障处理时长、增强线上产品稳定性的目的。接下来讲解故障治理的 3 个重要工作：故障复盘、故障评审定级、定期回顾可靠性。

7.3.1 故障复盘

故障复盘的目的是向故障学习，挖掘可靠性能力不足的方面，包括找到故障根本原因，制定有效的整改措施，改进监控的敏感度和覆盖面，促进相关方有关提高服务质量和高可用的改进方案的落地等，最终提高系统健壮性、稳定性，减少故障，缩短故障处理时长，避免出现同样或同类的故障，同时发现故障中表现出来的流程不合理、效率不高、处理不合理的地方。

1. 故障复盘的重要性

故障复盘可以帮助我们在故障后找到导致故障的根本原因和可以改进的工作点，发现系统脆弱的地方和故障处理流程中的系统性失误。

在处理故障时大家都齐心协力，因为努力修复的目的是一致的。而在故障修复后各个团队的表现可能就不一致了，有些人可能认为解决了故障就完成工作了，有些人可能想尽快去做其他事情，也有受影响的业务方想把事情弄清楚，这与大家对故障的认识和责任心有较大的关系。如果没有一个良好的故障管理制度，可能问题只是得到临时解决，之后还会出现同类故障，需要大家继续紧急修复，耗费很长的时间。所以学习如何有效地故障复盘是非常重要的。

2. 故障复盘总体要求

故障复盘不是走过场，不是搞形式，也不是只谈技术细节。我们参考传统可靠性工程故障"五条归零"的做法，提出故障复盘的要求可以归纳为五条要求。

（1）过程清楚

故障过程时间线描述清楚，各个故障环节、处理环节能衔接起来。复盘时由故障处理人（可能有多个）描述故障发生过程和处理过程的时间线，此环节注重处理过程，不要太纠结技术细节。处理过程包括发现、报障、响应、排查、定位、执行恢复、完全恢复过程，要描述时间点、收到的信息、工程师的动作。

（2）影响清楚

影响清楚是指要求厘清故障对业务的实际影响，具体包括影响哪些业务服务范围、影响哪些用户，影响的用户数、时长、严重程度等。也要详细厘清对用户功能、体验的影响，以及用户的反应，如是否有用户报障，报障规模，对公司的公共舆论、品牌形象是否有影响，是否有资金损失，是否可追回等。故障刚结束时不一定会有全部信息，可能需要在故障后进行更深入的调查。

（3）机理清楚

复盘时要分析原因，确认引发业务故障的根因、传导过程、技术机制原理。要求做到能够通过逻辑推演复现故障，推导过程要令人信服。机理分析的方法包括：通过技术分析进行逻辑推演；通过实际试验手段来验证复现；通过对修复过程和结果的验证来描述。有些故障的原因在工程师复盘时已经明确，有些故障机理或细节则需要在复盘后继续调查才能明确。根据工程师技术水平和故障的复杂程度，机理调查分析的效率／效果大不一样。复盘时需要有经验的工程师提出正确的问题，引导大家去挖掘故障的深层次机理。

（4）整改措施有效

整改措施有效是指要确认修复过程所采取的措施是有效的，要求计划要采取的长效改进措施能够真正解决问题，相关措施可预防或避免故障再次发生，或对故障修复过程有明显改进效果。整改措施需要是具体的、可验证的，也需要有明确的负责人和完成时间。工程师讲解计划的整改措施，可能会涉及很多技术方案和细节，过程可能比较长，内容比较发散，需要控制时间，细节的内容可以组织小范围深入讨论再集中汇总。

（5）举一反三

分析在其他业务、本业务类似场景是否有相同问题，线上其他业务是否有类似风险，是否需要马上处理。比如碰到某个组件 Bug 需要立即升级组件，加强监控、告警等。

对照本书讲的可靠性能力，这里提出五条判断是否达标的依据：

❏ 观测感知能力是否符合要求；

❏ 架构设计是否符合要求，是否可通过架构可靠性设计容错、避错；

❏ 反脆弱能力是否达标：是否经过演练并验证可靠性容错或修复能力；

❏ 修复能力是否符合要求，保障能力是否有问题；

❏ 管理是否有漏洞等。

3. 组织故障复盘

故障结束后及时组织复盘，要尽量在当天进行。时间长了信息容易出现记忆偏差和遗忘，或被其他事情挤占时间；刚处理完故障，大家紧绷的弦还没有松懈，对严重性的意识没有放松；还能找到故障现场、聊天记录等大部分有用信息。所以为了保证信息准确，要求及时复盘（故障宣告结束后、各自初步整理汇总信息后马上召开，当天或第二天），如果超过 2 天，复盘效果就会大幅削弱。

复盘前做好准备工作。由故障处理相关人员对处理过程、故障原因以及交流的信息进行回顾、梳理、同步，由主要处理人把故障信息初步录入系统或共享文档，其他人可进行补充，最后形成故障报告。信息包括各个处理人收到的告警内容、参与的过程、处理的时间点、业务软件的截图、沟通记录等。故障复盘可以包括几个环节：回顾（Review）、分析（Analyze）、总结（Summary）、行动（Action），这些环节可简称为 RASA。

（1）回顾

回顾故障发生的整个过程，这一步看起来简单，却是最重要的。这一步需要所有处理人把各自处理的完整记录汇总起来，在复盘时集中把故障的发生、发现、定位、判断决策、处理流程、预案执行、故障最终解决等环节的处理人与时间点信息汇总好。参与故障处理的相关人员、角色需要共同参与复盘。小型故障处理团队可能需要 1 ～ 3 个人就处理完了，大型故障可能会涉及 10 来个团队的，这其中会有几个主要处理团队、主要处理人，相关的信息量还是非常庞大的。要尽可能地把信息汇总齐全、准确，这些信息是后面环节的基础，直接关系到本次复盘的效果。

回顾过程由首先发现故障的人开头，一环一环串起来并补充汇总。复盘时大家可以对着故障报告，重点回顾处理时间线、协同处理过程。回顾时会有很多新信息暴露出来，重要信息要更新到故障报告中。

（2）分析

分析环节包括分析故障发现、定位、恢复过程的问题，也包括处理过程中观测感知能力，异常部分有无监控、有无告警，监控告警是否准确，收到告警的人的初步判断、响应，处理时间太长是否有正确升级等，还包括分析业务影响、故障原因、业务现状、遗留问题等。

1）分析应急协同过程中的问题。应急协同过程中是否有明显遗漏、信息是否及时准确同步，查看监控、判断异常、各个运维系统、各个团队定位故障是否符合预期。定位告知的过程、处理故障的决策和执行是否高效准确。注意这里是初步分析，不宜过于深入，否则可能会占用太多时间，影响后面其他人的分析。也切忌太早进行分析，如在回顾过程中对某个点进行分析，可能会导致有部分人员没有时间回顾处理过程。

2）分析故障对业务的影响。分析影响到的服务、用户、范围 / 比例、严重程度、用户的投诉、反馈等。这里如果有不清楚的，不宜深入追问，应由负责工程师在会后检查可靠性度量系统和监控指标曲线，确认对核心服务的影响并进行量化。

分析环节主要是关注软件系统及其可靠性体系、故障处理过程，而不是对某个人加以评判。分析过程会有很多遗留问题，有些可能当时回答不清楚，要各自把问题带回去继续分析，并将相关内容，补充到故障报告中。

3）分析故障的根本原因。分析故障的根本原因是指主要分析故障背后的设计原因，识别环境或架构中之前未考虑到的脆弱点、预案不足的地方，以及保障工作做得不到位的地方。这一步需要本着抽丝剥茧、根因分析原则来开展，本环节容易出现争议、不够深入甚至互相推脱的情况，如有些业务研发人员可能会抱怨基础设施不可靠，基础研发人员可能会指责上层应用不够高可用。这时候需要依靠公司的资深人员根据公司技术阶段、奉行的技术价值观来引导，将重要问题放在故障评审环节进行深入分析。

4）分析故障处理后的遗留问题。分析目前的恢复措施是临时解决还是已经彻底恢复。很多时候恢复故障是通过临时手段解决的，在业务恢复后还需要很长时间去恢复到故障前的正常状态。例如可能是切换到了灾备集群，事后需要恢复到主集群。也可能是通过临时扩容缓解了性能不足的问题，还需要深入分析性能问题等。

（3）总结

确认已经分析清楚且大家没有异议时，则由组织者汇总所有信息，包括故障及处理过程，初步对故障进行定性、定级、定责，总结本次故障带来的经验教训并达成一致的意见。我们需要重点总结以下几点。

- ❑ 总结对业务带来的影响、损失及范围。
- ❑ 总结故障发生到最终解决的时长，总结业务受影响程度。
- ❑ 总结观测和感知方面的问题，涉及监控、告警、发现、响应、定界、定位过程。
- ❑ 总结设计问题，包括基础设施、软件系统架构、产品研发、运维管控系统等。
- ❑ 总结应急协同的问题，如处理流程问题、工具不足、其他各项能力不足的地方。
- ❑ 总结定性定级定责，如故障初步定级定责、故障影响、根本原因。
- ❑ 总结整改措施：如何减少/防止类似故障再次发生、如果再次发生此类问题应如何解决。在总结过程中应该提出以下几个问题。
- ❑ 从故障发生到被发现的时间是否可以优化？定位时间是否可以更短？有哪些地方可以做到自动化？
- ❑ 故障处理人员的信息是否充分，判断是否正确，故障处理时的信息是否全透明？故障处理人员是否安排得当？
- ❑ 研发和测试环节是否可以提前发现、规避问题？方案是否有优化点？软件架构和设计是否可以更好？技术遗留问题、风险问题、隐患问题是否有记录，是否有风险改进计划？
- ❑ 如何提高团队的技术能力？如何让团队有严谨的工程意识？具体采取什么样的整改方案？

（4）行动

经过回顾、分析、总结后，各团队确认相应的改进措施、优化措施。改进措施有些是由改进团队自己提出的，有些则是由协同团队互相提需求，或者由专家给执行团队提需求。这些措施须符合SMART原则（具体的、可度量/可验收验证、可达到/可落地、针对性/相关性、有完成时间）。

改进措施要具体：不能太泛，要有具体的措施、具体的时间、具体的负责人。明确相关改进项的负责人：负责人可以有多个，但主要负责人有且只能有一个。即这个人需要对改进项的落地全权负责，负责人也有权提出改进方案和分配相关改进工作到对应的团队。

改进措施可跟进、可衡量：后续改进项的状态都需要录入系统，写上计划完成时间、自动提醒、标记超时，并逐步升级。应考虑同类或相关产品的共性或差异，以期更加系统化地解决共性问题，不能仅限于本故障。

完善报告并发布：一次复盘会议，可能并不能完全把信息对齐，会上也会碰撞出很多问题、信息，需要在会后补充到故障报告中，然后发出简要故障报告邮件，并在 7 个自然日内发出完整故障报告邮件，抄送相关负责人。

持续跟进故障整改措施进度：目的是促使故障整改在规定的时间内完成。某项整改工作上线后，系统要标记整改项完成。同时持续跟进改进情况，自动通知即将到期和超期的整改项，超过一定时间则要升级通知到整改负责人的上级领导。

周会 / 月会回顾：如果是重大故障，需要在不同层级的会议上进行回顾或汇报。如在运研周会回顾本周的故障，参与人包括业务研发负责人、负责对应业务的 SRE 等，比单个故障的干系人多很多。会上会再次粗略回顾本周期的所有故障，逐个快速讲一遍，一是让更多相关的人了解故障，二是让各负责人同步信息，看相关团队是否也有类似的风险和问题。负责人也可以提出更多设计层面的问题。月会可能向更高层如部门负责人、CTO 汇报。

4. 复盘常见问题

在复盘过程中可以问的问题很多，无关或不重要的问题过多也容易造成复盘过程长、效率低、效果差，耗费大家的时间。如少数人不断提问导致节奏混乱或重要的问题得不到回答、被其他讨论打断等。在复盘过程和评审过程中都应该围绕故障过程提出针对性的问题，我们提炼了复盘过程中的常见问题，如表 7-2 所示。如果大家对复盘的重要问题有共同的认知，那么复盘会轻松很多。

表 7-2　复盘过程中的常见问题

分类	常见问题
故障影响	用户受到什么影响？指标、时长、程度 体现在什么指标？ 用户直接感受是什么？ 业务有什么损失？ 有没有止损？ 能不能 / 有没有挽回？
监控报警	有没有故障预兆？ 监控是否足够完备？ 监控是否发现异常？ 报警是否足够及时？ 负责人是否收到？ 是否及时看到？ 一线是否通知？ 告警信息是否齐全？ 是否引起重视？
故障响应	故障响应时间是否过长、能否缩短、如何缩短？ 是否有备份人？
故障定位	故障定位时间是否过长、能否缩短、如何缩短？ 如何定位到？如何做出判断？

（续）

分类	常见问题
故障修复 影响面控制	故障修复时间是否过长、能否缩短、如何缩短？ 是否足够及时快速？ 如何判断确定问题根源？ 如何做出修复动作的？ 故障处理人员的信息是否充分？ 判断是否正确？ 故障处理信息是否全透明？ 故障处理人员是否安排得当？
故障预防反脆弱	故障征兆为何没有及时扼杀？ 是否先发布到测试环境和预发布环境验证效果？ 测试环境和预发布环境，为什么没发现异常？
系统架构	过载保护是否符合预期？ 是否可以扩容？ 有没有降级？ 是否有高可用？ 是否支持切换、调度？ 为什么要这么设计？ 研发和测试环节是否可以提前发现、规避问题？ 方案应该有哪些优化点？ 软件架构和设计是否可以更好？ 是否有风险改进计划？
变更管理	变更是否符合规范？ 是否有计划有通知？ 是否在适当的时间？ 有没有灰度？ 是否有变更检查？ 操作是否支持回退？ 为什么没有回滚？

前文提到，复盘的目标是厘清过程、分析问题、找到改进点，减少甚至杜绝同一类问题再次发生、让修复过程更加高效，从而缩短故障持续时间。在故障影响重大、涉及较为复杂的架构时，可能涉及公司层面的定级定责，需要由专家来进行故障评审。

故障定级定责有时是比较困难的事情。在故障复盘会上，通常由具体参与处理的人员进行复盘讨论，偏技术和执行层面。由当事人讨论定级定责可能会缺乏客观公正性，甚至容易引发互相指责。在小型故障复盘会中可能不涉及公司级的定级定责，没有领导参加也不影响绩效，能直接定下来；而在大型故障复盘会中，一般会组织另外的专家评审来进行定级定责。接下来讲述如何开展故障定级与专家评审的工作。

7.3.2 故障评审定级

大型故障需要由专家进行故障评审。评审一般会更加正式，从更高、更深、更广泛的角度回顾过程和问题，提出一些在一线团队无法提出、无法推动并改进的深层次的点，比如架构改进、设计改进，甚至技术方向的调整，以及一些需要公司整体改进的技术方案、管理流程等。评审还包括对重大故障进行故障定级定责，以更加公正、客观的立场来分析业务影响、技术问题、管理问题等。

1.故障评审组织和流程

组织者的职责主要是召集复盘会议、组织会议流程、组织评委对故障定级定责。组织者收到报告后会先根据故障标准初步评估是否达到定级标准，是否有需要评审的技术问题，如有必要才会进行组织评审。评审工作一般由研发管理团队负责组织，在有些公司则是由技术支持或值班团队组织。组织一场故障评审需要精心准备，各家公司可能差异巨大。在虎牙我们一般按如下流程进行故障评审。

（1）补充、完善故障报告

在故障复盘会后由处理人员补充、完善故障报告，组织者会找相关人在复盘故障报告中补充必要的详细情况，如收集业务方产品/运营、客服反馈、用户报障，甚至是营收情况的相关数据。

（2）确定评委会和参会成员

确定故障涉及的团队、业务、技术领域。在评委库选择5位合适的专家评委。选定参加会议的故障主要人员，一般也就几个人。尽量邀请故障主要人员，如故障服务负责人、故障引发人、故障处理人以及各团队主要负责人。跟主要与会者沟通，确认会议时间，并发送会议邀请。

（3）报告发给评审委员阅读

准备复盘材料，材料需要能再现故障过程，准备好故障从发生到解决过程中的详细操作记录和各个操作节点的相关监控数据。

（4）召开评审会议

召开评审会议。

2.会议的流程

会议包含如下流程，具体分析如下。

（1）故障回顾

对故障进行快速回顾，包括对故障处理时间线以及对故障处理过程的回顾，评委可能提出补充问题。故障报告已经提前发放阅读，所以主要是厘清一些故障报告中不够详细和清晰的信息。

（2）问题分析探讨

评委对故障处理表现、故障原因发表看法，分析现有架构和工具系统的问题，可能会探讨基础架构、应用架构、公共组件、管理规范的问题。评委可能会对故障深层次原因进行交流，列举如下。

- ❑ 确认业务影响，确认影响指标曲线时长、严重程度，用户感受／感知情况，反馈数量、资金损失，舆情反馈情况等。
- ❑ 举一反三：弄清楚引发故障的技术机制、原理，深挖故障根本原因，探讨现有技术架构的工作机制及其可能存在的问题，由故障处理者或相关者回答问题；在其他业务、本业务类似场景下是否有相同问题。
- ❑ 再讨论改进措施，专家的改进措施会先看复盘时讨论的结果，如有不足，由专家委员提出补充。或提出更深入、更广泛的改进，如改进框架、改进基础服务、改进架构等；有些问题会被提交到更高层的技术领导进行讨论。

分析清楚无疑义之后，故障相关方离场，组织者和评委留下对故障进行评审定级定责。

（3）定级定责

根据故障定级标准进行定级定责。要明确指出哪个团队有责任，谁是主要责任方，谁是次要责任方，谁有改进责任等。如果指标明确，就无须讨论，如果影响指标不太明确或多个指标受到影响，则需要由评委讨论确定。在确认责任归属时，每位评委都要表达看法和理由，达成共识，如有任何评委提出反对意见，需要再次进行深入探讨，如果有较为明显的分歧，可通过投票确定。虎牙的故障定级标准可参见 2.4.2 节内容。

（4）反馈和申诉

把评审结果反馈给故障相关团队人员，对方可以发表意见，也可以提出异议，由评委做出解答。如果还不能说服则可能需要提交到更高级如部门负责人甚至 CTO 去认定。

（5）正式故障通报通知

组织者把评审故障报告、评审结果等整理为正式的故障完结报告，并通过邮件发出。有些公司提倡全员通报文化，有些公司会根据故障等级发到不同的通报范围。

3.评审委员

评审委员都是公司级的专家，评审的目的是通过经验丰富的专家工程师对故障进行挖掘分析，找到技术和管理上的不足，从在更高、更广泛的层面进行改进。

专家组主要挑选具有合适的技术背景的专家，如涉及基础设施就要找精通基础设施的人，涉及中间件就要找精通中间件的人，涉及移动端就要找精通移动端的人。同时要注意回避，不能找同组或直属领导来做评审专家。评委除了要有专业的资历外，还要公正兼听，甚至威望口碑也很重要，口碑不好的评委可能得不到被评审故障的相关人员的信服。

专家组设定一名主席，主席是资深专家，对各方面技术都有了解，更关键的是要控制评审节奏，避免长时间陷入细节把会议带偏，或没有按标准流程来进行，使得讨论过程混乱甚至失控。例如过程讨论不清提前进入技术细节，或技术问题没弄清楚提前进入整改方案措施、新架构的讨论。

主席要控制节奏和气氛。主席自身也是评委之一，没有特权独下论断，只是控制评审过程，挖掘可能被遗漏的重要问题等。某些评委可能过于针对故障处理人员或某个技术点，态度强硬、咄咄逼人。有些评审也会涉及一些机制问题，如指标是否合理，各团队 SLA 是否合适、是否达标等，各团队处理过程是否存在流程和管理问题，是否涉及公司级的技术架构改进问题。评委在讨论过程中不应该针对人，应多用询问方式，不加评判，不下论断，多问是什么、为什么。

4. 如何定责的思考

故障定责是指故障发生后确定责任的归属，这是一个明确责任的过程，同时关系到企业文化、技术价值观。不同企业关于故障定责的讨论非常多，差异非常大，甚至互相矛盾。有些公司强调有事必有责，责任一定有唯一负责人。有些公司强调弱化人的责任，强调系统和架构的责任。有的技术公司相信技术，会主要考虑用技术来解决问题；有的技术公司相信管理，会用制度、流程和责任心、价值观来解决问题。这些做法各有道理，也各有问题，比如强调人的责任，就会导致人为了绩效而害怕承担责任，尽量推卸责任。在这样的文化下，改进措施会是更多的审批流程、更多使用限制的系统、更多人核对更多检查列表等，最终导致更多测试、更严格也更慢的灰度过程，将更多责任推卸到第三方或不可抗力，导致人人提心吊胆不敢变更，业务迭代变慢。强调系统、架构责任与自己无关，不想承担责任，导致问题根源挖掘不深，无法触动内心的责任感和敬畏感。强调未来某个完美系统来解决人的粗心、失误问题，导致问题解决不彻底、复发率高。

我们要强调的是可靠性既是一个技术体系，又是一个管理体系。故障定责要从几个视角来看，定责的目的不是惩罚人，而是减少故障，帮助彻底优化故障，让故障不再重复出现，同时也要让大家更加尽心尽责，不犯那些低级、本该很容易避免的错误。当然，系统也有责任做好人机可靠性（参见 6.2.2 节中的人为脆弱性因素）。

基于这个前提，我们可以把责任分为三类：主体责任、系统责任（主要责任）、个人责任。主体责任是指作为业务服务的负责人，你有权决定选用的技术架构、方案，使用他人力量完成业务服务。系统责任是指团队在负责某个模块、组成部分时，要保障这个系统的可靠性，如果是这个模块导致故障，可能要负主要责任，如模块负责人、基础负责人、运维支撑管控平台、中间件、基础软件等。个人责任是指人员有没有尽到个人岗位责任，是否违规操作、违规指挥决策、做出错误判断，甚至恶意操作等，如果有则要承担对应责任，属于直接责任人。

基于这个思考，我们可以确定一些定责的原则和顺序。根据定责原则对事故责任相关方进行责任判定，定责原则优先级顺序如下所示：

1）业务技术负责人负主体责任，整个业务都是他负责，有责任推动内外部相关团队工作；

2）设计方案导致的事故，由高可用缺失根因方负主要责任，业务人员需要具备调度能力；

3）系统逻辑 Bug 责任，系统负责人负主要责任；

4）基础设施、基础软件、管控平台可靠性要高于业务可用性，故障时相关负责人负主要责任；

5）违规变更涉及岗位责任、个人责任，操作应遵照规范；

6）不可抗力且已通过 SLA 明确的情况，可以免责，或仅负改进责任；

7）强调系统性改进责任，怎么做有利于改进高可用、改进运维工具和操作；

8）未能覆盖的情况，将由事故委员会分析定责。

7.3.3　定期回顾可靠性

故障是惨痛的教训，也是学习的机会，应该提倡向故障、向过去学习。故障只是表象，将众多的故障汇集起来进行分析能看到某些规律。故障看起来是偶然发生的，其实还是因技术、管理问题没有解决造成的。应该组织定期复盘，比如按月、季度、半年、年度进行复盘，从本周期的故障中发现规律，找到通用的、共性的、突出的问题。

全盘回顾

通过学习故障报告分析最近故障的规律，包括趋势分析、统计分析。分析也有利于挖掘最近一段时间的主要风险和问题，制定下一个周期的可靠性工作目标。全盘回顾可以以月度、季度、半年、年度为周期进行，汇总所有故障，按多种角度进行分析。

（1）目标回顾

回顾本工作周期设定的可靠性指标和目标，确认达标情况，如统计本周期不可用时长情况与所制定目标的对比，以及与过去的同比环比。时长分析还包括分析故障总时长、发现时长、响应时长、定位时长、处理时长的分布，各时长的均值、趋势等。此外还可进行MTTR、MTBF 等指标分析，监控首发比例等。

（2）故障影响分类分析

故障影响分类分析可以按故障所影响的业务服务、核心服务进行分类分析，看哪些业务的故障更多。也可以按故障责任归属团队进行分析，对故障定责比较多的部门、团队做统计排序，以便把集中的管理方面的问题暴露出来，促进改进提升。回顾结果的曝光对相关团队会有较大的压力，由此也会更有改进动力。

（3）故障原因分类分析

按故障根因进行分类分析，挖掘薄弱环节，如可能是观测与感知能力或快速修复能力弱，也可能是人员管理责任心、敬畏生产意识不够，还可能是架构问题。通过分析发现主要根源因素，如单机故障较多而没有业务高可用或没有自动摘除节点功能，又如 DB 主库多次死机，缺乏快速切主从工具，缓存中间件经常偶发性失败等方面的问题。在故障分析中发现的这些薄弱点，可以转化为对相关团队的可靠性要求。分析结果会成为下一阶段工作的重点参考依据，可以开展一些专项进行治理。为什么有些故障没有被快速感知到，为什么有些故障没有快速恢复？这些问题的背后一定是有原因的，不能局限于分析单个故障的问题，更应该系统性地分析。

（4）稳定性工作效果评估

工程师团队每个周期都会用各种工程方法去解决一类故障风险。在周期结束后要评估本周期内核心打法以及本周期内工程建设的效果。比如本周期有个目标是实现某个类型或环节的问题要在 5 分钟内解决，则我们应该分析在 5 分钟内发现问题、定位问题、快速恢复问题的比例。还可以评估本周期内做得好的与做得不好的比例，整改措施完成情况等。

在分析时一般把定级（P1~P4）和未达到定级标准的故障分开来看。将故障次数和时长结果分配到各个团队时，往往会有较大争议。分级分析有利于聚焦重点故障，对技术问题进行更深入的分析。

7.4 人员与团队管理

可靠性工程活动是由 SRE 及相关工程师组成的团队负责完成的，本节讲述可靠性工程师团队的组成、多种角色的工作职责分工以及人员培训。目前在大部分公司，可靠性还是由以运维工程师为主的人员在负责的，不少工程师对可靠性的工作方向比较迷茫，不知道如何开展可靠性工程工作。本节会讲述如何转型为 SRE。

7.4.1 可靠性工程师团队

可靠性工程师团队负责保障业务持续运行，确保可靠性核心指标达到预期水平。当前互联网公司的可靠性团队有多种不同的组织形式，有些公司的可靠性团队是独立团队，有些是嵌入产品研发团队，还有很多是归属于运维部门。其实可靠性工程不是单一技术工种，团队应该包括多种职责的工程师，包括架构师、系统开发工程师、基础设施运维工程师、系统运维工程师、算法工程师、数据工程师，他们被统称为 SRE 工程师，组合到一起就形成了 SRE 团队。不同技术方向的工作内容也大不相同，接下来讲述几个主要方向的职责和内容。

1. 管理人员的工作内容

可靠性管理人员要负责制定可靠性工作计划、目标、规范，以及各项可靠性管理工作的实施。首先要明确可靠性对象，对每个业务 / 服务都应该进行分解和分配，确定每个核心服务可靠性 SLI/SLO/SLA，根据业务所要求的可靠性目标确定所用软件、组件、基础设施的可靠性要求，分析可靠性问题并明确阶段性改进方向，同时经常性关注和回顾可靠性水平和问题，在没有达标时负责组织制定可靠性提升计划。

2. 运维工程师的工作内容

运维工程师是执行各种运维操作最多的人，也是运维平台的用户，根据运维自动化程度的高低，运维团队的规模也不同，自动化程度越高，传统的运维岗位就越少。他们熟悉业务、系统运维和业务运维技术。运维工程师的常见工作内容包括：

- ❏ 负责执行日常的各项与可靠性相关的运维工作，如业务上下线、迁移、资源交付、问题分析、编写文档等；
- ❏ 作为故障应急响应、恢复业务的负责人，负责搜集和整理出现的故障情况，执行预案、快速修复，及时应急协同，保证业务尽快恢复；
- ❏ 改进系统部署架构、数据库 / 缓存 / 其他中间件等高可用解决方案。

3. 架构师的工作内容

架构师负责系统各层架构的可靠性设计、分析评估和改进，包括业务架构、应用架构、系统架构、部署架构等。架构师需要系统性地思考，权衡利弊，提出架构改进方案。与产品研发、运维人员协调，推动方案落地，进行风险识别治理，加强系统中感知观测、恢复的能力设计。在基础可靠性和依赖软件的可靠性基础上通过架构设计把可靠性做到更高的水平。

4. 研发工程师的工作内容

SRE 团队应配备既懂得运维又懂得研发的工程师，把运维经验和可靠性能力转为管控和支撑系统。研发工程师的工作内容包括：

- ❏ 运维支撑平台 / 系统 / 工具的开发等，如监控告警系统、故障管理系统等；负责快恢平台、预案平台等管控系统的开发；
- ❏ 参与部分基础软件的架构设计和编码研发，开发公司通用的技术组件、公共服务等；
- ❏ 对通过管控系统所执行任务的可靠性负责，任务要有明确的 SLI/SLO，如执行成功率、修复成功率、恢复时间、执行时间耗时等；管控系统也要承诺平台自身的可靠性，在部分场景需要做到比业务系统更高的可靠性，不能出现业务故障且管控系统也不能使用的情况。

5. 其他工作内容

SRE 团队应该有多种技能的工程师，包括算法工程师、数据工程师、基础组件开发工程师，甚至项目经理、产品经理、安全工程师等。可靠性相关工程项目具有广泛性，不同类型的项目需要有不同技能的工程师参与。如运维系统开发需要通用软件开发人员和专业领域专家参与，数据相关项目需要数据专家／算法专家参与，基于AIOps算法的项目需要AIOps专家参与，持续发布／无人值守／弹性伸缩等专门项目需要构建和发布专家参与等。SRE团队还经常要承担起跨越多部门推进可靠性工作的职责。

7.4.2　团队转型

专业的SRE团队职责及工作方法与传统运维团队有较大不同。SRE的使命是提升产品在线持续运行的可靠性／稳定性，很多以传统运维为主的团队都在寻求转型为SRE团队的方法。团队转型包括几种类型：培养原先做技术运维的成员转型为SRE；招聘新人从零开始培养为SRE；把运维团队转型为SRE团队，优化团队能力结构，培养和引入可靠性工作所需要的多个方向的工程师。

1. 为什么要强调转型

从运维工程师转型为SRE是互联网平台提升可靠性稳定性的要求，也是运维工程师职业发展的需要。在现实中很多SRE都是由运维工程师转型而来，SRE与传统运维工程师的主要区别是传统运维工程师偏重运维操作，以满足业务需求为主；而SRE以保持和提升系统可靠性为主要职责，两者的岗位职责和工作目标大为不同。SRE具有较高比重的主动性工作，他们采取工程化的方式来改变架构设计，通过提升感知、反脆弱、保障、快恢的能力来提升可靠性，能主动参与故障生命周期的流程管理，在故障处理中主导应急协同，完善流程制定。SRE会使用运维技术，使用的目的是加强可靠性，使用的方法是用编程的方式，运维操作只是SRE日常工作中的一部分。

平台、团队与个人都面临转型问题，而且必须是体系化的转型。如图7-1所示，运维工作会逐渐实现自动化，部分工作由产品研发工程师通过系统执行，部分工作还是交给可靠性工程师来执行。SRE工程师应进行更多可靠性工程工作。

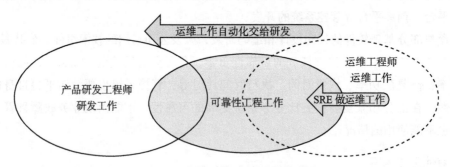

图 7-1　运维工程师向 SRE 转型

2. 运维工程师转型为 SRE

要想从运维工程师转型为SRE，可以从以下几点开始入手。

（1）通过学习提升 SRE 所需要的能力，找到发展方向

一个优秀的 SRE 需要具备多方面的能力，以及专业的系统运维技能。如果 SRE 可以同时具有一定软件开发能力、产品架构设计能力（在初级，可以是理解架构的能力）、沟通协调能力、项目管理能力等是非常有优势的。SRE 的能力模型应该是"一专多能"的，有自己的专业方向，如软件开发、基础设施、系统架构等，技术广度也很重要，只有这样才能熟练应用可靠性技术、专业能力和综合能力完成可靠性工作。运维工程师应该在自己的专业方向深入耕耘，在其他某些技术面也要达到一定广度和深度。

（2）从度量所负责业务的可靠性开始

SRE 和业务方（包括产品、业务负责人、SRE 团队负责人）一起找到业务核心技术指标并进行度量，形成可靠性 SLO。通过 SLO 这个抓手，去了解现状、分析风险、暴露问题，驱动产品研发、基础团队、SRE 团队一起改进，开展可靠性工程领域内的各项工程活动，如提升感知能力、保障能力、快恢能力等。SRE 把改进后的能力持续反馈出来，分析项目效果，并持续分析新的业务现状和风险等，逐步建立自己在业务质量和可靠性方面的权威性。

（3）对故障生命周期负责

在故障的整个生命周期内积极主动推动各项可靠性工作，而不仅是参与处理故障。在过程中不断提升分析故障发生、发现、定位、处理、总结、改进等环节的理解力和掌控力。

3. 如何将新人培养为 SRE

本节讨论团队如何将新人培养为 SRE。要想成为 SRE，需要掌握系统性、累积型的学习方式，也需要有一套成长手册，而非向运维操作方向成长。

（1）团队与导师

SRE 团队的新人要在各业务运维组中轮训，在小组内安排一位导师负责试用期间的指导工作（一个新人配一位导师）。

（2）熟悉业务，学习知识和技术

新人进来首先要熟悉业务，了解业务使用的技术，与其他资深 SRE/产品研发工程师沟通，学习业务。熟悉 CMDB、架构文档，了解用户请求是如何进入系统的；从前端、中间、后端到数据库、存储，对整个架构进行反向工程；自己整理文档。每个新人要为团队撰写新文档以及完善现有的文档，这样不仅有利于传承知识，而且有利于激发新人的探索精神。

然后可以深入研究一个具体的问题，对其中的架构、感知、脆弱性、快恢、保障能力中的某一方面研究透彻。通过统计学、比较思维学会数据运营，学习监控技术，熟悉监控系统。

（3）系统性的培训

要有系统性的培训，否则新人会在混乱、庞大的信息量和无边的未知信息中惶恐工作，随时提心吊胆、不敢工作、工作效率低，经常来找导师咨询问题，碰到一个问一个，不仅成长速度慢，还会影响导师的工作。

1）学习监控。

❑ 认识常见的监控指标。包括 SLI 监控、基础监控（系统、网络）、业务层监控（APM上报、服务调用、服务日志）、DB/缓存监控。可安排一些具体任务如日常基础监控的处理帮助新人加深理解。

❑ 学习常用的监控上报流程。监控程序→上报服务→存储→告警规则→展示→收取告警。目的是熟悉整体流程及每个组件的监控感知能力，了解如何发现异常。可安排具体任务：为系统增加一个指标监控、编写监控程序、取出数据告警判断、配置告警、发送并收取告警、在监控系统配置指标视图等。

2）了解发布变更。

❑ 了解发布平台、变更系统的使用及发布流程。学习执行发布工作，检测发布结果，学习发布流程。可安排具体任务：阅读平台的文档，并自己动手实践一个测试发布任务，帮助业务升级一个节点的发布任务，学习如何排查发布过程中可能的问题。

❑ 学习服务的上下线流程。如学习应用构建→流量摘除→发布→流量接入的流程。学习一个弹性扩容组代码，熟悉弹性过程。

❑ 新人可在熟悉配置的基础上尝试做些变更：如增加监控、增加一个运维系统新功能、增加小的自动化功能。待掌握后可逐步扩展到独立完成升级、扩容等变更动作。

3）学习产研技术框架及基础设施与平台。

❑ 学习框架的架构原理及日常的问题处理。学习产研框架有利于了解生产的技术架构、高可用的设计情况，以及出现问题时框架的处理方式，包括如何快速排查问题等。可安排任务：学习产研开发框架文档；学习处理平时框架的常见问题，基于框架的故障定位；学习基于框架的常规运维操作。

❑ 熟悉基础设施、基础软件。学习基础设施架构、机房 IDC 的信息，熟悉用到的公有云、私有云等云产品和云平台，熟悉运维资源管理、交付等流程，学习常用的中间件，如负载均衡、缓存、队列等。可安排任务：熟悉常用中间件产品的使用、完成一次资源申请交付。

4）学习稳定性保障体系。

❑ 熟悉业务生产技术架构、部署架构、技术流程。可安排任务：熟悉核心的业务流程，每个核心服务提供的功能；能够清晰每个业务流程的流量路径，包括接入、流量路由、服务上下游转发等；熟悉每个服务当前的监控项、与黄金指标的关系。

❑ 参与故障处理。阅读一份故障报告，并能做简单复盘。学习常规问题排查流程，可
先从黄金指标告警开始，具体可分为 4 个阶段，包括导师讲解处理案例新人听，导
师处理问题新人看，新人处理问题导师看，新人独立参与简单问题处理。新人在能
够独立处理问题后，可以进入高阶的过程，进行故障处理分角色模拟演练，参与真
实故障复盘，单独完成一份故障报告。可安排任务：分析一个以往故障，包含原因、
处理手段、存在的技术问题；处理常规的排障问题，主要是发布、耗时异常、成功
率异常的情况定位。

（4）个人学习

工程师通过学习故障报告也可以学习到如何理解系统，如何处理故障的知识。我们通
过学习文档，熟悉集群部署，熟悉架构设计思路，可以更好地理解系统如何工作，但这些
都只是纸上谈兵；从实际故障中去调查分析系统为什么不能正常工作是更有效的理解系统
的方式。特别是对于新人来说，学习故障报告无疑是快速理解系统的途径，也能让新人快
速进入业务稳定性保障角色和状态。

4. 运维团队转型为 SRE 团队

可靠性工程工作表面看是保证业务可靠性、稳定性，一种更好的理解方式是集合各种
技术能力，形成一种工程化的方式来保证业务持续稳定运行。目前很多公司的 SRE 团队还
是以运维为主，包括业务运维 /SRE、基础运维、数据库运维、监控团队等。本节介绍传统
运维团队如何转型为 SRE 团队。

（1）团队结构

SRE 团队需要具备多方面的能力，一个人很难短期内拥有这些全部的技能；SRE 团队
要依靠团队的力量，团队内要拥有掌握各种技能的工程师；单个人搞不定的事情，就发挥
团队其他成员的力量；单个团队搞不定的事情，就跨团队协调资源搞定。SRE 团队中应该
有各方面的专家，靠团队中具备不同能力的人协作，共同达成可靠性的目标。要在团队中
招募不同岗位的工程师，如前面所述，应有管理人员、运维工程师、架构师、SRE 研发工
程师、基础组件研发工程师、项目经理、AIOps、数据分析师等角色，并能在特定项目中吸
收专业人士参与。

（2）要在团队内部培养软件工程风气

大多传统运维团队习惯于手工解决一个个具体的运维问题。他们通过登录服务器执行
运维操作来分析、排查、解决异常和故障问题，这种工作方式依赖于工程师个人技术经验，
效率不高。

要在团队内部培养软件工程风气，鼓励可靠性工程师也具备软件设计开发的能力，把
自己同时定位为软件工程师，通过软件工程化的方式解决运维问题。鼓励大家把实践经验
和操作方法通过软件编程形成工具或系统，鼓励把运维工具做成通用型解决方案，用于解

决可靠性相关的架构设计、感知观测、诊断定位、容量、快恢能力问题等。团队也要给SRE/运维工程师留出时间来学习和参与工程开发工作，并提供指导。传统运维方式面临的困境是日常运维工作负担重，占用过多时间，在这种情况下可以安排SRE和开发工程师互相轮岗或各自参与对方的部分工作。《SRE Google运维解密》中讲到了运维工作只能占SRE工作时间的50%，另外50%要用来开发工具，解决问题。我们要求SRE必须参与工具开发，运维工具开发人员必须参与日常运维工作，两类工作的时间比重可以根据团队和个人实际情况设定。

（3）建立应急协作的机制

建立机制而不是靠运维工程师的个人经验和能力，随时随地处理问题太辛苦了。要充分利用数据、度量和分配可靠性指标对稳定性进行度量，实时感知。要确定稳定性目标，主动感知发现和应对，而不是在收到用户投诉或告警时才被动处理。机制应该明确各个岗位要求、能力要求，建立起流程体系，而不是靠运维工程师个人的主动性和责任心来解决问题，当然主动性和责任心也是非常重要的。更多内容可参考5.2.6节。

（4）与研发深度协作、参与到系统架构设计中

强调稳定性是运维工程师与业务研发工程师的共同责任。可靠性是设计出来的，很多问题属于架构设计问题，不应该由运维工程师靠人力来负责。强调系统是共同建设的，业务研发团队负责上层系统，运维团队负责基础设施硬件、软件基础设施、基础服务、云服务等，这些都是软件系统的一部分。

SRE应该和产品研发人员建立良好互动关系，如参与生产会议、共同承担可靠性工作目标、明确职责分工并共建可靠的系统。

（5）团队管理人员为团队找到可靠性的改进方向

如本章开头所讲，SRE有很多方向可以做，团队负责人要为团队指明方向，确定可靠性的改进项目，取得成果并获得SRE团队各成员和业务产品研发人员的认可。改进项目是提升系统可靠性的关键工程活动，也是SRE的主要工作。可靠性工作方向是阶段性、经常变化的，每个季度每个业务的目标可能都是在变化的，所以需要团队管理人员有较强的判断能力和把控能力。

接下来讲述如何用可靠性工作的方式接手现有业务和新的业务。

7.5 以SRE方式运维业务

接手一个现有业务的可靠性工作的场景是经常出现的，如公司内部业务调整、SRE工程师职责调整、入职新公司接触到的业务等。本节讲述如何用SRE方式接手业务的过程，供参考。

7.5.1 以 SRE 方式接手现有业务

1. 了解业务产品、人、背景信息

了解业务：以用户视角去了解业务，以开发者视角去了解网站 /App 结构、系统结构，初步了解技术原理和流程。了解业务和服务的作用，解决了什么问题，快速认识这个业务产品。了解业务在公司的重要程度，以及目前的可用性。

了解人：跟研发负责人沟通，了解与业务相关的人，包括现有的 SRE/ 运维工程师，对应的研发团队、研发负责人、测试负责人、产品负责人、运营负责人等，建立沟通渠道，以便获得更多信息。了解可靠性现状，如果目前已经有度量的话。

了解背景信息：业务在公司的商业价值、重要程度、老板重视程度。

分析可靠性目标：近期是否已经达标，或者有需要提升的目标。了解可靠性现状和业务期望，与产品研发负责人，甚至业务负责人沟通，了解核心问题和对稳定性的期望。

2. 熟悉业务架构

通过阅读文档、业务串讲等方式熟悉业务架构、技术架构。获取架构设计文档、运维文档，初步了解服务应用架构、基础软件等。请研发负责人概要介绍产品、业务架构和逻辑、部署方式、技术栈等。了解业务团队、小组成员以及日常职责等，介绍目前做的重点工作。根据架构文档和产研负责人的介绍，进行服务梳理，再回过头理解并消化业务架构、技术架构。验证服务是否符合公司目前的标准部署和运维方式。

3. 进一步熟悉部署架构，掌握运维资源

了解部署架构和服务器等资源，通过 CMDB、监控系统、管理后台等梳理现有的软硬件资源，如主机、域名、数据库、缓存、云服务等资源及其在运维管理系统中的情况。对于在运维系统化建设方面比较薄弱的公司，它们需要把所有主机、DB、应用等弄清楚，加好权限，自己整理一份列表或核对文档是否正确。

如果接维时已有 SRE/ 运维工程师，可请他们介绍目前的运维工作，了解生产服务现状。了解生产运维相关上下文，确定现在团队的主要工作、压力来源，找到可能的导火索、风险点。有必要的话，了解目前的紧急事件排序、紧急事件处理流程，甚至更细节的进程启动方式、监控方法、进程连接关系、部署架构等。

4. 熟悉稳定性保障体系尤其是现有监控

查看最近的故障报告、Bug 邮件、工单列表、事后总结等了解最近的故障，了解产生原因。分析业务稳定性的现状，从故障次数、故障时长、严重程度、各方关注程度等方面了解业务稳定性的现状以及大家改进的动力、瓶颈所在。

查看与感知能力相关的监控告警的覆盖情况以及过往故障处理过程中的监控表现情况。

包括基础设施、应用、业务监控、中间件等情况，初步确定感知能力等级。也包括核心服务的用户侧业务监控、基础监控、应用内监控、应用进程监控等，以及这些监控对应的告警发送、告警数量、告警响应等情况。从这些情况就能大概知道目前系统稳定性的状态。

5. 获取当前主要问题、故障、业务需求，建立运研关系

获取业务最近需求、最近重要的需求和开发计划。了解系统体系结构和跨服务的依赖及其最近变化。参与生产会议（有些也叫运维研发周会），互相交流信息。参与研发周会（如果没有，可以组织起来），积极合作，改善运维与研发的关系。邀请研发人员做业务讲解，讲解他们希望传达给运维人员的信息，以及运维人员希望从研发侧得到的信息。发现的问题、接下来的改进计划等都可以在运维研发周会上进行同步。

6. 推进改进

按紧急事件排序，不超过三件。改进事项可以包括以下几个方面，如做一份良好的故障报告事后总结，组织一次复盘，提出改进计划；加强可靠性度量，与业务方一起梳理核心业务指标并制定 SLO，加上监控和统计分析；梳理架构风险，找出其中几个明显且重要的脆弱环节，并提出改进方案。改进方向可以参照前面讲的几个能力，选择对实现目标比较重要的一个能力作为突破点。如可以是加强感知能力，补齐监控的薄弱环节；把核心指标提升为公司级关注的指标、强调共同责任。也可以是标准化改造、容量规划、监控、架构风险等。还可以是 SOP 的制定、告警优化、故障定位能力等。快恢方法的建立也是比较常见的手段，促进一个流程的改进也是可选的方向。

7.5.2 接手新业务

对一个新业务来说，SRE 在早期介入会省事很多。如果有机会介入业务早期，SRE 可以参与以下工作。

1. 参与组件选型

早期介入有利于推广统一的组件。SRE 对公司的基础设施、基础软件应该是非常清楚的，而很多产品研发人员的关注面没有那么广。在使用组件时，建议优先使用公司内部统一组件，或其他团队使用的较为成熟的组件，而非引入多个不同的组件。

2. 参与资源准备与部署架构设计

在早期帮助业务准备运维资源，SRE 可以在项目早期完全熟悉基础资源，也可以在资源准备、采购、预算、交付、部署等流程中加入进行把关，在早期预防一些可靠性风险。SRE 参与早期的部署架构设计，有利于尽早实现基础设施层的高可用和标准化。

在架构评审过程中，如果 SRE 具有架构能力，那么他能够参与、了解，甚至评估业务架构中不合理的地方，在高可用、高性能、容灾等方面提出可靠性的要求，也可以在早期

识别到关键的问题和风险,及早做好突发情况的应对预案等。

3. 参与容量规划

在容量规划方面很多研发工程师意识相对薄弱,SRE 可以和业务方一起确定容量规划,和产品研发工程师一起了解、压测当前的性能,承载的最大容量和单位容量。在部署前将资源提前准备好,也可以提早建设弹性扩容能力和降级预案。

4. 参与监控

在早期帮助业务加入监控体系能避免前期的重大故障。建立较完善的监控,如协助业务研发对接监控系统,完善基础监控、应用监控、业务监控、日志监控等。在早期就参与监控也能提升排查问题的效率。

7.6 本章小结

SRE 的使命是以工程化的方式保证和提升业务的可靠性,通过可靠性管理技术和工程技术相结合来建设可靠性的能力。本章首先介绍了可靠性管理工作的定义、如何加强对它的认识和具体的工作内容,当前很多关于互联网 SRE 的资料中讨论可靠性管理工作的内容还比较少。接着具体讲述可靠性工作规划及目标管理。在行业讨论中很多人强调要多做工程工作,却不太清楚应该做什么工程工作,或者把工程工作限定在开发运维系统上面。本书提出了常见的可靠性工作方向列表,供读者参考。

然后介绍了故障治理,包括如何做好故障复盘、故障评审及定级定责的工作方法,当然这里有较多内容是作者及作者所在公司的经验总结,不一定适用所有公司,仅供参考。接着个人、团队如何向 SRE、SRE 团队转型。SRE 团队是一个组织,有其对应的团队结构和能力模型,不局限于工程师个体的能力。最后讲了应该如何以可靠性工作的方式接手现存业务和新业务,对马上要接手业务的 SRE 应该有参考价值。

推荐阅读